大学院をめざす人のための
有機化学演習
基本問題と院試問題で実戦トレーニング！

東郷 秀雄 著

化学同人

※大学院入試問題は，各大学院のご厚意により，許諾を得て転載させていただきました．ただし，解答は本書の著者が独自に作成したものであり，各大学院が公表したものではありません．

※本書に関する追加の情報，資料がある場合は，化学同人ウェブサイトの本書ページに掲載いたします．https://www.kagakudojin.co.jp/book/b458012.html

はじめに

　有機化学は，化学工業や，医薬・農薬，および機能材料の研究開発における基幹学問であり，私たちの生活にも深く関わっている，きわめて重要な学問である．有機化学を基本とした有機合成反応を効率的に展開するには，電子的効果，立体的効果，溶媒効果などに加えて，どの試薬を用い，どの合成プロセスをとるべきかなどを的確に判断していく必要がある．これを遂行するには日頃から有機化学演習を通じて，有機構造論，有機電子論，有機反応論，および有機合成論などを整理して，理解しておく必要がある．

　この演習書は，有機化学の基本から応用まで幅広く学習できるようにまとめてあり，有機構造論，有機電子論，有機反応論，有機構造解析論，および有機合成論など，有機化学全般を網羅した総合演習書である．各章に，主要大学の最新の大学院入試問題と解答例も掲載している．大学院受験に向けて自分で問題を解く力をつけたい方，教科書の練習問題にとどまらず，もっと多く問題を解いて理解を深めたい方などに，ぜひご活用いただきたい．

　また，学習のために用いるだけでなく，有機合成の現場でも役立つようにしてある．反応機構や，重要な有機人名反応，および主要な有機合成を広く取り上げるとともに，全合成では最近の論文からも多くの反応例を掲載した．

　本書を通じて，将来の有機化学を担う若い諸君が，有機化学の理解をいっそう深め，卓越した有機化学の研究者として，社会で大いに活躍していただければ幸いである．

　最後に，本書を作成するにあたり，多くの助言やアイデアをいただき，出版に導いてくださった化学同人編集部の後藤 南氏に心からお礼を申し上げます．

2019 年 7 月

東郷秀雄

目次

略語表 ………………………………………………………………………………………… vi

第I部　有機化学の基礎——基本事項の確認

1. 有機化合物の構造と結合 ………………………………………………………… 2
2. 極性，水素結合 …………………………………………………………………… 6
3. 電子的効果，酸・塩基 …………………………………………………………… 11
4. アルカン，アルケン，アルキン ………………………………………………… 18
5. アルコール，ハロゲン化アルキル，エーテル ………………………………… 25
6. アルデヒド，ケトン ……………………………………………………………… 32
7. カルボン酸，エステル，アミド，ニトリル …………………………………… 40
8. 芳香族化合物 ……………………………………………………………………… 47
9. 異性体 ……………………………………………………………………………… 52

第II部　有機反応様式をマスターしよう

10. 置換反応（脂肪族化合物） ……………………………………………………… 58
11. 付加反応 …………………………………………………………………………… 65
12. 脱離反応 …………………………………………………………………………… 69
13. 酸化反応 …………………………………………………………………………… 74
14. 還元反応 …………………………………………………………………………… 80
15. カルボニル化合物の反応 ………………………………………………………… 87
16. 芳香環の反応 ……………………………………………………………………… 97
17. 転位反応 …………………………………………………………………………… 104
18. ラジカル反応 ……………………………………………………………………… 110
19. ペリ位環状反応 …………………………………………………………………… 114
20. 応用問題 …………………………………………………………………………… 120

第III部　構造解析のトレーニング

21. スペクトルチャートからの構造解析 …………………………………………… 124
22. スペクトル値からの構造解析 …………………………………………………… 143

第Ⅳ部	反応・合成のトレーニング

23. 有機反応機構 ··· 150
24. 有機合成反応（3〜6工程） ··· 155

第Ⅴ部	最新の論文から

25. 先端の天然物有機合成（標的化合物の合成法） ······················ 162

問題の解答

1章	182	6章	205	11章	224	16章	241	21章	254
2章	186	7章	209	12章	226	17章	244	22章	260
3章	191	8章	213	13章	229	18章	247	23章	267
4章	197	9章	216	14章	232	19章	249	24章	277
5章	202	10章	220	15章	235	20章	252	25章	289

索 引 ··· 311

本書の構成と使い方

- 各章とも「**問題を解くためのキーポイント**」「**演習問題**」「**大学院入試問題に挑戦**」の順に構成し，段階を踏んで学べるようにした(20章，23〜25章は応用のため「キーポイント」なし).
- 問題には**チェック欄** □□ **問 6.1** があるので，解いた問題に印をつけるなど，学習の進捗確認等に利用してほしい．
- 演習問題には「**ヒント**」を掲載し，問題を解く手掛かりにできるようにした．
- 問題の難易度を★印で示したので，目安としてほしい．
  ★：基本　★★：標準　★★★：やや難　★★★★：難
- 「**問題の解答**」は巻末に掲載．ポイントとなる部分は赤色で示した．

略語表

Me = CH₃
Et = CH₂CH₃
Pr = CH₂CH₂CH₃
^{i}Pr = CH(CH₃)₂
^{n}Bu = CH₂CH₂CH₂CH₃
^{i}Bu = CH₂CH(CH₃)₂
^{sec}Bu = CH(CH₃)CH₂CH₃
^{t}Bu = C(CH₃)₃

Ph = フェニル基
Ac = −C(=O)−CH₃

DMAP: 4-(ジメチルアミノ)ピリジン構造
Py: ピリジン構造
DBU: 構造式
DABCO: 構造式

■ 溶媒
DMSO = dimethyl sulfoxide
DMF = N,N-dimethylformamide
THF = tetrahydrofuran

DDQ: 構造式
NMO: 構造式

■ 塩基
DMAP = 4-(dimethylamino)pyridine
Py = pyridine
DBU = 1,8-diazabicyclo[5.4.0]-7-undecene
DABCO = 1,4-diazabicyclo[2.2.2]octane
^{n}BuLi = n-butyl lithium: CH₃CH₂CH₂CH₂Li
LDA = lithium diisopropylamide: [(CH₃)₂CH]₂NLi

IBX: 構造式
DMP: 構造式
TEMPO: 構造式
NBS: 構造式

■ 酸
TfOH = trifluoromethanesulfonic acid
p-TsOH = p-toluenesulfonic acid

AIBN: CH₃−C(CH₃)(CN)−N=N−C(CH₃)(CN)−CH₃

■ 酸化剤
DDQ = 2,3-dichloro-5,6-dicyano-1,4-benzoquinone
PDC = pyridinium dichromate: (PyH)₂Cr₂O₇
PCC = pyridinium chlorochromate: PyH CrO₃Cl
NMO = N-methylmorpholine N-oxide
mCPBA = m-chloroperoxybenzoic acid
IBX = o-iodoxybenzoic acid
DMP = Dess-Martin periodinane

DCC: Cy−N=C=N−Cy
EDC: C₂H₅−N=C=N−(CH₂)₃−N(CH₃)₂

■ ラジカル反応剤
TEMPO = 2,2,6,6-tetramethylpiperidine 1-oxyl radical
AIBN = 2,2′-azobis(isobutyronitrile)
BPO = benzoyl peroxide: (PhCO₂)₂

dppf: フェロセン構造にPPh₂が2つ

■ ハロゲン化剤
NBS = N-bromosuccinimide

Grubbs 触媒第二世代: Ru錯体構造

■ 縮合剤
DCC = N,N′-dicyclohexylcarbodiimide
EDC = N-ethyl,N′-3-(dimethylamino)propylcarbodiimide
Tf₂O = trifluoromethanesulfonic anhydride

Cy = シクロヘキシル基
Mes = 2,4,6-トリメチルフェニル基

■ 配位子
dppf = 1,1′-bis(diphenylphosphino)ferrocene

9-BBN: 構造式

PART I
有機化学の基礎
基本事項の確認

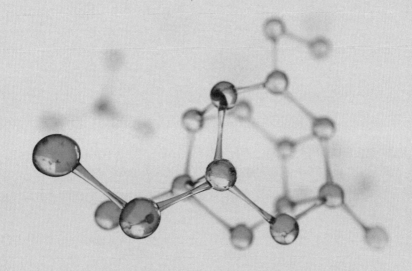

1 有機化合物の構造と結合

問題を解くためのキーポイント

ポイント1

◆ sp³ 混成の結合角は 109.5°　（例）メタンやエタンの炭素原子

炭素−炭素，炭素−窒素，炭素−酸素などの**単結合**は，室温で速やかに自由回転する．

◆ sp² 混成の結合角は 120° で平面　（例）エチレンやベンゼンの炭素原子

炭素−炭素，あるいは炭素−窒素**二重結合**は，室温で自由回転しないため，*cis-trans* 異性体が生じる．

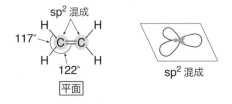

◆ sp 混成の結合角は 180° で直線　（例）アセチレンやシアン化水素の炭素原子

炭素−炭素，あるいは炭素−窒素**三重結合**は，直線状なので異性体は生じない．

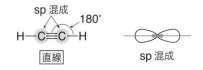

ポイント2

◆ **Newman 投影式**

例として，プロパンを取り上げる．2つの炭素骨格結合を軸方向から透視し，その結合の断面を模式的に円で示す．そして，手前炭素原子の残りの結合は円の中心から放射する線，奥側炭素原子の残りの結合は円周から放射する線で示す．

重なり形より，**ねじれ形**のほうが**立体反発**は少なく，より安定である．

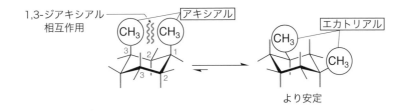

◆ 1,3-ジアキシアル相互作用

シクロヘキサン環において，1-位と3-位の**アキシアル**方向の置換基は，上側でも下側でも垂直方向にある．そのため，1-位と3-位の置換基が大きくなると，**1,3-ジアキシアル相互作用**（立体障害）が大きくなるため，大きい置換基は反転して**エカトリアル**配座をとる．

演習問題

問 1.1 ★☆☆☆

次の化合物において，中心原子（炭素原子，窒素原子，ホウ素原子）の混成状態を sp^3 混成，sp^2 混成，および sp 混成に分類しなさい．

CH_4 $^⊕CH_3$ $^⊖:CH_3$ BH_3 BF_3 $NH_4^⊕$

CO_2 C_2H_2 C_2H_4 C_2H_6

ヒント

- **sp^3 混成**：正四面体状で4つの頂点方向に4つのσ軌道があり，4つのσ結合を形成する．互いの結合角は109.5°である．
- **sp^2 混成**：正三角形状で3つの頂点方向に3つのσ軌道があり，3つのσ結合を形成する．互いの結合角は120°である．残りの1つはπ軌道で，これら3つのσ軌道に直交しており，π結合を形成する．
- **sp 混成**：直線状で2つの方向に2つのσ軌道があり，2つのσ結合を形成する．互いの結合角は180°である．残りの2つのπ軌道は互いに直交し，2つのσ軌道とも直交している．これら2つのπ軌道は2つのπ結合を形成する．

ヒント
問1.1のヒントを参照．

問1.2 ★☆☆☆

次の化合物 **A** ～ **L** において，すべての炭素原子の混成状態（sp^3 混成，sp^2 混成，sp 混成）を示しなさい．

- **A** $CH_3CH_2CH_3$
- **B** CH_3OH
- **C** CH_3NH_2
- **D** $CH_3CH=CH_2$
- **E** CH_3CN
- **F** $CH_3C\equiv CH$
- **G** CH_3CO_2H
- **H** CH_3CCH_3 (O)
- **I** $(CH_3)_2C=C=CH_2$
- **J** トルエン ($C_6H_5-CH_3$)
- **K** $CH_3-C_6H_4-C\equiv CH$
- **L** 安息香酸アリル ($C_6H_5CO_2-CH_2CH=CH_2$)

ヒント
sp^3 混成：正四面体構造，sp^2 混成：平面構造，sp 混成：直線構造．また，芳香環は平面構造となる．ただし，炭素–炭素単結合は自由回転する．

問1.3 ★☆☆☆

次の化合物 **A** ～ **N** において，ほぼ同一平面上にある炭素原子の数を示しなさい．

- **A** $CH_3C\equiv CH$
- **B** $CH_3CH_2CH=CHCH_3$
- **C** シクロヘキシリデン=$CHCH_3$
- **D** シクロヘキセン
- **E** 1,2-ジメチルシクロヘキセン
- **F** 1-メチル-3-エチルベンゼン
- **G** アセトフェノン
- **H** $CH_3C\equiv C-C_6H_4-CH_2CH_3$
- **I** 2,2'-ジクロロ-5-メチルビフェニル
- **J** 1,4-ジメチル-5-エチルナフタレン
- **K** 2-メチル-3-エチルインドール
- **L** ニコチン
- **M** アデニン
- **N** カフェイン

ヒント
π 軌道はすべての σ 軌道に直交している．

問1.4 ★☆☆☆

エタン，エチレン，アセチレンの結合性軌道を図示しなさい．

ヒント
炭素–炭素単結合は自由回転する．

問1.5 ★☆☆☆

エタンの C–C 結合に関して，最も安定な立体配座と最も不安定な立体配座を Newman 投影式で示しなさい．また，C–C 結合を 0°～360° まで回転させたときの自由エネルギー（縦軸）と回転角度（横軸）の関係をグラフで示しなさい．

ヒント
炭素–炭素単結合は自由回転する．

問1.6 ★★☆☆

ブタンの C_2–C_3 結合に関して，最も安定な立体配座と最も不安定な立体配座を Newman 投影式で示しなさい．また，C_2–C_3 結合を 0°～360° まで回転させたときの自由エネルギー（縦軸）と回転角度（横軸）の関係をグラフで示しなさい．

問 1.7 ★☆☆☆

メチルシクロヘキサンの安定なイス形配座を書きなさい．また，cis-1,2-ジメチルシクロヘキサンと trans-1,2-ジメチルシクロヘキサンについても同様に答えなさい．

Newman 投影式で，すべての炭素–炭素結合がねじれ型となるイス形配座が安定である．さらに，1,3-ジアキシアル相互作用（立体障害）が少なくなるよう，メチル基はエカトリアル配座をとる．

問 1.8 ★★☆☆

cis-1,2-ジクロロシクロヘキサンと trans-1,2-ジクロロシクロヘキサンの安定な立体配座を示しなさい．同様に，cis-1,3-ジクロロシクロヘキサンと trans-1,3-ジクロロシクロヘキサンの安定な立体配座を示しなさい．

シクロヘキサンはイス形配座をとる．塩素原子は水素原子より大きく，塩素原子は 1,3-ジアキシアル相互作用（立体反発）の少ないエカトリアル配座をとる．

大学院入試問題に挑戦

問 1.9 ★☆☆☆

2-ブロモブタン（**1**）を C(2)–C(3) 結合から見た際の，すべてのねじれ形配座の Newman 投影式を描け．

```
     C(3)
      \
       C(2)
       |
       Br
       1
```

（平成 29 年度 東京大学 理学系研究科）

問 1.10 ★☆☆☆

trans-1,2-ジメチルシクロヘキサンの最安定配座を記せ．また，その理由について 2 行程度で説明せよ．ただし，図を用いてもよい．

（平成 29 年度 東京工業大学 物質理工学院）

問 1.11 ★☆☆☆

trans-1-bromo-2-methylcyclohexane の可能な 2 つのいす型配座を描き，どちらがより安定かを示せ．シクロヘキサン環上の水素は省略せずに描くこと．なお，光学異性体は考慮しなくてよい．

（平成 28 年度 大阪大学 理学研究科）

問 1.13 ★☆☆☆

次の化合物の最も安定な立体配座を描け．

（平成 23 年度 大阪大学 理学研究科）

2 極性，水素結合

問題を解くためのキーポイント

ポイント1 ◆ 双極子モーメント

異原子間結合では結合電子対の偏りが生じ，**電荷分離（双極子）**を引き起こすため，**双極子モーメント** (μ) を生じる．結合電子対の偏り度合いにはそれぞれの原子の**電気陰性度**が反映している．双極子モーメントは**デバイ (D)** で表され，$1\,\mathrm{D} = 10^{-18}\,\mathrm{esu\cdot cm}$ の単位をもつ．例えば，プラスとマイナスの電荷が $1\,\mathrm{Å}$ 離れると，

双極子モーメント $(\mu) = 4.8 \times 10^{-10}\,\mathrm{esu}$（素電荷）$\cdot\, 1 \times 10^{-8}\,\mathrm{cm} = 4.8 \times 10^{-18}\,\mathrm{esu\cdot cm} = 4.8\,\mathrm{D}$

となる．異原子間結合からなる分子でも，四塩化炭素のように対称分子の場合は，双極子モーメントが打消し合い，ゼロとなる．

※矢印は ($\delta+ \to \delta-$) の意味を表している

ポイント2 ◆ ファンデルワールス (van der Waals) 相互作用

電荷をもたない分子間の引力で，分子間の弱い**誘起双極子-誘起双極子相互作用**である．表面積が大きい分子どうしが近づくと，この作用は大きくなる．例えば，鎖状のペンタン（沸点：36℃）は，球状のネオペンタン (2,2-ジメチルプロパン，沸点：9.5℃) より表面積が大きく，分子間のファンデルワールス相互作用が大きくなるため，相対的に沸点が高い．この相互作用は小さく，1 kcal/mol (4.2 kJ/mol) 未満である．

：ファンデルワールス相互作用

ポイント3 ◆ 水素結合

電気陰性度の大きい X（N, O, F, Cl など）原子と水素原子との間に生じる静電的な相互作用で，X–H⋯X の 3 原子間の水素結合は通常，直線構造をとる．水素結合の相互作用は 4 ～ 6 kcal/mol（17 ～ 25 kJ/mol）程度である．水素結合には**分子間水素結合**と**分子内水素結合**がある．例えば，p-ニトロフェノールは鎖状に分子間水素結合を形成する．他方，o-ニトロフェノールは六員環状に分子内水素結合を形成する．この結果，p-ニトロフェノールのほうが分子間相互作用は大きく，分子がバラバラになりにくいので，沸点が高い．

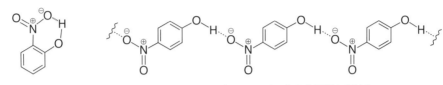

o-ニトロフェノールの分子内水素結合　　　p-ニトロフェノールの分子間水素結合

演習問題

問 2.1 ★☆☆☆

次の化合物 **A ～ W** の双極子モーメントの有無，およびその理由を簡潔に述べなさい．

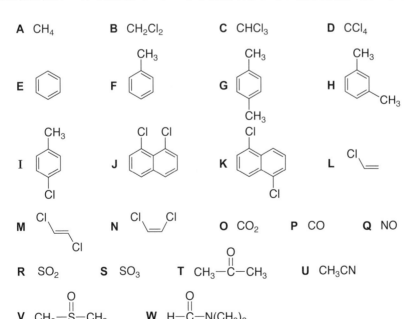

ヒント
異なった原子間の結合は結合電子対の偏りを引き起こし，それぞれの原子が部分的電荷を生じることから，双極子モーメントを生じる．双極子モーメント μ（D：単位はデバイ）は q（電荷）と r（距離：cm）の積で表す．ただし，1 つの結合に結合電子対の偏りが生じても，対称性の高い化合物は分子として双極子モーメントがゼロとなる．

問 2.2 ★★☆☆

ホルムアルデヒド，アセトアルデヒド，およびアセトンを，双極子モーメントの大きい順に不等号で示し，その理由を簡潔に述べなさい．

ヒント
カルボニル基は大きく分極している．また，水素原子に比べてメチル基は電子を押し出す力が大きい電子供与基である（誘起効果）．双極子モーメントが大きくなると沸点も高くなる．

問 2.3 ★★☆☆

ヒント: 分子が分極すれば、分子間の静電的相互作用は増加する。

アセトンとブタンの分子量はほぼ同じである。どちらの沸点が高いかを不等号で示し、その理由を簡潔に述べなさい。

問 2.4 ★★☆☆

ヒント: 塩素原子の電気陰性度は 3.0 と大きい。

アセトアルデヒドの水和物は単離できないが、α,α,α-トリクロロアセトアルデヒド（$CCl_3CH=O$）の水和物は単離できる。この理由を簡潔に述べなさい。

問 2.5 ★★☆☆

ヒント: 水素結合の生じやすさを比較する。

エタノール（C_2H_5OH）とエタンチオール（C_2H_5SH）では、どちらの沸点が高いかを不等号で示し、その理由を簡潔に述べなさい。

問 2.6 ★★☆☆

ヒント: 水素結合の度合いの違いを考える。

1-プロパノールと酢酸は同程度の分子量をもつ。どちらの沸点が高いかを不等号で示し、その理由を簡潔に述べなさい。

問 2.7 ★★☆☆

ヒント: 分子間水素結合のしやすさを比較する。

trans-1,2-シクロペンタンジオールと cis-1,2-シクロペンタンジオールでは、どちらの沸点が高いかを不等号で示し、その理由を簡潔に述べなさい。

問 2.8 ★★☆☆

ヒント: 水素結合が可能かどうかを比較する。

アミン異性体である $CH_3CH_2CH_2NH_2$、$CH_3NHCH_2CH_3$、$(CH_3)_3N$ を沸点の高い順に不等号で並べ、その理由を簡潔に述べなさい。

問 2.9 ★★★☆

ヒント: 分子間水素結合と分子内水素結合のしやすさを比較する。

p-ニトロフェノールと o-ニトロフェノールでは、どちらの沸点が高いかを不等号で示し、その理由を簡潔に述べなさい。融点に関しても同様に答えなさい。

問 2.10 ★★★☆

ヒント: 分子が密に並ぶかどうかを考える。

炭素数 18 の脂肪酸であるステアリン酸 [$CH_3(CH_2)_{16}CO_2H$] とリノール酸 [cis,cis-9,12-$CH_3(CH_2)_4CH=CHCH_2CH=CH(CH_2)_7CO_2H$] では、どちらの融点が高いかを不等号で示し、その理由を簡潔に述べなさい。

大学院入試問題に挑戦

問 2.11 ★★☆☆

以下の化合物の各組(1)〜(4)のそれぞれについて、角括弧 [ ] 内に示した値の高い順、大きい順、または、長い順に不等号を用いて化合物の記号を並べよ。

(1) [炭素−塩素結合の結合解離エネルギー]

CH₃−CH₂−Cl   CH₂=CH−Cl   CH₂=CH−CH₂−Cl
     A   B   C

(2) [双極子モーメント]

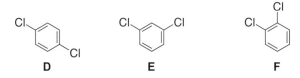

    D   E   F

(3) [沸点]

CH₃−CH₂−CH₂−CH₂−CH₃   CH₃−CH₂−CH(CH₃)−CH₃   C(CH₃)₄
         G   H   I

CH₃−CH₂−CH₂−CH₂−OH
       J

(4) [炭素−炭素結合の距離]

CH≡CH   CH₂=CH₂   CH₃−CH₃   C₆H₆
  K   L   M   N

(平成 28 年度 東京工業大学 物質理工学院)

問 2.12 ★★★☆

2,3-diphenylcyclopropenone の双極子モーメントは 5.1 Debye であり benzophenone の値 3.0 Debye と比較して大きい．それぞれの化合物の双極子モーメントの向きを構造式とともに図示し，その理由を述べよ．

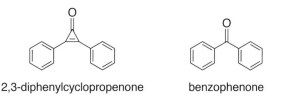

(平成 31 年度 名古屋大学 理学研究科)

問 2.13 ★☆☆☆

C_5H_{12} の異性体をすべて挙げ，沸点の高い順に構造式で記せ．

(平成 18 年度 京都大学 理学研究科)

問 2.14 ★☆☆☆

以下の化合物を，沸点の低いものから高いものへ順に並べよ．

         n-pentane,   2,2-dimethylpropane,   pentanoic acid,   pentanal,   pentan-1-ol

(平成 29 年度 東京大学 理学系研究科)

問 2.15 ★★☆☆

マレイン酸とフマル酸は同じ分子量であるが,融点はそれぞれ 130 ℃ と 287 ℃ と大きく異なる.フマル酸のほうが高融点である理由について,2 行程度で説明せよ.ただし,図を用いてもよい.

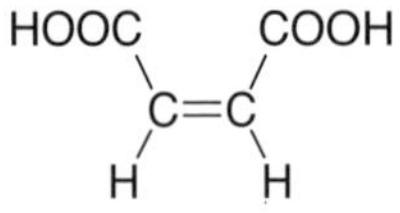

$$\underset{\text{マレイン酸}}{\begin{array}{c}\text{HOOC}\quad\text{COOH}\\ \text{C}=\text{C}\\ \text{H}\quad\quad\text{H}\end{array}}\qquad\underset{\text{フマル酸}}{\begin{array}{c}\text{HOOC}\quad\text{H}\\ \text{C}=\text{C}\\ \text{H}\quad\quad\text{COOH}\end{array}}$$

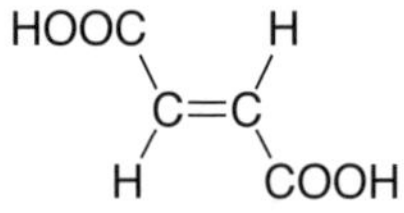

(平成 29 年度 東京工業大学 物質理工学院)

問 2.16 ★★☆☆

2-ニトロフェノールと 4-ニトロフェノールの沸点と水への溶解度は下表に示す通りである.これらの差が発現する理由を説明せよ.

化合物	沸点 (℃)	水への溶解度 (g/H_2O 100 mL)
2-ニトロフェノール	217	0.2
4-ニトロフェノール	279	1.7

(平成 23 年度 京都大学 工学研究科)

3 電子的効果，酸・塩基

問題を解くためのキーポイント

電子的効果

◆ 誘起効果（I 効果）

σ結合を通じて伝達される原子あるいは原子団（置換基）の電子的効果で，電子を引き寄せたり，押し出したりする．この誘起効果の原動力は電気陰性度である．

(例) **電子供与基**：メチル基，エチル基，プロピル基などのアルキル基(R)など

(例) **電子求引基**：ニトロ基($-NO_2$)，ニトリル基（-CN），エステル基（$-CO_2R$），アミド基（$-CONR_2$），カルボニル基（-CO），ホルミル基（-CHO），カルボキシ基（$-CO_2H$），スルホ基（$-SO_3H$），ハロゲン基（F, Cl, Br, I），アルコキシ基（-OR），ヒドロキシ基（-OH），アンモニウム基（$-NR_3^+$）など

◆ 共鳴効果（R 効果）

π共役系を通じて伝達される電子的効果．電子供与基は電子を供与できるπ結合電子対あるいは孤立電子対（n）をもっており，電子求引基はπ結合電子対あるいは孤立電子対を受け入れられる空軌道（$π^*$軌道）をもっている．共鳴効果とは，いわゆるπ-π軌道間相互作用あるいはn-π軌道間相互作用である．共鳴効果が生じるためには，共役系が平面構造になる必要がある．

(例) **電子供与基**：アミノ基（$-NR_2$），ヒドロキシ基（-OH），アルコキシ基（-OR），ハロゲン基（F, Cl, Br, I），ビニル基（$-CH=CH_2$），アリール基（-Ar）など

(例) **電子求引基**：ニトロ基（$-NO_2$），ニトリル基（-CN），エステル基（$-CO_2R$），アミド基（$-CONR_2$），カルボニル基（-CO），ホルミル基（-CHO），スルホ基（$-SO_3H$）など

酸と塩基

◆ Arrhenius の酸と塩基

酸とは水溶液中で H^+（水素イオン，プロトン）を生成できる化合物であり，塩基とは OH^-（水酸化物イオン）を生成できる化合物である．

(例) **酸**：HCl，H_2SO_4，p-TsOH など

(例) **塩基**：NaOH，KOH など

◆ Brønsted の酸と塩基

酸とは H^+ を生成できる化合物（**プロトン供与体**）であり，塩基とは H^+ を受け入れることができる化合物（**プロトン受容体**）である．

(例) **酸**：HCl，H_2SO_4，p-TsOH など

(例) **塩基**：NaOH，KOH，アミン，エーテルなど

◆ Lewis の酸と塩基

酸とは孤立電子対やπ電子対を受け入れることができる化合物（電子対受容体）であり，塩基とは孤立電子対やπ電子対を供与できる化合物（電子対供与体）である．

(例) 酸は空軌道をもち，孤立電子対を受け入れることのできる化合物で，金属陽イオン（$AlCl_3$，BF_3，$ZnCl_2$，$SnCl_4$，$FeCl_3$，$MgCl_2$）や，π電子欠損した芳香族化合物など

(例) 塩基は空軌道をもつ化合物に孤立電子対やπ電子対を供与できる化合物であり，アミンやエーテル，あるいはπ電子過剰の芳香族化合物など

酸性の強さや塩基性の強さは，官能基の誘起効果や共鳴効果が反映している．

◆ 酸性の強さの指標

下の式で，K_a は**酸解離定数**であり，HA の酸性が強ければ K_a は大きくなる．K_a は HA の水溶液における各成分の濃度式で表される（K_a は 25 °C の水溶液における値）．$pH = -\log[H^+]$（あるいは $pH = -\log[H_3O^+]$）と同じように，$pK_a = -\log K_a$ で表す．化合物の pK_a は pH 滴定により，$pK_a = pH - \log([A^-]/[HA])$ から求める．

$$HA + H_2O \underset{}{\overset{K_a}{\rightleftharpoons}} H_3O^{\oplus} + A^{\ominus} \qquad pH = -\log[H_3O^{\oplus}] \qquad pK_a = -\log K_a$$

$$K_a = K_a'[H_2O] = \frac{[H_3O^{\oplus}][A^{\ominus}]}{[HA]} \cdots\!\!\rightarrow -\log K_a = -\log[H_3O^{\oplus}] - \log\frac{[A^{\ominus}]}{[HA]}$$

$$pK_a = pH - \log\frac{[A^{\ominus}]}{[HA]} \qquad pH = pK_a + \log\frac{[A^{\ominus}]}{[HA]}$$

演習問題

問 3.1 ★☆☆☆

ヒント: σ結合を通した電子的効果と，共役系π結合を通した軌道間相互作用による電子的効果がある．

電子的効果には誘起効果と共鳴効果がある．それぞれ例を挙げて，簡潔に説明しなさい．

問 3.2 ★☆☆☆

ヒント: 塩素原子の電気陰性度は 3.0 と大きい．

次の化合物を酸性の強い順に不等号で並べなさい．また，その理由を簡潔に述べなさい．

CH_3-CO_2H 　　CH_2Cl-CO_2H 　　$CHCl_2-CO_2H$ 　　CCl_3-CO_2H

問 3.3 ★☆☆☆

ヒント: 混成軌道におけるs軌道の割合（s性）が増加すると電子求引性となる．

次の化合物を酸性の強い順に不等号で並べなさい．また，その理由を簡潔に述べなさい．

$CH_3CH_2-CO_2H$ 　　$H_2C=CH-CO_2H$ 　　$HC\equiv C-CO_2H$

問 3.4 ★☆☆☆

次の化合物を酸性の強い順に不等号で並べなさい．また，その理由を簡潔に述べなさい．

CH₃CH₂CH₂—CO₂H   CH₂CH₂CH₂—CO₂H
                    |
                    Cl

CH₃CH—CH₂—CO₂H   CH₃CH₂CH—CO₂H
    | |
    Cl   Cl

ヒント：塩素原子の電気陰性度は 3.0 である．

問 3.5 ★★☆☆

次の A〜C において，それぞれを酸性の強い順に不等号で並べなさい．また，その理由を簡潔に述べなさい．

A H₂O   H₂O₂
B C₂H₅OH   C₂H₅SH
C シクロヘキサノール   フェノール

ヒント：いずれもアニオンの相対安定性を考える．A は電気陰性度の大きい原子の数，B は原子半径の大きさ，C は共鳴効果の有無を考える．

問 3.6 ★★☆☆

次の化合物を酸性の強い順に不等号で並べなさい．

酢酸エチル   アセトン   アセトアルデヒド

ヒント：エステル基よりケトン基のほうが電子求引性は強い．アルデヒドとケトンはアルキル基の誘起効果を考える．

問 3.7 ★★☆☆

次の化合物を酸性の強い順に不等号で並べなさい．

マロン酸ジエチル   アセト酢酸エチル   アセチルアセトン   アセトン

ヒント：エステル基よりケトン基のほうが電子求引性は強い．

問 3.8 ★★★☆

ビタミン C はアスコルビン酸ともいう．アスコルビン酸（pK_a 4.3）はカルボキシ基のような酸性官能基をもたないのに，酢酸（pK_a 4.8）より酸性が強い．この理由を簡潔に述べなさい．また，どの水素原子が酸性を示すかを○で示しなさい．

ビタミン C （pK_a 4.3）

ヒント：共鳴効果と分子内水素結合を考える．

ヒント
共鳴効果が生じるための条件を考える.

問 3.9 ★★☆☆

炭化水素であるトリフェニルメタンと 9-フェニルフルオレンを酸性の強い順に不等号で並べ，その理由を簡潔に述べなさい．

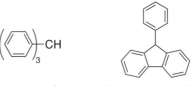

トリフェニルメタン　　　　9-フェニルフルオレン

ヒント
生じたアニオンの安定性を考える.

問 3.10 ★★☆☆

1,3-シクロペンタジエンと 1,3,5-シクロヘプタトリエンを酸性の強い順に不等号で並べ，その理由を簡潔に述べなさい．

ヒント
生じたアニオンの平面性を考える.

問 3.11 ★★★☆

2-メチル-1,3-シクロヘキサンジオンとビシクロ[2,2,1]ヘプタン-2,6-ジオンを酸性の強い順に不等号で並べ，その理由を簡潔に述べなさい．

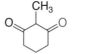

2-メチル-1,3-シクロヘキサンジオン　　　ビシクロ[2,2,1]ヘプタン-2,6-ジオン

ヒント
分子内水素結合を考える.

問 3.12 ★★★☆

安息香酸，2-ヒドロキシ安息香酸（サリチル酸），および 2,6-ジヒドロキシ安息香酸を酸性の強い順に不等号で並べなさい．

ヒント
窒素原子上の電子密度を考える.

問 3.13 ★★★☆

N,N-ジメチルアニリン，*N*-メチルピロール，1-アザビシクロ[2,2,2]オクタン（キヌクリジン），4-(*N,N*-ジメチルアミノ)ピリジンを塩基性の強い順に不等号で示し，その理由を簡潔に述べなさい．

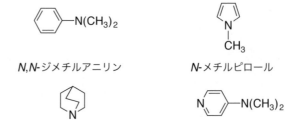

N,N-ジメチルアニリン　　　　*N*-メチルピロール

1-アザビシクロ[2,2,2]オクタン　　4-(*N,N*-ジメチルアミノ)ピリジン

問 3.14 ★★★☆

N,N-ジメチルアニリン，トリエチルアミン，4-(*N,N*-ジメチルアミノ)ピリジン，および *N,N,N',N',N''*-ペンタメチルグアニジンを塩基性の強い順に不等号で示し，その理由を簡潔に述べなさい．

N,N-ジメチルアニリン

トリエチルアミン

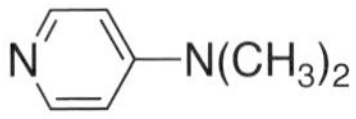

4-(*N,N*-ジメチルアミノ)ピリジン

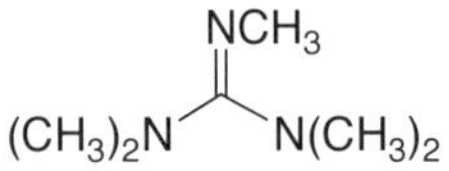

N,N,N',N',N''-ペンタメチルグアニジン

ヒント: 窒素原子上の電子密度を考える．

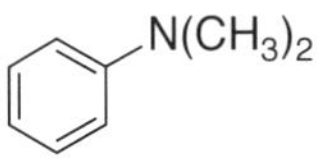

問 3.15 ★★★☆

L-アラニン[(*S*)-*α*-アミノプロピオン酸]が pH 2.0, pH 6.0, および pH 10.0 における水溶液で主に存在する構造式を，それぞれ示しなさい．

L-アラニン

ヒント: R-COOH の pK_a および R-NH$_3^+$ の pK_a を考える．

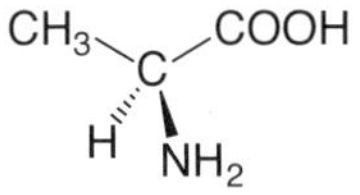

問 3.16 ★★☆☆

アミノ酸(*α*-アミノ酸)はエーテルやクロロホルムに溶けにくく，水に溶けやすい．この理由を簡潔に述べなさい．

ヒント: アミノ酸は塩を形成している．

問 3.17 ★★★☆

β-カロテン，フラボン類，およびアントシアニン類は花の三大色素である．これらの溶液の pH を変えたとき，大きく色が変化する順にならべ，その理由を簡潔に述べなさい．

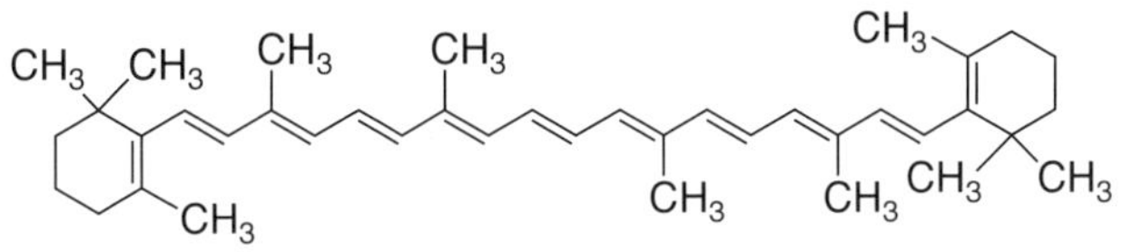

β-カロテン

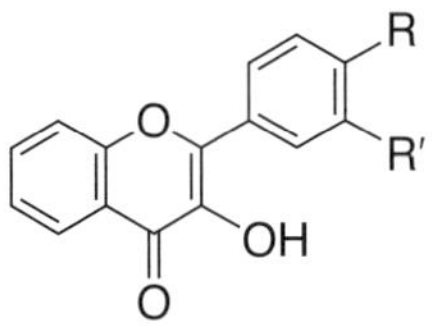

フラボン類 (R, R': H, OH)

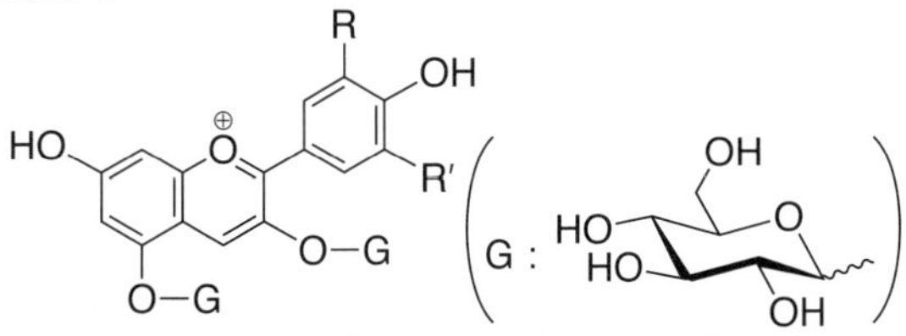

アントシアニン類 (R, R': H, OH, OCH$_3$)

(G: グルコース)

ヒント: フェノール性ヒドロキシ基の有無と共役系の長さを考える．

問 3.18 ★★★☆

ヒント
フェノール性ヒドロキシ基や共役アミン，および共役系の長さを考える．

フェノールフタレインおよびメチルオレンジはpH指示薬で，それぞれのpH変色域は8〜10および3〜4である．それぞれについて，pHの変化とともに構造がどのように変わるかを簡潔に述べなさい．

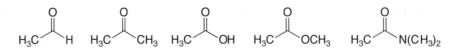

フェノールフタレイン(無色)　　メチルオレンジ(橙黄色)
pH変色域8〜10　　　　　　　pH変色域3〜4

大学院入試問題に挑戦

問 3.19 ★☆☆☆
以下の化合物を，酸性度の低いものから高いものへ順に並べよ．

CF_3COOH,　CH_3COOH,　CH_3CH_2OH,　$ClCH_2COOH$

(平成29年度 東京大学 理学系研究科)

問 3.20 ★★☆☆
以下の化合物を，酸性度の低いものから高いものへ左から右に順に並べよ．

H_3C-CHO,　$H_3C-CO-CH_3$,　$H_3C-COOH$,　$H_3C-COOCH_3$,　$H_3C-CON(CH_3)_2$

(平成30年度 東京大学 理学系研究科)

問 3.21 ★☆☆☆
酸性度の高いものから順に並べよ．

(ア) H_3C-CH_2-COOH　　(イ) $H_2C=CH-COOH$　　(ウ) $HC\equiv C-COOH$

(平成30年度 京都大学 工学研究科)

問 3.22 ★★★☆

以下の化合物の各組において，下線で示した水素の酸性が強いほうを記号で答えよ．またその理由を簡潔に述べよ．

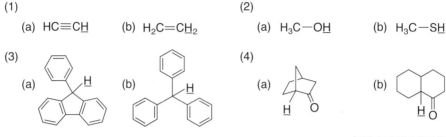

（平成 25 年度 京都大学 理学研究科）

問 3.23 ★★☆☆

以下の化合物を，塩基性度の低いものから高いものへ順に並べよ．

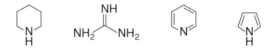

（平成 29 年度 東京大学 理学系研究科）

問 3.24 ★★☆☆

フェノールと 2,4,6-トリニトロフェノールをそれぞれ炭酸水素ナトリウム水溶液に溶解させようとしたところ，片方の化合物は溶解したが，もう片方の化合物はほとんど溶解しなかった．どちらの化合物が溶解したのかを示し，溶解度に違いが見られた理由を説明せよ．

（平成 22 年度 東京大学 理学系研究科）

問 3.25 ★★★☆

次のジカルボン酸のうち，どちらの化合物から 1 つ目のプロトンが脱離しやすいか．理由とともに答えよ．

（平成 31 年度 名古屋大学 理学研究科）

問 3.26 ★★★☆

次に示す 2 つの化合物 **A** および **B** の太字で示した水素原子を脱プロトン化したい．**A**, **B** のうち，どちらが脱プロトン化されやすいか．(a), (b) の各組について，理由とともに答えよ．

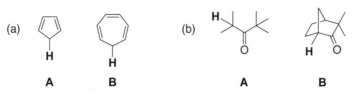

（平成 17 年度 京都大学 理学研究科）

4 アルカン，アルケン，アルキン

問題を解くためのキーポイント

◆ **アルカン：C_nH_{2n+2}** ($n = 1, 2, 3 \cdots$)

シクロアルカン：C_nH_{2n} ($n = 3, 4, 5 \cdots$)

アルカンやシクロアルカンは化学的に不活性な化合物で，<u>酸やアルカリと反応しない</u>．ただし，塩素(Cl_2)あるいは臭素(Br_2)の存在下で紫外線などの光照射を行うと，**ラジカル連鎖反応**による置換反応が生じて，対応する<u>塩化物や臭化物を生じる</u>．

シクロアルカンの置換反応

枝分かれした炭化水素より，直鎖状の炭化水素のほうが分子間の**ファンデルワールス相互作用**(弱い誘起双極子–誘起双極子相互作用：≤ 1 kcal/mol 程度)が大きくなるため，沸点が高くなる．

◆ **アルケン：C_nH_{2n}** ($n = 2, 3, 4 \cdots$)

シクロアルケン：C_nH_{2n-2} ($n = 3, 4, 5 \cdots$)

アルケンは炭素–炭素二重結合をもち，一般に π 電子密度が高いため，**求電子付加反応**（Ad_E）が生じる．例えば，EX (Cl_2, Br_2, BrOH, ClOH $\cdots$) や HX (HCl, HBr, H_2O $\cdots$) のアルケンへの求電子付加反応は，二段階反応で *trans* 付加体を生じる．付加反応は **Markovnikov 則**に従い，<u>プロトンなど求電子種は置換基の少ない二重結合炭素へ，求核種は置換基の多い二重結合炭素へ付加する</u>．

> **Markovnikov 則**とは，非対称アルケンへの求電子付加反応において，求電子種は炭素–炭素二重結合の置換基が少ない不飽和炭素側に付加し，より安定なカルボカチオン形成をともなった付加体を生成するという経験則である．
>
> ※ *anti*-Markovnikov 型反応は，主に非対称アルケンと HBr のラジカル付加反応で見られる．アルケンに過酸化物 (ROOR) 存在下で HBr が付加する場合は，最初に過酸化物から生じたラジカル反応開始活性種 (RO･) が HBr の水素原子を引き抜き，臭素原子 (Br･) を生じる．この臭素原子がアルケンに付加する．このとき，臭素原子は炭素–炭素二重結合の置換基が少ない不飽和炭素側に付加し，より安定な炭素ラジカル中間体を生じる．この炭素ラジカル中間体が HBr の水素原子を引抜き，HBr 付加体となる（同時に生じた臭素原子は，再び別のアルケンに付加反応する）．この反応で生じたアルケンへの HBr 付加体は，結果的にアルケンと HBr の極性反応で生じた付加体とは逆の付加配向をもつので，*anti*-Markovnikov 型の付加体となる．大切なことは，ラジカル付加反応も極性付加反応も，"安定な中間体"を経て反応が進行していることである．

(EX : Cl$_2$, Br$_2$, BrOH, ClOH)

(HX : HCl, HBr, H$_2$O)

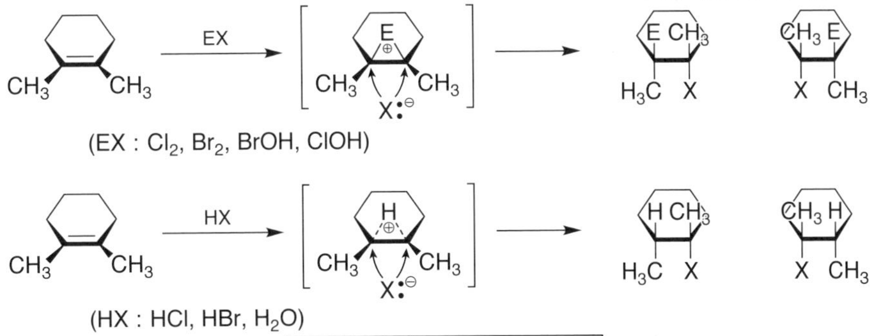

シクロアルケンの求電子付加反応

一方，PdやPd-Cなどの触媒存在下でアルケンに水素ガスを作用させると，一段階反応の**接触水素化反応**が進行して _cis_ 付加したアルカンを生じる．

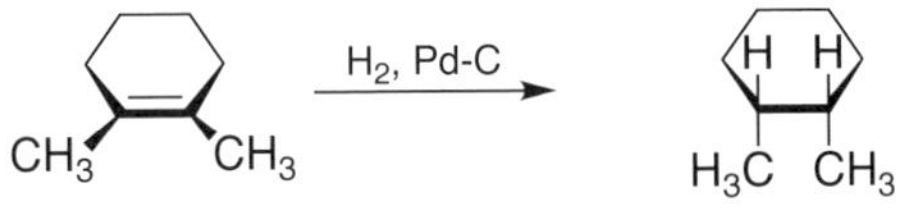

シクロアルケンの接触水素化反応

ポイント 3

◆ **アルキン：C$_n$H$_{2n-2}$** ($n = 2, 3, 4 \cdots$)

アルキンは炭素–炭素三重結合をもち，一般にπ電子密度が高いため，**求電子付加反応**(Ad$_E$)が生じる．例えば，HX (HCl, HBr)やX$_2$ (Cl$_2$, Br$_2$)のアルキンへの求電子付加反応は，二段階反応で _trans_ 付加したアルケンを生じる．さらに，過剰のHXやX$_2$を作用させると，二度目の付加反応が生じて飽和した化合物となる．

trans 付加したアルケン

(HX : HCl, HBr)

(X$_2$: Cl$_2$, Br$_2$)

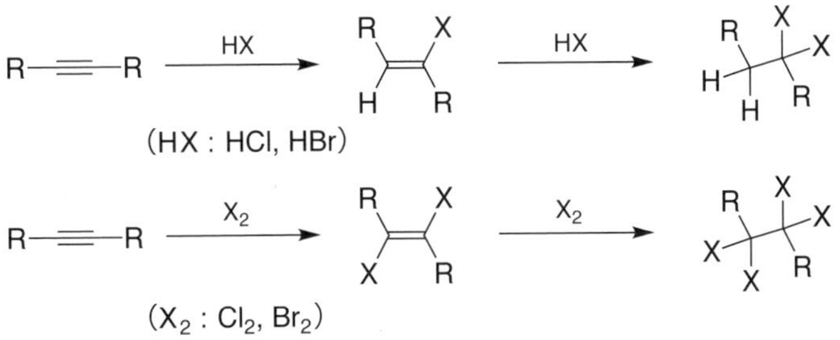

HgSO$_4$およびH$_2$SO$_4$(触媒)存在下でアルキンに水を作用させると，**ビニルアルコール**を経て**ケトン**を生じる．末端アルキンはメチルケトンとなる．付加反応は**Markovnikov則**に従い，プロトンなど求電子種は置換基の少ない三重結合炭素へ，求核種は置換基の多い三重結合炭素へ付加する．

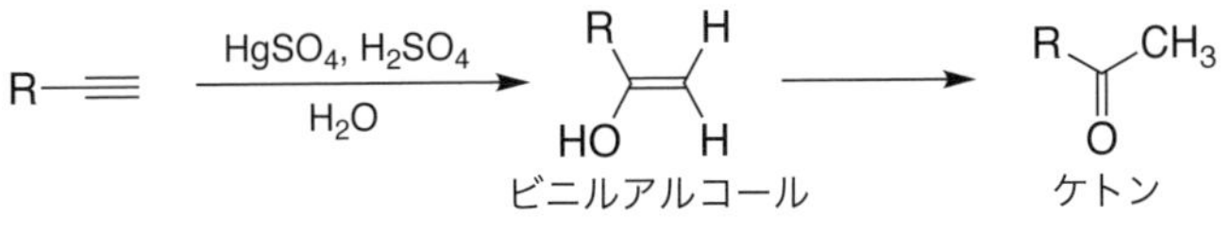

ビニルアルコール　　ケトン

一方，PdやPd-Cなどの触媒存在下でアルキンに水素ガスを作用させると，一段階反応の**接触水素化反応**が二度進行して**アルカン**を生じる．

$$R-\!\!\equiv\!\!-R \xrightarrow{H_2, Pd\text{-}C} R\frown R \text{ アルカン}$$

他方，Lindlar触媒（Pd-CaCO$_3$-PbO）やPd-BaSO$_4$触媒存在下でアルキンに水素ガスを作用させると，一段階反応の**接触水素化反応**が進行して*cis*-**アルケン**を生じる．

$$R-\!\!\equiv\!\!-R \xrightarrow[\text{Lindlar触媒}]{H_2} \text{cis-アルケン}$$

アルキンを金属LiやLiAlH$_4$で還元すると，多段階反応で*trans*-**アルケン**を生じる．

$$R-\!\!\equiv\!\!-R \xrightarrow[\text{エーテル}]{Li} \left[\text{中間体} \right] \xrightarrow{H_3O^\oplus} \text{trans-アルケン}$$

演習問題

問 4.1 ★☆☆☆

以下に示した光照射（$h\nu$）反応(a)および(b)の主生成物を示しなさい．

(a) $CH_4 + Cl_2 \xrightarrow{h\nu}$

(b) $CH_3CH_3 + Cl_2 \xrightarrow{h\nu}$

ヒント：アルカンは化学的に不活性なため，一般的な酸や塩基とは反応しないが，塩素や臭素の存在下で光照射すると置換反応が生じる．

問 4.2 ★★☆☆

以下に示した反応における反応機構を示しなさい．

$$\underset{\underset{CH_3}{|}}{CH_3\text{-}CH\text{-}CH_3} + Br_2 \xrightarrow{h\nu} \underset{\underset{CH_3}{|}}{\overset{\overset{Br}{|}}{CH_3\text{-}C\text{-}CH_3}} + HBr$$

ヒント：臭素原子は，より弱い結合の水素原子を選択的に引き抜く．

問 4.3 ★☆☆☆

以下に示した反応(a)〜(c)の主生成物を示しなさい．

(a) $CH_3CH_2CH=CH_2 \xrightarrow{HBr}$

(b) $CH_3CH_2C\equiv CH \xrightarrow{HBr (過剰)}$

ヒント：アルケンやアルキンへの求電子的付加反応．

(c) 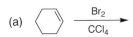 $\xrightarrow{\text{HBr}}$

問 4.4 ★★☆☆

以下に示した反応(a)および(b)の反応機構を示しなさい．

アルケンへの求電子的付加反応．

(a)  $\xrightarrow[\text{CCl}_4]{\text{Br}_2}$

(b) $\xrightarrow[\text{H}_2\text{O}]{\text{Br}_2}$

問 4.5 ★★☆☆

以下に示した反応(a)〜(j)の主生成物を示しなさい．

アルケンやアルキンへの求電子的付加反応．

(a) ∕=∕ $\xrightarrow{\text{HBr}}$

(b) (cyclohexene) $\xrightarrow{\text{HBr}}$

(c) ∕=∕ $\xrightarrow{\text{H}_3\text{O}^\oplus}$

(d) $CH_3-C\equiv C-CH_3$ $\xrightarrow{\text{H}_2, \text{Pd-C}}$

(e) $CH_3-C\equiv C-CH_3$ $\xrightarrow{\text{H}_2, \text{Pd-CaCO}_3\text{-PbO}}$

(f) $CH_3-C\equiv C-CH_3$ $\xrightarrow[\text{liq.NH}_3]{\text{Li}}$

(g) $CH_3CH_2C\equiv CH$ $\xrightarrow{\text{HBr(1当量)}}$

(h) $CH_3CH_2C\equiv CH$ $\xrightarrow{\text{HBr(過剰)}}$

(i) $CH_3CH_2C\equiv CH$ $\xrightarrow[\text{H}_2\text{O}]{\text{HgSO}_4, \text{H}_2\text{SO}_4}$

(j) $CH_3CH_2-C\equiv C-CH_3$ $\xrightarrow[\text{H}_2\text{O}]{\text{HgSO}_4, \text{H}_2\text{SO}_4}$

問 4.6 ★★☆☆

以下に示した酸化反応(a)〜(e)の主生成物を示しなさい．

(a)，(b)および(c)は協奏的な一段階付加反応から cis 体を生じる．(d)および(e)は，生じたオゾニドを還元した場合と，酸化した場合．

(a) (cyclohexene) $\xrightarrow[\text{H}_2\text{O}]{\text{KMnO}_4}$

(b) (cyclohexene) $\xrightarrow[\text{2) aq.Na}_2\text{SO}_3]{\text{1) OsO}_4}$

(c) (cyclohexene) $\xrightarrow[\text{H}_2\text{O}]{\text{CH}_3\text{CO}_3\text{H}}$ [中間体] $\longrightarrow$

(d) (cyclohexene) $\xrightarrow[\text{2) Zn, H}_2\text{O}]{\text{1) O}_3}$

(e) [シクロヘキセン] 1) O_3 / 2) aq.H_2O_2

問 4.7 ★★☆☆

以下に示した反応の反応機構を示しなさい．

[2-ペンテン] HBr, 光照射($h\nu$), $(PhCO_2)_2$ 触媒量 →

ヒント: 結果的に，anti-Markovnikov 型の HBr の付加反応となる．

問 4.8 ★★☆☆

以下に示した反応の反応機構を示しなさい．

[1-ペンテン] 1) B_2H_6 / 2) aq.H_2O_2, aq.NaOH →

ヒント: 結果的に，anti-Markovnikov 型の水の付加反応となる．

問 4.9 ★★☆☆

以下に示した反応(a)～(c)の主生成物を示しなさい．

(a) [シクロヘキセン] $CHCl_3$, aq.KOH →

(b) [シクロヘキセン] $CHBr_3$, aq.KOH →

(c) [シクロヘキセン] $CHFCl_2$, aq.KOH →

ヒント: カルベンの生成とアルケンへの求電子的な協奏的付加環化反応．協奏的付加反応（一段階反応）なら cis 体を生じる．

問 4.10 ★★☆☆

以下に示した酸化反応(a)～(e)の主生成物を示しなさい．

(a) trans-2-ブテン $KMnO_4$ / H_2O →

(b) trans-2-ブテン OsO_4 / H_2O →

(c) cis-2-ブテン OsO_4 / H_2O →

(d) cis-2-ブテン 1) $mCPBA$ / 2) aq.NaOH →

(e) trans-2-ブテン 1) $mCPBA$ / 2) aq.NaOH →

($mCPBA$: 3-クロロ過安息香酸)

ヒント: $KMnO_4$ および OsO_4 は cis-1,2-ジオールへ，$mCPBA$ はエポキシドを経て trans-1,2-ジオールへ酸化する．

問 4.11 ★★☆☆

以下に示した反応(a)および(b)の主生成物を示しなさい．

(a) CH₃CH₂CH₂CH₂Br $\xrightarrow[\text{エーテル}]{\text{Na}}$

(b) ⌬—Br + CH₃CH₂Br $\xrightarrow[\text{エーテル}]{\text{Na}}$

炭素–炭素結合形成反応．

大学院入試問題に挑戦

問 4.12 ★★☆☆

以下に示す反応(1)〜(5)について，主生成物の構造を，立体化学を明確にして描け．

(1) シクロペンテン $\xrightarrow[\text{CCl}_4]{\text{Br}_2}$ □

(2) イソブチレン $\xrightarrow[\text{CH}_3\text{OH}]{\text{Br}_2}$ □

(3) アルキン $\xrightarrow[\text{(1 当量)}]{\text{Br}_2}$ □

（平成 29 年度 東京大学 理学系研究科）

(4) 1-メチルシクロヘキセン $\xrightarrow[]{\text{1) BH}_3\ \text{2) H}_2\text{O}_2/\text{NaOH}}$ □

（平成 30 年度 東京大学 理学系研究科）

(5) アルキン $\xrightarrow[\text{(≥ 2 当量)}]{\text{HBr}}$ □

（平成 27 年度 東京大学 工学系研究科）

問 4.13 ★★☆☆

以下に示した反応(1)および(2)の主生成物の構造を，立体化学を考慮して描け．

(1) メチルシクロヘキセン $\xrightarrow[\text{H}_2\text{O}]{\text{1) Hg(OAc)}_2}$ $\xrightarrow[\text{NaOH}]{\text{2) NaBH}_4}$ □

(2) メチルシクロヘキセン $\xrightarrow[\text{THF}]{\text{1) BH}_3}$ $\xrightarrow[\text{NaOH}]{\text{2) H}_2\text{O}_2}$ □

（平成 27 年度 大阪大学 理学研究科）

問 4.14 ★☆☆☆

水素化による発熱量が最も小さいアルケンを 1 つ選び，構造式で答えなさい．

2,3-ジメチル-2-ブテン，　*trans*-2-ブテン，　エチレン

（平成 28 年度 北海道大学 総合化学院）

問 4.15 ★★☆☆

シクロヘキサン，シクロヘキセンおよび，ベンゼンを Br_2 と反応させたい．それぞれどのような条件を用いたらよいか．また，そのときの化学反応式を記せ．

(平成 13 年度 京都大学 理学研究科)

問 4.16 ★★☆☆

次に示した反応 (1)，(2) の主生成物を，構造式で示しなさい．

(1) PhCH₂C(=CH₂)CH₃ → 1) BH₃, THF 2) NaOH, H₂O₂ → □ (THF：テトラヒドロフラン)

(平成 28 年度 東京大学 工学系研究科)

(2) $CH_3(CH_2)_5C\equiv CH$ → (シクロヘキシル)₂BH / THF → H_2O_2, $HO^{\ominus}$ → □

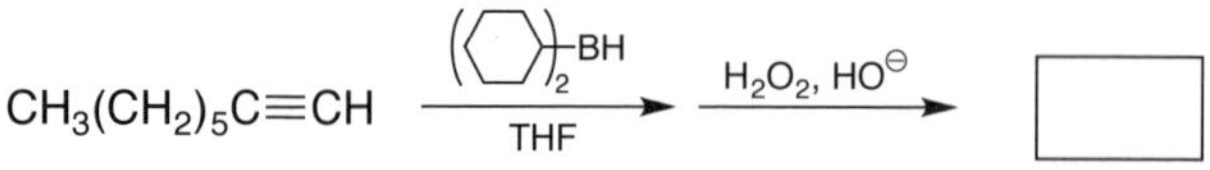

(平成 28 年度 大阪大学 理学研究科)

アルコール, ハロゲン化アルキル, エーテル

問題を解くためのキーポイント

ポイント 1

◆ **アルコールの酸化反応**

第一級アルコールの**カルボン酸**への酸化反応, および第二級アルコールの**ケトン**への酸化反応

酸化剤
(a) $K_2Cr_2O_7$ の希硫酸溶液による酸化反応(含水系)
(b) CrO_3 の希硫酸とアセトン溶液による酸化反応(含水系, **Jones 酸化反応**)

第一級アルコールの**アルデヒド**への酸化反応, および第二級アルコールの**ケトン**への酸化反応

酸化剤
(a) CrO_3 およびピリジンによる酸化反応(**Sarett 酸化反応**)
(b) 超原子価ヨウ素(V)(DMP)を用いた酸化反応(**Dess-Martin 酸化反応**)
(c) DMSO, $(COCl)_2$ あるいは $(CF_3CO)_2O$, および Et_3N の CH_2Cl_2 溶液を用いた酸化反応(**Swern 酸化反応**)
(d) TEMPO (触媒)と $PhI(OAc)_2$ を用いた酸化反応

なお, 第三級アルコールは酸化されない.

第一級アルコール　　　　　　　　アルデヒド　　　　　　　　カルボン酸

$$R-\underline{CH_2}OH \xrightarrow{[O]} R-CH=O \xrightarrow{[O]} R-\overset{O}{\underset{}{C}}-OH$$
(α-水素は2つ)

第二級アルコール　　　　　　　　ケトン

$$\underset{R}{\overset{R}{\underline{CH}-OH}} \xrightarrow{[O]} \underset{R}{\overset{R}{C=O}}$$
(α-水素は1つ)

第三級アルコール

$$\underset{R}{\overset{R}{R-\underline{C}-OH}} \xrightarrow{[O]} 反応しない$$
(α-水素はない)

$[O]$: 酸化

ポイント 2

◆ **アルコールのハロゲン化反応(ハロゲン化アルキルの合成反応)**
(a) 第一級アルコールや第二級アルコールに $SOCl_2$ とピリジンを作用させて, **塩化アルキル**を合成する.
(b) 第一級アルコールや第二級アルコールに PBr_3 とピリジンを作用させて, **臭化アルキル**を合成する.

(c) 第一級アルコールや第二級アルコールに **p-TsCl** および**ピリジン**を作用させて *O*-Ts 体とし，続いて KI を作用させて，対応する**ヨウ化アルキル**を合成する．

$$R-CH_2OH \xrightarrow{SOCl_2, \text{ピリジン}} R-CH_2Cl \text{ (塩化アルキル)}$$

$$R-CH_2OH \xrightarrow{PBr_3, (\text{ピリジン})} R-CH_2Br \text{ (臭化アルキル)}$$

$$R-CH_2OH \xrightarrow{p\text{-TsCl, ピリジン}} R-CH_2OTs \xrightarrow[\text{アセトン}]{KI} R-CH_2I \text{ (ヨウ化アルキル)}$$

$$(p\text{-TsCl} = CH_3-\underset{}{\bigcirc}-SO_2Cl)\quad (\text{アルコールの } O\text{-Ts 体})$$

(d) 第三級アルコールや第二級アルコールに HX (HCl, HBr, HI) を作用させて，**ハロゲン化アルキル**を合成する．

ハロゲン化アルキル

$$R_3C-OH \xrightarrow{aq.HCl} R_3C-Cl$$

$$R_3C-OH \xrightarrow{aq.HBr} R_3C-Br$$

$$R_3C-OH \xrightarrow{aq.HI} R_3C-I$$

◆ **ヨードホルム反応**

エタノールや α-位置換エタノール誘導体，あるいは，メチルケトンにヨウ素と NaOH 水溶液（あるいは KOH 水溶液）を作用させると，**カルボン酸塩**と**ヨードホルム**(CHI_3)を生じる．ヨードホルムは黄色沈殿となる．

$$R-\underset{OH}{CH}-CH_3 \xrightarrow{I_2, aq.NaOH} R-\underset{O}{\overset{}{C}}-CH_3 \xrightarrow{I_2, aq.NaOH} R-\underset{O}{\overset{}{C}}-CI_3$$

(R：アルキル，アリール，H)

$$\xrightarrow{aq.NaOH} R-CO_2Na + CHI_3$$

◆ **アルケンへの HX 付加反応**

(a) HX (HCl, HBr, HI) のアルケンへの付加反応（極性反応，Markovnikov 則型）

$$R-CH=CH_2 \xrightarrow{HX} R-\underset{X}{CH}-CH_3$$

5 アルコール，ハロゲン化アルキル，エーテル

(b) 過酸化物存在下でアルケンへの HBr 付加反応(ラジカル反応, *anti*-Markovnikov 則型)

$$R-CH=CH_2 \xrightarrow{h\nu,\ HBr,\ BPO} R-CH_2-CH_2Br$$

〔BPO：(PhCO$_2$)$_2$〕

◆ **エーテルの合成反応**

(a) ハロゲン化アルキルに RONa あるいは ROK を作用させて**ジアルキルエーテル**を合成する．(**Williamson エーテル合成反応**)

$$R-X \xrightarrow{R'ONa} R-O-R'$$

(X：Cl, Br, I, *O*-Ts)

(b) ハロゲン化アルキルにフェノール類と K$_2$CO$_3$ を作用させて**アルキルアリールエーテル**を合成する．(**Williamson エーテル合成反応**)

$$R-X \xrightarrow[\text{アセトン}]{ArOH,\ K_2CO_3} R-O-Ar$$

(X：Cl, Br, I, *O*-Ts)　(Ar：アリール)

(c) ヨウ化アリール (ArI) や臭化アリール (ArBr) に Ar'ONa と銅粉末を作用させて，**ジアリールエーテル**(ArOAr')を合成する．(**Ullmann 芳香族エーテル合成反応**)

$$Ar-X \xrightarrow{Ar'ONa,\ Cu} Ar-O-Ar'$$

(X：Br, I)　(Ar, Ar'：アリール)

(d) ハロゲン化アルキルにチオールと K$_2$CO$_3$ を作用させて**ジアルキルチオエーテル**(スルフィド)を合成する．(**Williamson チオエーテル合成反応**)

$$R-X \xrightarrow[\text{アセトン}]{R'SH,\ K_2CO_3} R-S-R'$$

(X：Cl, Br, I, *O*-Ts)

(e) ハロゲン化アルキルにチオフェノール類と K$_2$CO$_3$ を作用させて**アルキルアリールチオエーテル**(スルフィド)を合成する．(**Williamson チオエーテル合成反応**)

$$R-X \xrightarrow[\text{アセトン}]{ArSH,\ K_2CO_3} R-S-Ar$$

(Ar：アリール)

◆ **エーテルの反応**

(a) 非対称ジアルキルエーテルにヨウ化水素酸，あるいは Me$_3$SiI を作用させ，続いて水を加えると，2 種類の**ヨウ化アルキル**を生じる．

$$R-O-R' \xrightarrow[\text{あるいは 1) Me}_3\text{SiI}\ \ 2)\ H_2O]{aq.HI} R-I,\ R'-I$$

(b) アルキルアリールエーテルにヨウ化水素酸，あるいは Me₃SiI を作用させ，続いて水を加えると，**ヨウ化アルキル**と**フェノール類**を生じる．

$$\text{R-O-Ar} \xrightarrow[\text{あるいは 1) Me}_3\text{SiI, 2) H}_2\text{O}]{\text{aq.HI}} \text{R-I, Ar-OH} \quad (\text{Ar : アリール})$$

演習問題

問 5.1 ★★☆☆

ヒント: ヒドロキシ基付け根の炭素に結合するα-水素の数を考える．

分子式 $C_5H_{12}O$ で表されるアルコールを第一級アルコール，第二級アルコール，および第三級アルコールに分類し，すべてを構造式で示しなさい．また，ヨウ素 (I_2) と NaOH 水溶液を用いたヨードホルム反応を示す化合物をすべて構造式で示しなさい．

問 5.2 ★★☆☆

ヒント: Jones 酸化反応は希硫酸を用いた含水系，Sarett 酸化反応は非水系（p.75 参照）．

次の反応(a)〜(d)における主生成物を示しなさい．

(a) $\text{CH}_3\text{CH}_2\text{CH}_2\text{CH}_2\text{-OH} \xrightarrow[\text{アセトン}]{\text{CrO}_3, \text{希硫酸}}$

(b) $\text{CH}_3\text{CH}_2\text{CHCH}_3 \atop \phantom{\text{CH}_3\text{CH}_2\text{C}}\text{OH}$ $\xrightarrow[\text{アセトン}]{\text{CrO}_3, \text{希硫酸}}$

(c) $\text{CH}_3\text{CH}_2\text{CH}_2\text{CH}_2\text{-OH} \xrightarrow[\text{ピリジン}]{\text{CrO}_3}$

(d) $\text{CH}_3\text{CH}_2\text{CHCH}_3 \atop \phantom{\text{CH}_3\text{CH}_2\text{C}}\text{OH}$ $\xrightarrow[\text{ピリジン}]{\text{CrO}_3}$

問 5.3 ★★☆☆

ヒント: アルコールの一般的な臭素化反応と塩素化反応．

次の反応(a)〜(d)における主生成物を示しなさい．

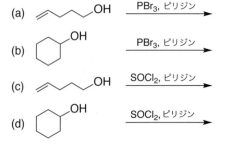

5 アルコール，ハロゲン化アルキル，エーテル

問 5.4 ★★☆☆

次の反応(a)〜(d)における主生成物を示しなさい．

ヒント: ハロゲン化反応と，ハロゲン化水素の付加反応．

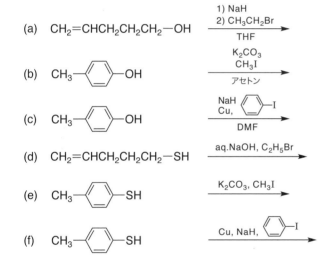

問 5.5 ★★☆☆

次の反応(a)〜(f)における主生成物を示しなさい．

ヒント: エーテル合成反応やチオエーテル合成反応．

(a) CH₂=CHCH₂CH₂CH₂—OH → 1) NaH 2) CH₃CH₂Br / THF

(b) CH₃—C₆H₄—OH → K₂CO₃, CH₃I / アセトン

(c) CH₃—C₆H₄—OH → NaH, Cu, C₆H₅I / DMF

(d) CH₂=CHCH₂CH₂—SH → aq.NaOH, C₂H₅Br

(e) CH₃—C₆H₄—SH → K₂CO₃, CH₃I

(f) CH₃—C₆H₄—SH → Cu, NaH, C₆H₅I

問 5.6 ★★☆☆

次の反応(a)〜(e)における主生成物を示しなさい．

ヒント: エーテルは不活性なので，酸やアルカリとは反応しないが，HI とは反応する．

(a) CH₃CH₂CH₂CH₂—O—CH₂CH₃ → H₂SO₄ / H₂O

(b) CH₃CH₂CH₂CH₂—O—CH₂CH₃ → KOH / H₂O

(c) CH₃CH₂CH₂CH₂—O—CH₂CH₃ → aq.HI

(d) CH₃—C₆H₄—O—CH₂CH₃ → aq.HI

(e) CH₃—C₆H₄—O—CH₂CH₂CH=CH₂ → 1) (CH₃)₃SiI / CH₂Cl₂ 2) H₂O

> **ヒント**
> アルコールの O-Ts 体は反応性が高い.

問 5.7 ★★☆☆

次の反応における生成物 **A ～ H** の構造式を示しなさい.

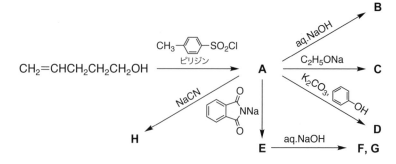

> **ヒント**
> ヨウ素は求核性が高い.

問 5.8 ★★☆☆

次の反応(a)～(c)における主生成物を示しなさい.

(a) CH₂=CHCH₂CH₂CH₂Cl →(KI/アセトン)

(b) CH₂=CHCH₂CH₂Br →(KI/アセトン)

(c) CH₂=CHCH₂CH₂OTs →(KI/アセトン)

> **ヒント**
> アルコールはヨウ素で酸化されにくいが,チオールは酸化されやすい.

問 5.9 ★★★☆

次の反応(a)～(d)における主生成物を示しなさい.

(a) CH₃CH₂CH₂CH₂—OH →(I₂, ピリジン / 室温)

(b) CH₃CH₂CH₂CH₂—SH →(I₂, ピリジン / 室温)

(c) CH₃—C₆H₄—SH →(I₂, ピリジン / 室温)

(d) CH₃—C₆H₄—OH →(I₂, ピリジン / 室温)

> **ヒント**
> S_N2 反応や E2 反応が生じる.

問 5.10 ★★★☆

次の反応(a)～(e)における主生成物を示しなさい.

(a) HC≡C—CH₂CH₂Br →(NaCN)

(b) C₆H₅—CH₂Br →(CH₃CH₂ONa)

(c) C₆H₅—CH₂CH₂Br →((CH₃)₃CONa (ᵗBuONa))

(d) シクロヘキシル—Br →(CH₃ONa)

(e) シクロヘキシル—Br →((CH₃)₃CONa (ᵗBuONa))

問 5.11 ★★☆☆

次の反応(a)〜(d)における主生成物を示しなさい．

> **ヒント**
> S_N2 反応や S_N1 反応が生じる．

(a) $CH_3CH_2CH_2CH_2Br$ $\xrightarrow{\text{aq.NaOH}}$

(b) $CH_3-\underset{\underset{CH_3}{|}}{\overset{\overset{CH_3}{|}}{C}}-Br$ $\xrightarrow{H_2O}$

(c) $CH_3CH_2-\overset{H}{\underset{Br}{C}}-CH_3$ $\xrightarrow{\text{aq.NaOH}}$

(d) $CH_3CH_2-\overset{H}{\underset{Br}{C}}-CH_3$ $\xrightarrow{H_2O}$

大学院入試問題に挑戦

問 5.12 ★☆☆☆

1-プロパノールに NaBr を作用させてもほとんど反応は起こらないが，1-プロパノールに HBr を反応させると臭化プロピルが得られる．この反応の違いを説明せよ．

no reaction ←─── NaBr ── ＼／＼OH ──→ HBr ＼／＼Br

（平成 18 年度 京都大学 理学研究科）

問 5.13 ★★☆☆

1-ブテンを原料として，1-ブタノールおよび 2-ブタノールをそれぞれ選択的に合成する方法を説明せよ．

（平成 18 年度 京都大学 理学研究科）

問 5.14 ★★☆☆

次に示した反応(1)〜(3)の主生成物を，構造式で示しなさい．

(1) PhCH=CHCH_3 $\xrightarrow{\text{HBr}}$ □

（平成 29 年度 京都大学 理学研究科）

(2) (S)-2-ブタノール $\xrightarrow{PBr_3,\ \text{pyridine}}$ □

（平成 18 年度 京都大学 理学研究科）

(3) HO-CH_2CH_2CH_2-CH=CH_2 $\xrightarrow{I_2,\ NaHCO_3}$ □

（平成 27 年度 大阪大学 理学研究科）

6 アルデヒド，ケトン

問題を解くためのキーポイント

ホルムアルデヒド($CH_2=O$)，アルデヒド($RCH=O$)，およびケトン($R_2C=O$)のカルボニル基は大きく分極しているため，求核付加反応(Ad_N)したり，α-水素(官能基と隣接した1番目の「α-炭素」に結合した水素原子)が引き抜かれてカルボアニオンを生じて炭素−炭素結合を形成したりする．

◆ **求核剤との反応：水**

ホルムアルデヒドは水中で100％水和物を形成し，アセトアルデヒドは水中で50％程度の水和物を形成し，アセトンはほとんど水和物を形成しない．

$$CH_2=O + H_2O \rightleftharpoons CH_2(OH)_2$$
ホルムアルデヒド

$$CH_3-CH=O + H_2O \rightleftharpoons CH_3-CH(OH)_2$$
アセトアルデヒド

$$(CH_3)_2C=O + H_2O \longleftarrow (CH_3)_2C(OH)_2$$
アセトン

◆ **求核剤との反応：アルコール**（アセタールやケタールの形成）

メタノールやエタノールにアルデヒドあるいはケトンを溶かして濃硫酸（触媒）を作用させると，アセタールやケタールを形成する．アセタールやケタールは酸に弱いが，塩基には強い．

$$R-CH=O \xrightarrow[CH_3OH]{濃硫酸(触媒)} R-CH(OCH_3)_2$$
ジメチルアセタール

$$R_2C=O \xrightarrow[CH_3OH]{濃硫酸(触媒)} R_2C(OCH_3)_2$$
ジメチルケタール

◆ **求核剤との反応：アミン①**

アルデヒドやケトンにヒドロキシルアミン(NH_2OH)やヒドラジン(NH_2NH_2)を作用させると，イミノ結合($C=N$)をもつオキシムやヒドラゾンを生じる．

$$R-CH=O + NH_2-XH \longrightarrow R-CH=N-XH$$

$$\underset{R}{\overset{R}{>}}C=O + NH_2-XH \longrightarrow \underset{R}{\overset{R}{>}}C=N-XH$$

XH：OH → オキシム
XH：NH_2 → ヒドラゾン

◆ 求核剤との反応：アミン②

第一級アミンはアルデヒドやケトンと反応して**イミン**を形成する．第二級アミンはアルデヒドやケトンと反応して**エナミン**を生じる．このエナミンはハロゲン化アルキルと反応してα-アルキルアルデヒドやα-アルキルケトンを生じる．第三級アミンはアルデヒドやケトンと反応しない．

◆ α-水素をもつアルデヒドやケトンの反応

α-水素をもつアルデヒドやケトンに NaOH 水溶液や KOH 水溶液を作用させると，**アルドール反応**が生じる．反応条件によりアルドールは脱水されて，α,β-不飽和アルデヒドや α,β-不飽和ケトンを生じる（**アルドール縮合反応**）．

◆ **Grignard 反応：炭素−炭素結合形成反応**

ハロゲン化アルキル（RX, X：Br, I）あるいはハロゲン化アリール（ArX, X：Br, I）から誘導した **Grignard 試薬** RMgX（ArMgX）にホルムアルデヒドを作用させると C_1 増炭した第一級アルコールを生じ，アルデヒドを作用させると第二級アルコールを生じ，ケトンを作用させると第三級アルコールを生じる．

Grignard 試薬

$$R-MgBr + CH_2=O \longrightarrow R-CH_2OMgBr \xrightarrow{H_3O^\oplus} R-CH_2OH$$
　　　　　　　ホルムアルデヒド　　　　　　　　　　　　　　第一級アルコール

$$R-MgBr + R'-CH=O \longrightarrow R-\underset{R'}{CH}-OMgBr \xrightarrow{H_3O^\oplus} R-\underset{R'}{CH}-OH$$
　　　　　　　アルデヒド　　　　　　　　　　　　　　　　　　　第二級アルコール

$$R-MgBr + \underset{\text{ケトン}}{\overset{R'}{\underset{R'}{>}}C=O} \longrightarrow R-\overset{R'}{\underset{R'}{C}}-OMgBr \xrightarrow{H_3O^{\oplus}} \underset{\text{第三級アルコール}}{R-\overset{R'}{\underset{R'}{C}}-OH}$$

◆ **Stork エナミン合成反応：炭素−炭素結合形成反応**

主にケトンと第二級アミンの反応から生じた**エナミン**にハロゲン化アルキルを作用させて，炭素−炭素結合した**インモニウム塩**とし，これを加水分解すると，ケトンの α-位をアルキル化した化合物を生じる．

シクロヘキサノン + ピペリジン ⟶ エナミン $\xrightarrow{RBr}$ インモニウム塩

$\xrightarrow{H_3O^{\oplus}}$ （ケトン）　$(H_2\overset{\oplus}{N}\text{piperidine})$

◆ **Wittig 反応：炭素−炭素結合形成反応**

アルデヒドやケトンに，Ph_3P と臭化アルキルから調製した**リンイリド**を作用させると，アルケンを生じる．

$$Ph_3P: + \underset{\text{臭化アルキル}}{R-CH_2Br} \longrightarrow Ph_3\overset{\oplus}{P}-CH_2R \; Br^{\ominus} \xrightarrow{^nBuLi} \underset{\text{リンイリド}}{Ph_3\overset{\oplus}{P}-\overset{\cdot\cdot}{\overset{\ominus}{C}}HR} \longleftrightarrow Ph_3P=CHR$$

$$\underset{\text{ケトン}}{\overset{R'}{\underset{R'}{>}}C=O} + Ph_3\overset{\oplus}{P}-\overset{\ominus}{C}HR \longrightarrow \underset{\text{オキサホスフェタン}}{\left[\begin{array}{c}R' \\ R'-C-CHR \\ O-PPh_3\end{array}\right]} \longrightarrow \underset{\text{アルケン}}{\overset{R'}{\underset{R'}{>}}C=C\overset{R}{\underset{H}{<}}} \;\; (Ph_3P=O)$$

◆ **Horner-Wadsworth-Emmons 反応：炭素−炭素結合形成反応**

アルデヒドやケトンと**アルキルホスホン酸エステル**に塩基を作用させると，アルケンを生じる．α,β-不飽和エステルやケトンの合成に用いる．

$$(C_2H_5O)_3P: + BrCH_2-CO_2C_2H_5 \longrightarrow \underset{\text{アルキルホスホン酸エステル}}{(C_2H_5O)_2\overset{O}{\overset{\|}{P}}-CH_2-CO_2C_2H_5} \;\; (C_2H_5Br)$$

$$\overset{R'}{\underset{R'}{>}}C=O + (C_2H_5O)_2\overset{O}{\overset{\|}{P}}-CH_2-CO_2C_2H_5 \xrightarrow[K_2CO_3]{NaH \text{ あるいは}} \left[\begin{array}{c}R' \\ R'-C-CH-CO_2C_2H_5 \\ O-P(OC_2H_5)_2 \\ O^{\ominus}\end{array}\right]$$

$$\longrightarrow \overset{R'}{\underset{R'}{>}}C=C\overset{H}{\underset{CO_2C_2H_5}{<}} \;\; ((C_2H_5O)_2PO_2^{\ominus})$$

演習問題

問 6.1 ★★☆☆
ホルムアルデヒドは水と反応して約 100% が水和物を形成し，アセトアルデヒドは約 50% 程度が水和物を形成し，アセトンはほとんど水和物を形成しない．化学反応の平衡式を用いて，これらを示しなさい．片矢印の長さに注意すること．

ヒント: 求核付加反応であり，カルボニル炭素の陽性度合いと立体障害を考える．

問 6.2 ★★☆☆
プロピオンアルデヒドのメタノール溶液に触媒量の濃硫酸を加えて加温してアセタールを形成するときの反応機構を示しなさい．

$$CH_3CH_2CH=O \xrightarrow[CH_3OH]{濃硫酸}$$

ヒント: 求核付加反応と求核置換反応が生じる．

問 6.3 ★★☆☆
アセトンとの反応(a)～(c)の主生成物を示しなさい．

(a) CH$_3$COCH$_3$ + NH$_2$OH →

(b) CH$_3$COCH$_3$ + 2,4-(O$_2$N)$_2$C$_6$H$_3$NHNH$_2$ →

(c) CH$_3$COCH$_3$ + NH$_2$-CO-NHNH$_2$ →

ヒント: 求核付加反応と脱水反応が生じる．

問 6.4 ★★☆☆
シクロヘキサノンとアミンの反応(a)～(c)の主生成物を示しなさい．

(a) シクロヘキサノン + H$_2$N–C$_6$H$_{11}$ →

(b) シクロヘキサノン + HN(ピペリジン) →

(c) シクロヘキサノン + CH$_3$–N(ピペリジン) →

ヒント: 求核付加反応と脱水反応が生じる．

問 6.5 ★★☆☆
シクロヘキサノンから 2-エチルシクロヘキサノンの効率的な合成法を示しなさい．

ヒント: Stork エナミン法（ポイント 7 参照）を用いる．

問 6.6 ★★☆☆

Grignard反応である.

以下に示した反応における生成物 A〜C を示しなさい.

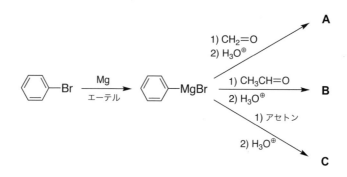

問 6.7 ★★☆☆

酸化反応である.

以下に示した反応(a)〜(d)の主生成物を示しなさい.

(a) CH₃CH₂CH₂CH₂CHO → CrO₃, 希硫酸 / アセトン

(b) CH₃CH=CHCH₂CH₂OH → MnO₂ / CHCl₃

(c) 4-Cl-C₆H₄-CH₂OH → MnO₂ / CHCl₃

(d) CH₃CH(OH)CH₂CH₂CH₃ → K₂Cr₂O₇, 希硫酸

問 6.8 ★★☆☆

いずれも 1,2-ジオールの酸化反応である.

以下に示した反応(a)および(b)の主生成物を示しなさい.

(a) cis-1,2-ジメチル-1,2-シクロヘキサンジオール → NaIO₄, H₂SO₄ / H₂O

(b) trans-1,2-ジメチル-1,2-シクロヘキサンジオール → Pb(OAc)₄ / CHCl₃

問 6.9 ★★☆☆

いずれも還元反応である.

以下に示した反応(a)〜(e)の主生成物を示しなさい.

(a) C₆H₅—CH₂CH₂CH=O 1) NaBH₄ 2) H₃O⁺

(b) C₆H₅—CH₂CH₂—C(=O)—CH₃ 1) NaBH₄ 2) H₃O⁺

(c) C6H5-CH2CH2CH=O → 1) LiAlH4 2) H3O⁺

(d) C6H5-CH2CH2-C(=O)-CH3 → 1) LiAlH4 2) H3O⁺

(e) CH3-C(=O)-CH3 → 1) Na 2) H3O⁺

問 6.10 ★★☆☆

以下に示した反応 (a)〜(c) の反応について，原料から生成物の効率的な合成法を示しなさい．

ヒント: 炭素−炭素結合形成反応を用いる．

(a) シクロヘキサノン → シクロヘキシリデン(=CHCH3 のプロピリデン)

(b) シクロペンタノン → プロピルシクロペンタン

(c) シクロヘキサノン → シクロヘキシル-CH2-CO2C2H5

問 6.11 ★★☆☆

以下に示した反応 (a)〜(e) の主生成物を示しなさい．

ヒント: はじめに，塩基によるカルボニル炭素への求核付加反応か，α-水素の引き抜き反応が生じる．

(a) C6H5-CH=O → 1) aq.NaOH 2) H3O⁺

(b) C6H5-CH=O → 1) CH2=O, aq.NaOH 2) H3O⁺

(c) CH3-CH=O → aq.NaOH

(d) CH3-C(=O)-CH3 → aq.NaOH

(e) CH3-C(=O)-CH3 → aq.NaOH, 加温

問 6.12 ★★★☆

以下に示した反応 (a)〜(e) の主生成物を示しなさい．

ヒント: はじめに，塩基によるα-水素の引き抜き反応が生じる．

(a) C6H5-CH=O + C6H5-C(=O)-CH3 → aq.NaOH / エタノール

(b) 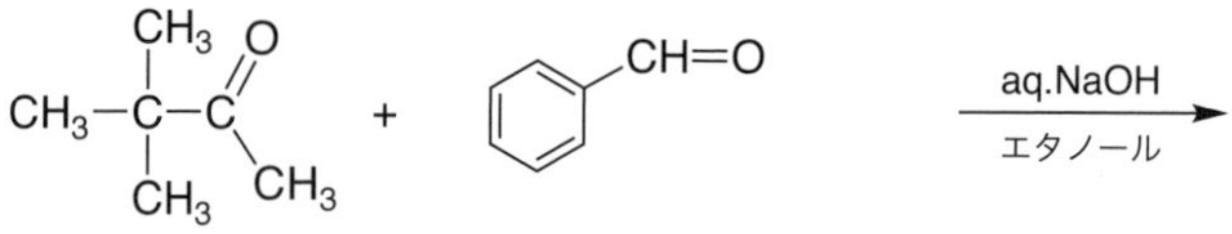 (CH₃)₃C-CO-CH₃ + C₆H₅-CH=O $\xrightarrow[\text{エタノール}]{\text{aq.NaOH}}$

(c) 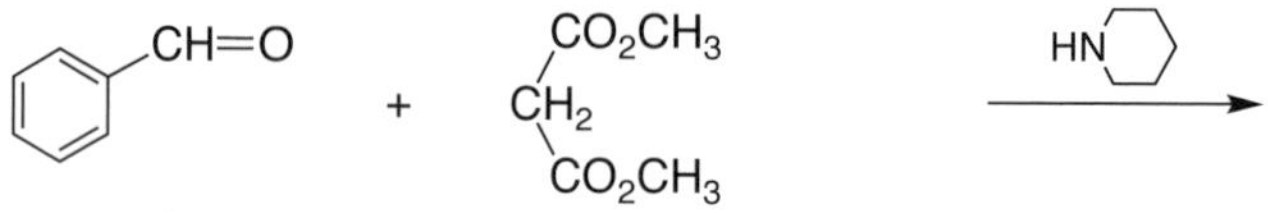 C₆H₅-CH=O + CH₂(CO₂CH₃)₂ $\xrightarrow{\text{HN(ピペリジン)}}$

(d) 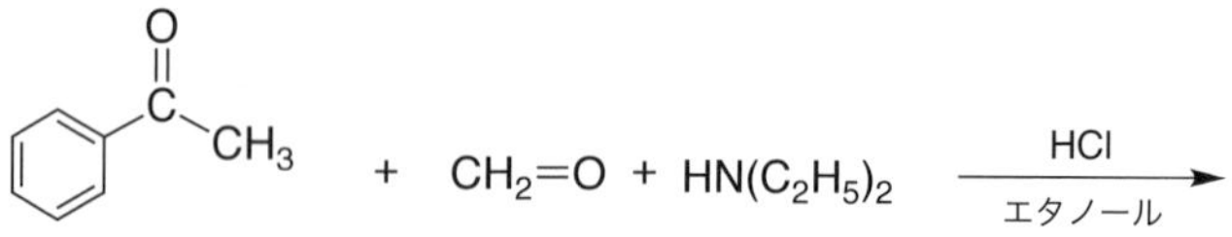 C₆H₅-CO-CH₃ + CH₂=O + HN(C₂H₅)₂ $\xrightarrow[\text{エタノール}]{\text{HCl}}$

(e) 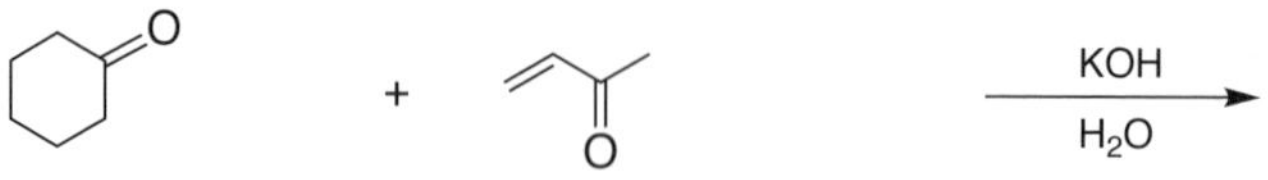 シクロヘキサノン + CH₂=CH-CO-CH₃ $\xrightarrow[\text{H}_2\text{O}]{\text{KOH}}$

大学院入試問題に挑戦

問 6.13 ★★☆☆

水和物の生成しやすいものから順に並べよ．

(ア) 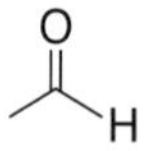 CH₃CHO　　(イ) 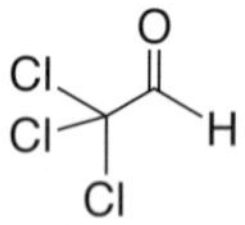 Cl₃C-CHO　　(ウ)  (CH₃)₂C=O

（平成 30 年度 京都大学 工学研究科）

問 6.14 ★★☆☆

次の反応によって得られる主な生成物の構造を示せ（化学式の左辺由来の生成物を示すこと）．

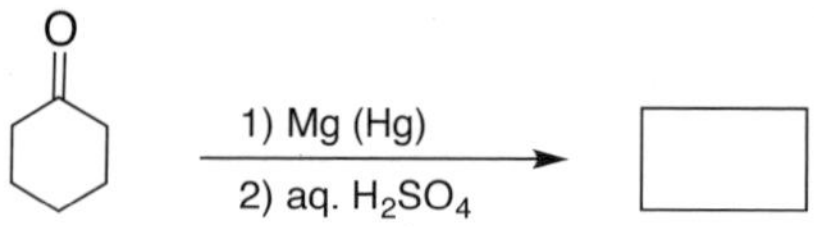

シクロヘキサノン $\xrightarrow[\text{2) aq. H}_2\text{SO}_4]{\text{1) Mg (Hg)}}$ □

（平成 28 年度 東京大学 理学系研究科）

問 6.15 ★★☆☆

以下の反応における主生成物の構造式を描け．

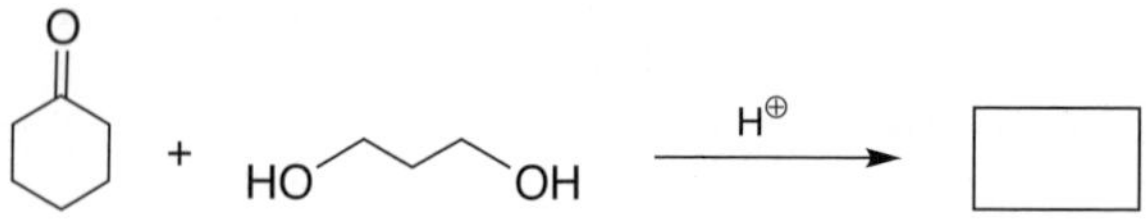

シクロヘキサノン + HO-CH₂CH₂CH₂-OH $\xrightarrow{\text{H}^{\oplus}}$ □

（平成 29 年度 東京大学 工学系研究科）

6 アルデヒド，ケトン

問 6.16 ★★☆☆
以下の反応(1)と(2)における主生成物の構造式を描け．

(1) 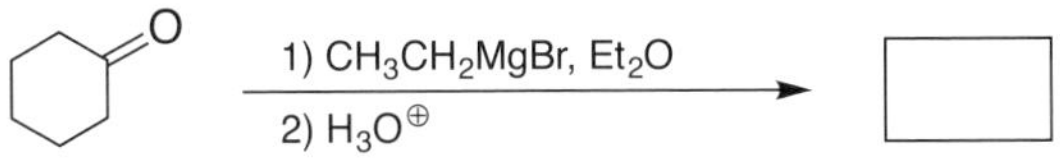 シクロヘキサノン + 1) CH$_3$CH$_2$MgBr, Et$_2$O / 2) H$_3$O$^⊕$ → □

(平成 28 年度 東京大学 工学系研究科)

(2) ブロモシクロペンタン + 1) PPh$_3$ / 2) n-BuLi → □ + PhCHO → □

(平成 29 年度 東京大学 工学系研究科)

問 6.17 ★★☆☆
ケトン **A** に対して塩基性条件下，Br$_2$ を作用させると化合物 **B** が生成する．この反応がモノブロモ体で止まらず，ジブロモ体まで進行する理由を説明しなさい．

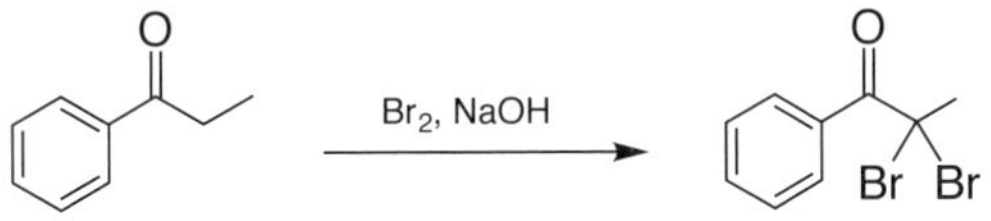

PhCOCH$_2$CH$_3$ (**A**) + Br$_2$, NaOH → PhCOCBr$_2$CH$_3$ (**B**)

(平成 30 年度 北海道大学 総合化学院)

問 6.18 ★★☆☆
以下に示す反応について，主生成物の構造式を描け．

1,2-ジアセチルベンゼン + NaOH → C$_{10}$H$_{10}$O$_2$

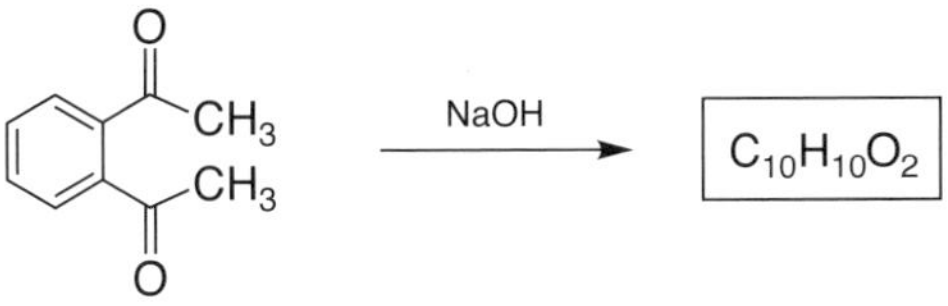

(平成 30 年度 東京大学 理学系研究科)

7 カルボン酸, エステル, アミド, ニトリル

問題を解くためのキーポイント

ポイント1 ◆ カルボン酸誘導体の反応性

以下の順に求核剤に対する反応性は低下する.

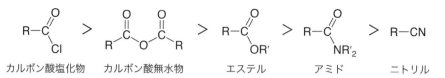

ポイント2 ◆ カルボン酸エステルの合成反応

カルボン酸のアルコール溶液に濃硫酸(触媒)を作用させて合成する. エステルのエーテル酸素は<u>アルコールから由来する</u>(Fischer エステル合成反応).

なお, 対照的な反応として, カルボン酸にヨウ化メチルと K_2CO_3 を作用させてもメチルエステルを生じる(S_N2 反応). この場合のエーテル酸素は<u>カルボン酸から由来する</u>.

ポイント3 ◆ カルボン酸塩化物からの誘導

カルボン酸に $SOCl_2$ を作用させると, **カルボン酸塩化物**を生じる. カルボン酸塩化物はカルボン酸誘導体の中で反応性が一番高いため, 一連のカルボン酸誘導体に誘導できる. カルボン酸塩化物にカルボン酸塩を作用させると**カルボン酸無水物**に, 塩基存在下でメタノールを作用させると**メチルエステル**に, アンモニア水を作用させると**第一級アミド**に, ジメチルアミンを作用させると**第三級 N,N-ジメチルアミド**に誘導できる. なお, 第一級アミドに P_2O_5 を作用させると**ニトリル**になる.

7 カルボン酸, エステル, アミド, ニトリル

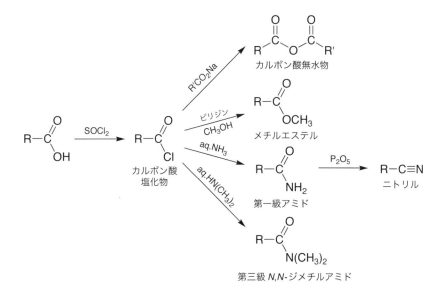

◆ 還元反応

エステルに $LiAlH_4$ を作用させると, 速やかに反応して第一級アルコールを生じる.

$$R-\underset{OCH_3}{\overset{O}{C}} \xrightarrow[2)\ H_3O^\oplus]{1)\ LiAlH_4} R-CH_2OH\ (CH_3OH)$$

カルボン酸に $LiAlH_4$ を作用させても, 第一級アルコールを生じる.

$$R-\underset{OH}{\overset{O}{C}} \xrightarrow[2)\ H_3O^\oplus]{1)\ LiAlH_4} R-CH_2OH$$

一方, 第一級アミドに $LiAlH_4$ を作用させると, 第一級アミンを生じる.

$$R-\underset{NH_2}{\overset{O}{C}} \xrightarrow[2)\ H_2O]{1)\ LiAlH_4} R-CH_2NH_2$$

第二級アミドあるいは第三級アミドに $LiAlH_4$ を作用させると, 第二級アミンあるいは第三級アミンを生じる. また, ニトリルに $LiAlH_4$ を作用させても第一級アミンを生じる. しかし, $NaBH_4$ はこれらを還元しない.

$$R-C\equiv N \xrightarrow[2)\ H_2O]{1)\ LiAlH_4} R-CH_2NH_2$$

◆ エステルの縮合反応

エステルに EtONa を作用させると, **Claisen 縮合反応**が生じて**β-ケトエステル**となる.

エステル　Claisen 縮合反応　β-ケトエステル

◆ Dieckmann 縮合反応
ジエステルの分子内 Claisen 縮合反応．

$n = 0, 1$

◆ Hunsdiecker 反応
カルボン酸銀塩と臭素によるラジカル脱炭酸臭素化反応（C_1 減炭）．

◆ Arndt-Eistert 反応
カルボン酸由来のカルボン酸塩化物とジアゾメタン（CH_2N_2）による C_1 増炭したカルボン酸への変換反応．

演習問題

 ★★☆☆

ヒント
カルボニル炭素の陽性度合いを比較する．

次に示したカルボン酸誘導体を，水との反応性が高い順に不等号で示しなさい．

問 7.2 ★★☆☆

次に示したプロピオン酸から誘導される化合物 **A** ～ **F** を構造式で示しなさい．

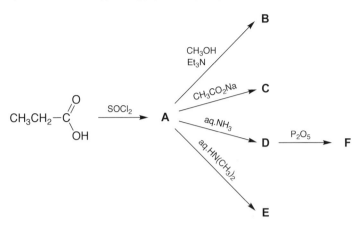

> カルボン酸塩化物はカルボン酸誘導体のなかで反応性が最も高い．

問 7.3 ★★☆☆

カルボン酸のメタノール溶液に濃硫酸を触媒量加えて，メチルエステルを合成するときの反応機構を示しなさい．

$$R-C(=O)OH \xrightarrow[CH_3OH]{濃硫酸} R-C(=O)OCH_3$$

> Fischer エステル合成反応で，カルボニル炭素を活性化させて，メタノールを求核置換反応させる．

問 7.4 ★★★☆

^{18}O 同位体源として H$_2$●(^{18}O) を用い，以下の (a) ～ (c) に示す同位体ラベルしたカルボン酸およびカルボン酸メチルエステルの合成法を示しなさい．

(a) R−C(=O)OH ⟶ R−C(=●)●H (● : ^{18}O)

(b) R−C(=●)●H ⟶ R−C(=●)OCH$_3$

(c) R−C(=●)●H ⟶ R−C(=●)●CH$_3$

> 基本は Fischer エステル合成反応機構と類似．

問 7.5 ★★☆☆

以下に示した反応 (a) ～ (j) における主生成物を示しなさい．

(a) CH$_3$CH$_2$CH$_2$CH$_2$−C(=O)OH $\xrightarrow[2) H_3O^{\oplus}]{1) NaBH_4, THF}$

(b) CH$_3$CH$_2$CH$_2$CH$_2$−C(=O)OH $\xrightarrow[2) H_3O^{\oplus}]{1) LiAlH_4, THF}$

> LiAlH$_4$ は強力な還元剤で，NaBH$_4$ は温和な還元剤．THF（テトラヒドロフラン）は環状エーテルであり，溶媒として用いる．
>
> THF：

(c) CH₃CH₂CH₂−C(=O)OCH₃ → 1) NaBH₄, THF 2) H₃O⁺

(d) CH₃CH₂CH₂−C(=O)OCH₃ → 1) LiAlH₄, THF 2) H₃O⁺

(e) CH₃CH₂CH₂−C(=O)NH₂ → 1) NaBH₄, THF 2) H₂O

(f) CH₃CH₂CH₂−C(=O)NH₂ → 1) LiAlH₄, THF 2) H₂O

(g) CH₃CH₂CH₂−C(=O)NHCH₃ → 1) LiAlH₄, THF 2) H₂O

(h) CH₃CH₂CH₂−C(=O)N(CH₃)₂ → 1) LiAlH₄, THF 2) H₂O

(i) CH₃CH₂CH₂−CN → 1) NaBH₄, THF 2) H₂O

(j) CH₃CH₂CH₂−CN → 1) LiAlH₄, THF 2) H₂O

問 7.6 ★★★☆

次に示した酪酸(ブタン酸)からの化合物 **A** 〜 **E** 合成法を示しなさい．

ヒント
A カルボン酸塩化物に誘導，**B** カルボン酸のα-位をアルキル化，**C** C₁ 増炭反応，**D** C₁ 減炭反応，**E** 縮合反応．

CH₃CH₂CH₂−COOH →

- **A**: CH₃CH₂CH₂−C(=O)NH₂
- **B**: CH₃CH₂CH(CH₂CH₃)−COOH
- **C**: CH₃CH₂CH₂CH₂−COOH
- **D**: CH₃CH₂−COOH
- **E**: CH₃CH₂CH₂−C(=O)−CH(CH₂CH₃)−C(=O)OCH₂CH₃

7 カルボン酸, エステル, アミド, ニトリル

問 7.7 ★★★☆

以下に示したヘプタン二酸ジエステルから誘導される化合物 **A**〜**C** の構造式を示しなさい.

ヒント: 分子内の縮合反応, α-位アルキル化, および脱炭酸反応を考える.

[構造式: ヘプタン二酸ジエチル] →(1) C₂H₅ONa, 2) 中和)→ **A** →(1) NaH, 2) CH₃I)→ **B** →(希硫酸, 加温)→ **C**

問 7.8 ★★★☆

以下に示したプロピオニトリルのプロピオン酸への酸加水分解の反応機構を示しなさい.

ヒント: アミドが中間体となる.

CH_3CH_2CN →(濃硫酸, H_2O)→ $CH_3CH_2-C(=O)OH$

問 7.9 ★★★☆

以下に示した反応(a)〜(d)における主生成物を示しなさい.

ヒント: エステルの縮合反応と脱炭酸反応を利用する.

(a) PhC(=O)OC₂H₅ →(1) CH₃CH₂CO₂C₂H₅, 2) C₂H₅ONa, 3) H₃O⁺)→

(b) PhCH₂C(=O)OC₂H₅ →(1) C₂H₅ONa, 2) 希硫酸, 3) 加熱)→

(c) PhCH₂C(=O)OC₂H₅ →(1) C₂H₅ONa, 2) H₃O⁺, 3) C₂H₅Br, NaH, 4) 希硫酸, 5) 加熱)→

(d) $CH_2(CO_2C_2H_5)_2$ →(1) NaH (1当量), THF, 2) C₂H₅Br(1当量), 3) NaH (1当量), THF, 4) CH₃I, 5) aq.H₂SO₄, 6) 加熱)→

大学院入試問題に挑戦

問 7.10 ★☆☆☆

アルカリ条件下で，次の化合物 A 〜 D の加水分解反応を行う．化合物 A 〜 D のうち，反応が速いと予想される順番に化合物の記号を書き，その理由を簡潔に説明せよ．

A: CH₃C(=O)N(CH₃)₂
B: CH₃C(=O)Cl
C: CH₃C(=O)OCH₃
D: CH₃C(=O)OC(=O)CH₃

(平成 22 年度 東京大学 理学系研究科)

問 7.11 ★★☆☆

カルボン酸エステルについて，以下の問(1)，(2)に答えよ．
(1) アルカリ性条件下における安息香酸エチルの加水分解の反応機構を記せ．
(2) 反応温度や試薬濃度等の条件が同じ場合，以下の式①と②ではどちらの反応速度が相対的に大きいかを答え，その理由を 50 字程度で記せ．必要に応じて図を用いてもよい．

式①: PhCO₂C₂H₅ + OH⁻ → PhCO₂⁻
式②: 4-Cl-C₆H₄-CO₂C₂H₅ + OH⁻ → 4-Cl-C₆H₄-CO₂⁻

(平成 28 年度 東京大学 理学系研究科)

問 7.12 ★★★☆

次に示した反応(1)〜(3)の主生成物を構造式で描け．

(1) PhCO₂Et 1) CH₃MgBr (2 当量) 2) H₃O⁺ →

(平成 29 年度 東京大学 工学系研究科)

(2) CH₃CH₂CH₂CH₂CH(CH₃)C(=O)NH₂ SOCl₂ / CH₂Cl₂ →

(平成 16 年度 京都大学 理学系研究科)

(3) 5,5-ジメチル-2-ピロリドン 1) LiAlH₄, THF 2) H₂O →

(平成 16 年度 京都大学 理学系研究科)

芳香族化合物

問題を解くためのキーポイント

ポイント1 ◆ 芳香族化合物の定義

$(4n+2)\pi$電子（$n = 0, 1, 2, 3 \cdots$）をもち，環状に共役した平面状分子は，芳香族性をもち，安定化している（Hückel 則）．環のサイズは，エントロピーとの兼ね合いで 30 員環程度までである．

ポイント2 ◆ 芳香族化合物の反応

ニトロ化反応，ハロゲン化反応，スルホ化反応などは芳香族求電子置換反応（S_EAr）であり，芳香環の電子密度が高いほど反応しやすい．

芳香族求電子置換反応（S_EAr）の反応性

芳香族ハロゲン化物の EtONa による芳香族求核置換反応（S_NAr）は，ニトロ基のような強い電子求引基が多く置換されていると，反応しやすい．

芳香族求核置換反応（S_NAr）の反応性

ポイント3 ◆ Friedel-Crafts アルキル化反応と Friedel-Crafts アシル化反応

Friedel-Crafts アルキル化反応（S_EAr）は，芳香環にハロゲン化アルキルと $AlCl_3$（触媒）を作用させて，芳香環にアルキル基を導入する．導入するのは主に，メチル基，エチル基，イソプロピル基，t-ブチル基である．

Friedel-Crafts アシル化反応（S_EAr）は，芳香環にカルボン酸塩化物と $AlCl_3$（触媒）を作用させて，芳香環にアシル基を導入する．

◆ Birch 還元反応

ベンゼン誘導体と少量の ^tBuOH を含む液体アンモニア中に，金属 Li あるいは金属 Na を作用させると，1,4-シクロヘキサジエンを生じる．メトキシ基やアルキル基のような電子供与基の付け根には二重結合が残る．他方，カルボキシ基やアミド基のような電子求引基の付け根には二重結合が残らない．

演習問題

問 8.1 ★★☆☆

次に示した化合物の中から，芳香族化合物をすべて挙げなさい．

ヒント

$(4n + 2)π$ 電子をもつ共役系環状化合物で，平面構造をとれるもの．

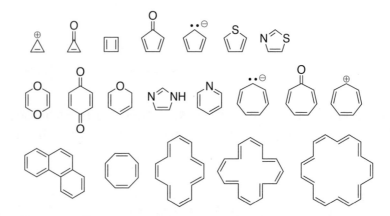

問 8.2 ★★☆☆

次に示した化合物を，それぞれ濃硝酸と濃硫酸で，ニトロ化反応を行ったとき，反応性の高い順に不等号で示しなさい．

ヒント：芳香族求電子置換反応（S_EAr）を考える．

（ベンゼン）　（フェノール -OH）　（安息香酸メチル -C(=O)OCH₃）　（クロロベンゼン -Cl）　（ニトロベンゼン -NO₂）　（トルエン -CH₃）

問 8.3 ★★☆☆

次に示した反応 (a)〜(k) において，二置換生成物を生じるときの主生成物を示しなさい．ただし，(h)および(i)は四置換生成物となる．

ヒント：芳香族求電子置換反応（S_EAr）を考える．

(a) PhCH₃ + HNO₃, H₂SO₄ →

(b) PhF + HNO₃, H₂SO₄ →

(c) PhC(=O)OCH₃ + HNO₃, H₂SO₄ →

(d) PhNO₂ + HNO₃, H₂SO₄ →

(e) PhCH₃ + Fe, Br₂ →

(f) PhC(=O)OCH₃ + Fe, Br₂ →

(g) PhN⁺(CH₃)₃ Br⁻ + Fe, Br₂ →

(h) PhOH + Br₂（過剰）→

(i) PhOH + H₂SO₄（過剰）/ HNO₃（過剰）→

(j) PhCH₃ + CH₃COCl, AlCl₃ →

(k) PhCH₃ + (CH₃)₃CCl, AlCl₃ →

問 8.4 ★★☆☆

次に示した反応(a)〜(d)の主生成物を示しなさい．

ヒント：ベンジル位に水素があると酸化されやすい．

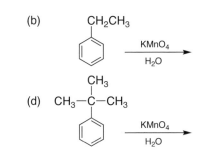

問 8.5 ★★☆☆

次に示した反応(a)〜(c)の主生成物を示しなさい．

ヒント：芳香族求核置換反応（S_NAr）を考える．

(a) CH₃-C₆H₄-Cl + CH₃ONa

(b) O₂N—〈benzene〉—Cl + CH₃ONa

(c) 〈pyridine, N at position 4〉—Cl + CH₃ONa

ヒント
ベンゼン環の還元反応で，Birch 還元反応．

問 8.6 ★★☆☆

次に示した反応(a)～(c)の主生成物を示しなさい．

(a) 〈benzene〉 →(Li / liq.NH₃)

(b) 〈anisole, OCH₃〉 →(Li / liq.NH₃)

(c) 〈benzoic acid, CO₂H〉 →(Li / liq.NH₃)

ヒント
Friedel-Crafts アルキル（ベンジル）化反応を考える．

問 8.7 ★★☆☆

次に示した反応の主生成物を示しなさい．

(a) Cl—〈benzene〉—CH₂Cl →(AlCl₃ / ベンゼン)

(b) Cl—〈benzene〉—CH₂Cl →(AlCl₃ / ニトロベンゼン)

大学院入試問題に挑戦

問 8.8 ★☆☆☆

次にあげた化合物 **A ～ D** を，芳香族求電子置換反応の反応性の高い順に左から並べ，記号（**A ～ D**）で答えよ．

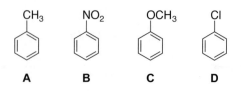

| A (CH₃) | B (NO₂) | C (OCH₃) | D (Cl) |

（平成 29 年度 東京工業大学 理学院）

問 8.9 ★★☆☆

芳香族求電子置換反応におけるメタ配向性を説明せよ．また，以下から主に誘起効果によってメタ配向性を示す化合物を選び，その記号を答えよ．

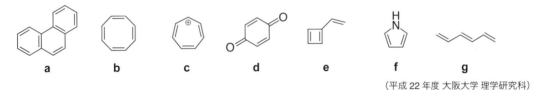

（平成 23 年度 大阪大学 理学研究科）

問 8.10 ★★☆☆

次の(ア)〜(エ)の化合物をモノニトロ化する反応において，反応速度の大きい順番に記せ．

（ア）benzoic acid　（イ）phenol　（ウ）benzene　（エ）toluene

（平成 29 年度 京都大学 工学研究科）

問 8.11 ★★☆☆

次の化合物のうち芳香族はどれか．記号で答えよ．

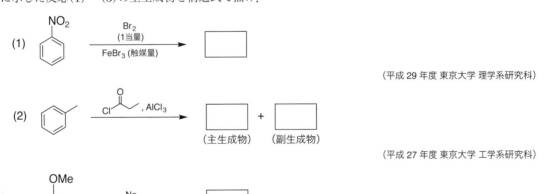

（平成 22 年度 大阪大学 理学研究科）

問 8.12 ★★☆☆

次に示した反応(1)〜(3)の主生成物を構造式で描け．

(1) ニトロベンゼン + Br_2（1当量） / $FeBr_3$（触媒量） → □

（平成 29 年度 東京大学 理学系研究科）

(2) トルエン + CH₃COCl, $AlCl_3$ → □（主生成物） + □（副生成物）

（平成 27 年度 東京大学 工学系研究科）

(3) アニソール (OMe) + Na / liq. NH_3 → □

（平成 24 年度 京都大学 理学研究科）

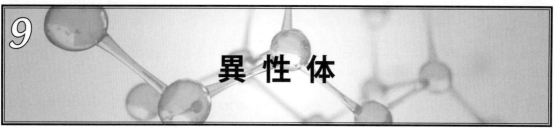

9 異 性 体

問題を解くためのキーポイント

◆ 異性体の種類

異性体には**構造異性体**と**立体異性体**がある．構造異性体には**骨格異性体**（例：ブタンとイソブタン），**位置異性体**（例：1-ブタノールと 2-ブタノール），**官能基異性体**（例：アリルアルコールとプロピオンアルデヒド）がある．立体異性体には**立体配座異性体**と**立体配置異性体**がある．

```
             ┌─ 構造異性体 ┬─ 骨格異性体    （例：ブタン，イソブタン）
             │            ├─ 位置異性体    （例：1-ブタノール，2-ブタノール）
異性体 ──────┤            └─ 官能基異性体  （例：アリルアルコール，プロピオンアルデヒド）
             │
             └─ 立体異性体 ┬─ 立体配座異性体
                          └─ 立体配置異性体 ┬─ 鏡像異性体   ┬─ ジアステレオマー
                                           └─ ジアステレオマー └─ cis-trans 異性体
```

立体配座異性体は単結合の回転による**回転異性体**（例：ブタンを Newmann 投影式で表したときの回転）や，イス形の反転による**配座異性体**（例：1,2-ジメチルシクロヘキサンのイス形配座の反転）がある．

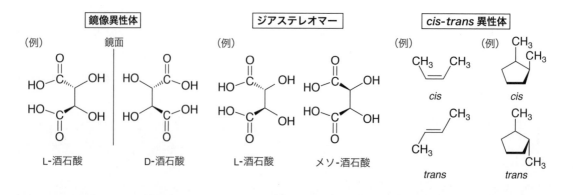

立体配置異性体には**鏡像異性体（エナンチオマー）**と**ジアステレオマー**がある．L-酒石酸と D-酒石酸は鏡像異性体の関係にある．ジアステレオマーには一般的なジアステレオマーと *cis-trans* **異性体**がある．L-酒石酸とメソ-酒石酸はジアステレオマーの関係にある．*cis-trans* 異性体には形が固定されたアルケンの場合と，環状の場合がある．

鏡像異性体は化学的性質や，沸点，融点，溶解度などの物理的性質が同じである．異なるのは偏光に対する作用で，偏光面を回転させる．互いに鏡像異性体の関係にあると，偏光面を回転させる方向は異なるが，絶対値は同じである．
一方，ジアステレオマーの関係にあると，化学的性質や物理的性質は異なる．

 ◆ *E,Z* 表示法
二重結合を横にして，中心で縦に左右を分け，左右それぞれにおいて置換基の優劣を比較する．二重結合に直結した原子の原子番号の大きいほうを優先する．二重結合に直結した原子が同じ場合は，次に結合した原子の原子番号の大きいほうを優先する．左右の優先する置換基が二重結合の同じ側にあれば *Z* 体，反対側にあれば *E* 体である．

(*Z*)-1,2-ジクロロエテン　　(*E*)-1,2-ジクロロエテン

 ◆ *R,S* 表示法
炭素原子上の4つの置換基を原子番号の大きい順に順位づけし，最下位基の番号を奥側に，他の上位3つの置換基を手前にして，優先順位を高い順に回す．それが時計回りなら *R*，反時計回りなら *S* の記号で表す．

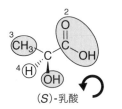　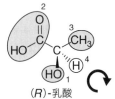
(*S*)-乳酸　　　　　　　(*R*)-乳酸

不斉炭素が n 個あると，原則として 2^n 個の異性体を生じる．ただし，分子内に対称面（σ面）が存在すると，鏡像異性体は生じない（例：メソ-酒石酸）．

演習問題

問 9.1 ★★☆☆

次に示した化合物 (a)〜(k) において，*cis-trans* 異性体が存在する化合物をすべて挙げなさい．

ヒント
二重結合や環に対して，置換基が同じ側にあるか，反対側にあるかを考える．

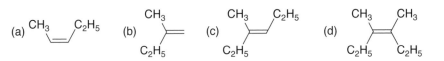

(e) [CH₃, CH₃ 置換シクロヘキサン 1,2-位]   (f) [1,3-ジメチルシクロヘキサン]   (g) [1,4-ジメチルシクロヘキサン]   (h) [1,1-ジメチル-位にCH₃シクロヘキサン]

(i) [1-メチルシクロデセン]   (j) CH₃−CH=C=CH−CH₃   (k) CH₃−CH=C=C=CH−CH₃

ヒント
二重結合を横にして，左右それぞれにおいて2つの置換基の優劣を比較する．

問 9.2 ★★☆☆

次に示した化合物(a)〜(j)を E,Z 表示法で示しなさい．

(a) H,CH₃ / CH₃,H   (b) H,H / CH₃,C₂H₅   (c) H,Cl / CH₃,CH₂Cl

(d) H,CH₃ / D,H   (e) H,CH₃ / CH₃,C₂H₅   (f) CH₃,H / H,Br

(g) H,Br / CH₃,Cl   (h) H,CH₃ / CH₃,OCH₃   (i) シクロオクテン(1-メチル)   (j) C₂H₅, SO₂CH₃ / CH₃, COOCH₃

ヒント
炭素原子上の4つの置換基がすべて異なるアルコールを描いてみる．

問 9.3 ★★☆☆

分子式 $C_5H_{12}O$ で表されるアルコールで，不斉炭素をもつ化合物を，すべて構造式で示しなさい．

ヒント
それぞれの鏡像異性体を描いて，照合する．

問 9.4 ★★☆☆

次に示した化合物(a)〜(q)で，室温付近で鏡像異性体(エナンチオマー)を単離できる化合物をすべて挙げなさい．

(a) シクロヘキサノール   (b) 1,2-シクロヘキサンジオール   (c) 1,2-シクロヘキサンジオール(別異性体)   (d) 1,4-シクロヘキサンジオール   (e) 1,1,3-トリメチルシクロヘキサン

(f) CH₃,H C=C=C H,CH₃   (g) CH₃,H C=C=C=C H,CH₃   (h) CH₃−S(=O)−CH₂CH₃

(i) CH₃−S(=O)(=O)−CH₂CH₃   (j) CH₃−N(CH₂CH₃)(CH₂CH₃)   (k) CH₃−N⁺(O⁻)(CH₂CH₃)(CH₂CH₃)

(l), (m), (n), (o), (p), (q) の構造式

問 9.5 ★★☆☆

次に示した化合物 (a) ～ (l) を R,S 表示法で示しなさい.

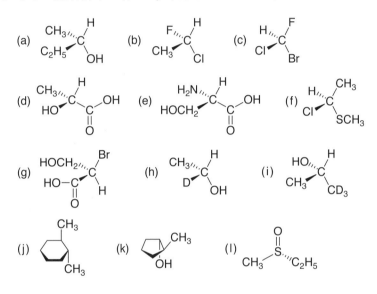

問 9.6 ★★☆☆

酒石酸 [HO$_2$C(OH)CH-CH(OH)CO$_2$H] のすべての異性体を Fischer 投影式で示しなさい. また，それらを用いて鏡像異性体とジアステレオマーの関係，およびそれらの物理的性質と化学的性質の相違について簡潔に説明しなさい.

問 9.7 ★★★☆

α-アミノ酸のひとつであるトレオニン [HO$_2$CCH(NH$_2$)-CH(OH)CH$_3$] のすべての異性体を Fischer 投影式で示しなさい. また，鏡像異性体とジアステレオマーの関係を示し，それぞれの不斉炭素を絶対配置 R あるいは S で表しなさい.

問 9.8 ★★★☆

1-フェニルプロピルアミンのラセミ混合物（等量の鏡像異性体が含まれている）を，液体クロマトグラフィーなどの機器を用いないで，実験的に大量かつ効率的に分割する手法を述べなさい.

大学院入試問題に挑戦

問 9.9 ★★☆☆

以下の化合物 1 ～ 3 について，光学活性であるかどうか，理由とともに示せ．

（平成 30 年度 東京大学 理学系研究科）

問 9.10 ★★☆☆

有機化合物のうち，不斉炭素を含まないキラルな分子としてどのようなものが考えられるか，具体例を 1 つ挙げて，キラルである理由を説明せよ．

（平成 22 年度 東京大学 理学系研究科）

問 9.11 ★★☆☆

Fischer 投影式で示した次の化合物に関する以下の問題に答えよ．

(1) この化合物を IUPAC のルールにしたがって命名しなさい（日本語でも英語でもよい，立体配置は R, S 表記で記せ）．
(2) この化合物のエナンチオマーを Fischer 投影式を用いて記せ．
(3) この化合物のジアステレオマーを Fischer 投影式を用いて記せ．

（平成 27 年度 大阪大学 理学研究科）

問 9.12 ★☆☆☆

L-アラニンの立体配置を R/S 法で答えよ．

（平成 22 年度 大阪大学 理学研究科）

問 9.13 ★★★☆

以下の化合物 1 ～ 5 の中から，光学活性を示す化合物を選べ．また，化合物 1 ～ 3 の構造中に存在するすべての不斉炭素について，それぞれの絶対立体配置を RS 表示を用いて示せ．

（平成 27 年度 東京大学 理学系研究科）

PART II
有機反応様式を マスターしよう

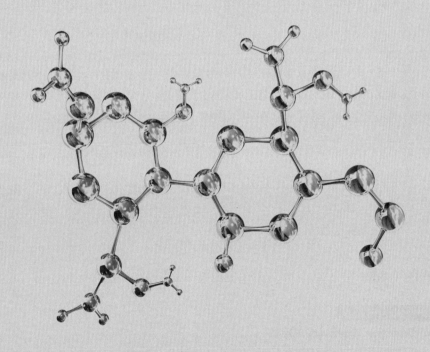

10 置換反応（脂肪族化合物）

問題を解くためのキーポイント

ハロゲン化アルキル（R-X）やアルキルトシラート（R-OTs）の求核置換反応

◆ S_N1 反応

主に第三級アルキル鎖のハロゲン化物やトシラートに見られる．カルボカチオン（sp^2 混成で平面状）中間体を生じる二段階反応の求核置換反応で，中間体が1つ，遷移状態が2つある．反応速度は基質の濃度に依存する一次反応である．生成物はラセミ体となる．

◆ S_N2 反応

主に第一級，第二級アルキル鎖のハロゲン化物やトシラートに見られる．一段階反応の求置換反応で，遷移状態が1つある．反応速度は基質の濃度に一次，求核剤の濃度に一次の二次反応である．反応中心の炭素原子上でWalden反転が生じる立体特異的反応である．

Walden反転とは，キラル中心の S_N2 反応で，立体配置が反転すること．

エーテル合成反応

◆ Williamson エーテル合成反応

ハロゲン化アルキル（R-X）やアルキルトシラート（R-OTs）の，アルコキシド塩（RONa, ArONaなど）による求核置換反応で，エーテルを生じる．

$$R-X + R'OH \xrightarrow[\text{あるいはNaH}]{\text{aq.NaOH}} R-O-R'$$

エーテル

10 置換反応（脂肪族化合物）

チオエーテル合成反応
◆ Williamson チオエーテル合成反応

ハロゲン化アルキル（R-X）やアルキルトシラート（R-OTs）の，チオアルコキシド塩（RSNa, ArSNa など），あるいはチオール（RSH, ArSH）と塩基による求核置換反応で，**チオエーテル**（スルフィド）を生じる．

$$R-X \ + \ R'SH \ \xrightarrow[\text{あるいはNaH}]{\text{aq.NaOH}} \ R-S-R'$$
チオエーテル

アミン合成反応
◆ Gabriel アミン合成反応

ハロゲン化アルキル（R-X）やアルキルトシラート（R-OTs）の，フタルイミド塩による求核置換反応で，*N*-アルキルフタルイミドを生じる．これをアルカリ加水分解すると第一級アミンになる．

$$R-X \ + \ \text{フタルイミド塩} \ \longrightarrow \ \text{N-アルキルフタルイミド} \ \xrightarrow[\text{あるいはNH}_2\text{NH}_2]{\text{aq.NaOH}} \ R-NH_2$$
第一級アミン

炭素－炭素結合形成反応
◆ ニトリルの合成法

ハロゲン化アルキル（R-X）やアルキルトシラート（R-OTs）の，NaCN あるいは KCN による求核置換反応で**ニトリル**を生じる．

$$R-X \ \xrightarrow{\text{NaCN}} \ R-CN$$
ニトリル

◆ マロン酸エステル合成法

塩基存在下，ハロゲン化アルキル（R-X）やアルキルトシラート（R-OTs）とマロン酸エステルの反応で生じたアルキル化体を酸加水分解して加熱すると，脱炭酸して**カルボン酸**を生じる．

$$R-X \ + \ CH_2(CO_2C_2H_5)_2 \ \xrightarrow[\text{あるいはNaH}]{C_2H_5ONa} \ R-CH(CO_2C_2H_5)_2 \ \xrightarrow[\text{2) 加熱}]{\text{1) aq.H}_2\text{SO}_4} \ R-CH_2-CO_2H$$

マロン酸エステル　　　　　　　　　　　　　　　　　　　　　　　カルボン酸

◆ アセト酢酸エステル合成法

塩基存在下，ハロゲン化アルキル（R-X）やアルキルトシラート（R-OTs）とアセト酢酸エステルの反応で生じたアルキル化体を酸加水分解して加熱すると，脱炭酸して**メチルケトン**を生じる．

$$R-X \ + \ CH_3-\underset{O}{C}-CH_2-CO_2C_2H_5 \ \xrightarrow[\text{あるいはNaH}]{C_2H_5ONa} \ CH_3-\underset{O}{C}-\underset{R}{CH}-CO_2C_2H_5 \ \xrightarrow[\text{2) 加熱}]{\text{1) aq.H}_2\text{SO}_4} \ R-CH_2-\underset{O}{C}-CH_3$$

(X : Cl, Br, I, OTs) 　　　　　　　　　　　　　　　　　　　　　　　メチルケトン

演習問題

ヒント
sp³ 混成炭素原子上の求核置換反応を考える.

問 10.1 ★★☆☆

次に示した反応(a)～(k)における主生成物を構造式で示しなさい.

(a) CH₃CH₂CH₂CH₂OH　$\xrightarrow{\text{PBr}_3}$

(b) CH₃CH₂CH₂CH₂OH　$\xrightarrow{\text{PCl}_5}$

(c) CH₂=CHCH₂CH₂OH　$\xrightarrow{\text{SOCl}_2,\ \text{ピリジン}}$

(d) CH₃CH₂CH₂CH₂Br　$\xrightarrow[\text{アセトニトリル}]{\text{NaCN}}$

(e) CH₃—C₆H₄—OH　$\xrightarrow[\text{アセトン}]{\text{K}_2\text{CO}_3,\ \text{CH}_2=\text{CHCH}_2\text{Br}}$

(f) CH₃O—C₆H₄—SH　$\xrightarrow[\text{アセトン}]{\text{K}_2\text{CO}_3,\ \text{CH}_2=\text{CHCH}_2\text{Br}}$

(g) CH₂=CHCH₂CH₂CH₂OH　$\xrightarrow{\text{1) NaH, エーテル　2) C}_2\text{H}_5\text{Br}}$

(h) CH₂=CHCH₂CH₂CH₂SH　$\xrightarrow{\text{1) NaH, エーテル　2) C}_2\text{H}_5\text{Br}}$

(i) CH₂=CHCH₂CH₂CH₂Br　$\xrightarrow{\text{aq.NH}_3\ (大過剰)}$

(j) CH₂=CHCH₂CH₂CH₂Br　$\xrightarrow{\text{aq.HN(CH}_3)_2\ (大過剰)}$

(k) CH₂=CHCH₂CH₂CH₂OH　$\xrightarrow{\text{1) }p\text{-TsCl, ピリジン　2) aq.HN(CH}_3)_2\ (大過剰)}$

ヒント
(a)～(c) で, フェノールやチオールのプロトンは K₂CO₃ 程度で引き抜けるが, アルコールのプロトンは K₂CO₃ で引き抜けない. (d)～(g) では Ullmann カップリング反応 (p.220 参照) を用いる.

問 10.2 ★★☆☆

次に示した反応(a)～(g)における主生成物を構造式で示しなさい.

(a) 3-HO-C₆H₄-CH₂CH₂OH　$\xrightarrow[\text{アセトン}]{\text{K}_2\text{CO}_3,\ \text{CH}_3\text{I}}$

(b) 3-HS-C₆H₄-CH₂CH₂OH　$\xrightarrow[\text{アセトン}]{\text{K}_2\text{CO}_3,\ \text{CH}_3\text{I}}$

(c) 3-HO-C₆H₄-CH₂CH₂OH　$\xrightarrow{\text{1) NaH (過剰), THF　2) C}_2\text{H}_5\text{Br (過剰)}}$

(d) 4-CH₃-C₆H₄-OH　$\xrightarrow{\text{1) NaH, THF　2) Cu, C}_6\text{H}_5\text{I}}$

(e) 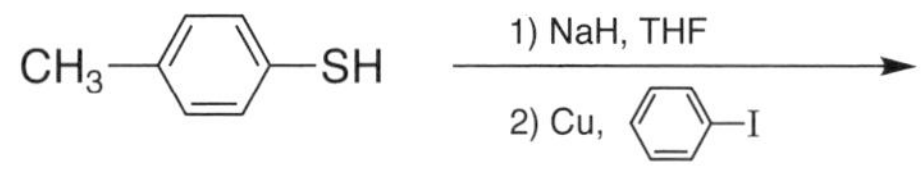 CH₃-C₆H₄-SH → 1) NaH, THF 2) Cu, C₆H₅-I

(f) 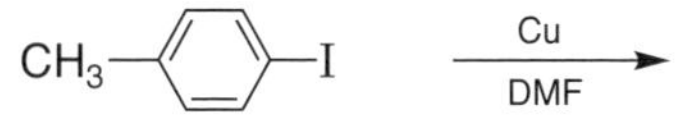 CH₃-C₆H₄-I → Cu / DMF

(g) 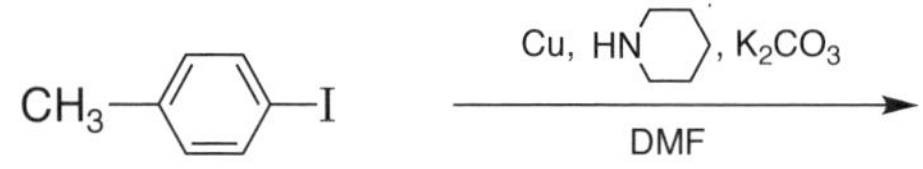 CH₃-C₆H₄-I → Cu, HN(piperidine), K₂CO₃ / DMF

問 10.3 ★★☆☆

次に示した反応(a)〜(e)における主生成物を構造式で示しなさい．

(a) $(CH_3)_3C-Br$ → H_2O

(b) (S)-2-ブロモブタン (Br-C(H)(CH₃)(CH₂CH₃)) → CH₃-C₆H₄-OH, K₂CO₃ / アセトン

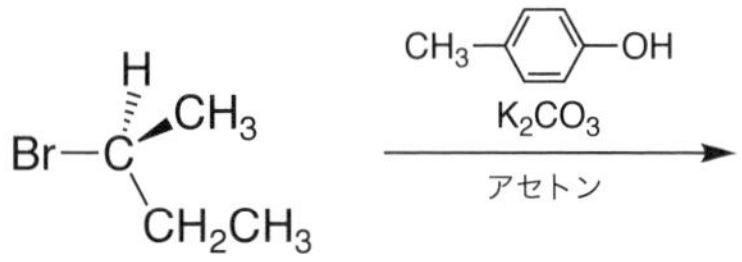

(c) Br-C(C₆H₅)(CH₃)(CH₂CH₃) → H_2O

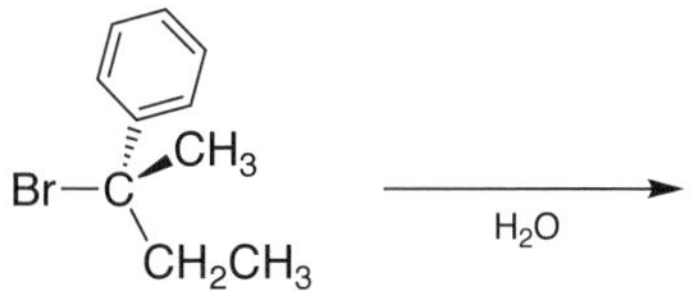

(d) Br-C(H)(CH₃)(CH₂CH₃) → CH₃CO₂Na / アセトニトリル

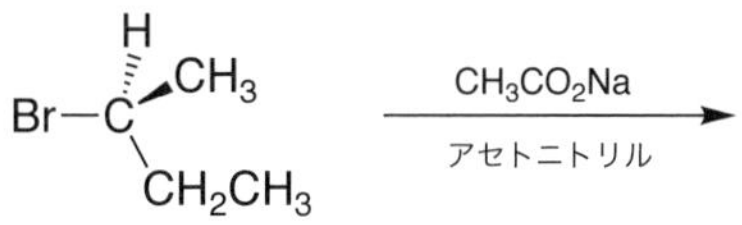

(e) Br-C(C₆H₅)(H)(CH₂CH₃) → C₂H₅SNa / THF

ヒント
(a) および (c) ではプロトン性極性溶媒を用い，(b)，(d) および (e) では塩基と非プロトン性極性溶媒を用いている．

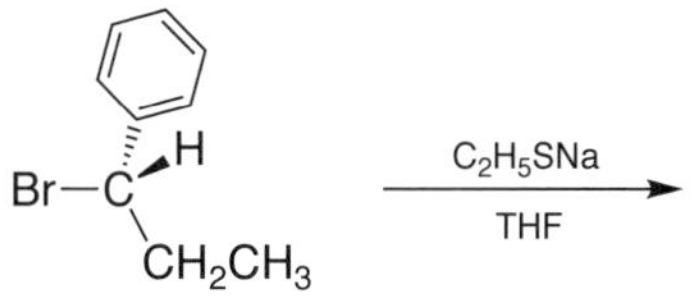

問 10.4 ★★★☆

次に示した反応(a)〜(h)における主生成物を構造式で示しなさい．

(a) 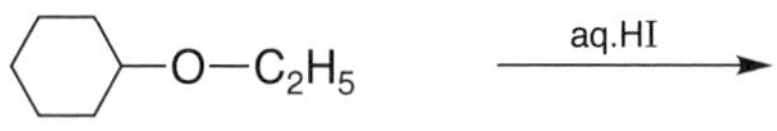 シクロヘキシル-O-C₂H₅ → aq.HI

(b) 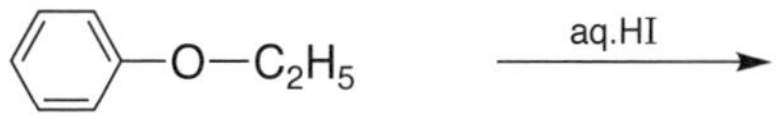 C₆H₅-O-C₂H₅ → aq.HI

(c) 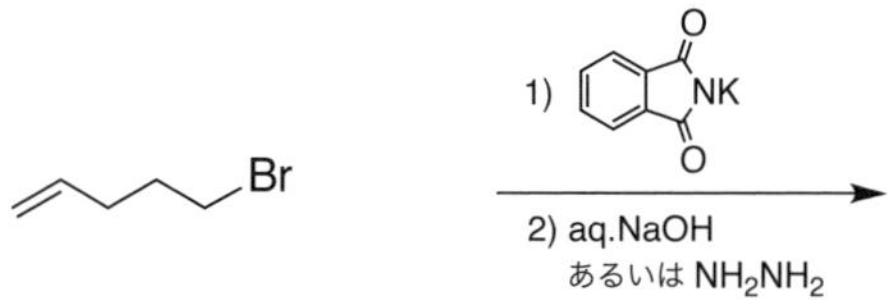 CH₂=CH-CH₂-CH₂-CH₂-Br → 1) フタルイミドカリウム 2) aq.NaOH あるいは NH₂NH₂

(d)  Br-CH=CH-CH₂-CH₂-CH₂-Br → NaCN / アセトニトリル

(e) Br─⟨benzene⟩─CH₂CH₂CH₂Br →(C₂H₅ONa / THF)

(f) Ph─CH₂CH₂CH₂Br →(1) NaN₃, THF 2) H₂, Pd-C)

(g) HO─(CH₂)₄─Br →(NaH(希釈条件) / エーテル)

(h) Br─(CH₂)₄─NO₂ →(K₂CO₃ / アセトン)

> **ヒント**
> sp³ 混成炭素原子に結合したエーテル結合は HI で切断する．sp³ 混成炭素原子上で求核置換反応は生じるが，sp² 混成炭素原子上で求核置換反応は生じない．(g) および (h) で，五員環や六員環は形成しやすい．

ヒント
S_N2 反応を用いる.

問 10.5 ★★★☆

次に示した第二級アルコール (S) 体の鏡像異性体 (R) 体への合理的変換法を反応式で示しなさい．

(S)-CH₃CH(OH)CH₂CH₂Ph ⟶ (R)-CH₃CH(OH)CH₂CH₂Ph

大学院入試問題に挑戦

問 10.6 ★★☆☆

臭化エタンおよび 1-ブロモ-2,2-ジメチルプロパンと，ヨードイオンとの相対反応速度は $1 : 1.3 \times 10^{-5}$ である．反応式を示し，その理由を述べよ．

(平成 13 年度 京都大学 理学研究科)

問 10.7 ★★☆☆

次に挙げた化合物ア〜エを，S_N1 反応における反応性が高い順に左から並べ，記号 (ア〜エ) で答えよ．

ア: CH₃-CH₂-CHBr-H (with H)
イ: (CH₃)₂CHBr
ウ: (CH₃)₃CBr
エ: (CH₃)₃CI

(平成 30 年度 東京工業大学 理学院)

問 10.8 ★★☆☆

S_N1 反応が起こりやすいものから順に並べよ．

(ア) 40％水／60％エタノール中の $(CH_3)_3CCl$

(イ) エタノール中の $(CH_3)_3CCl$

(ウ) エタノール中の $(CH_3)_2CHCl$

(平成 30 年度 京都大学 工学研究科)

問 10.9 ★★★☆

光学活性な (S)-**1** を水中で加熱したところ，(S)-**2** と (R)-**2** のラセミ体として得られた．以下の問(a)，(b) に答えよ．

(a) 本反応の反応機構を曲がった矢印を用いて記せ．また，ラセミ体として得られる理由も記せ．

(b) 同じ反応をアセトンと水の 9:1 の混合溶媒中で行ったところ，同じ生成物が得られたが，水中で行ったときよりも反応が非常に遅かった．その理由を記せ．

(平成 29 年度 名古屋大学 工学研究科)

問 10.10 ★★☆☆

次の (ア)～(エ) の有機ハロゲン化物をメタノール中で加溶媒分解する反応において，反応速度が大きい順番に記せ．

(ア) CH_3CH_2Br (イ) $H_2C=CHCHBrCH_3$

(ウ) $H_2C=CBrCH_2CH_3$ (エ) $CH_3CH_2CHBrCH_3$

(平成 29 年度 京都大学 工学研究科)

問 10.11 ★★★☆

光学活性体 (R)-**6** をエタノール中で加水分解すると，光学異性体 (R)-**7** と (S)-**7** が 1 対 1 で得られる．一方，同じ条件で光学活性体 (R)-**8** を加水分解すると，光学異性体 (S)-**9** が選択的に得られる．この違いを反応機構に基づいて説明せよ．

(R)-**7** : (S)-**7** = 50% : 50%

(R)-**9** : (S)-**9** = 17% : 83%

(平成 27 年度 東京大学 理学系研究科)

問 10.12 ★★☆☆

以下に示す反応(1), (2)について, 主生成物の構造式を, 立体化学を明確にして描け.

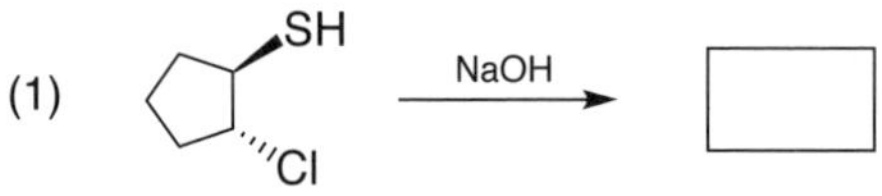

(1) [trans-2-chlorocyclopentane-1-thiol] + NaOH → □

(平成 30 年度 東京大学 理学系研究科)

(2) [(S)-1-phenylethyl tosylate] + NaN₃ → □

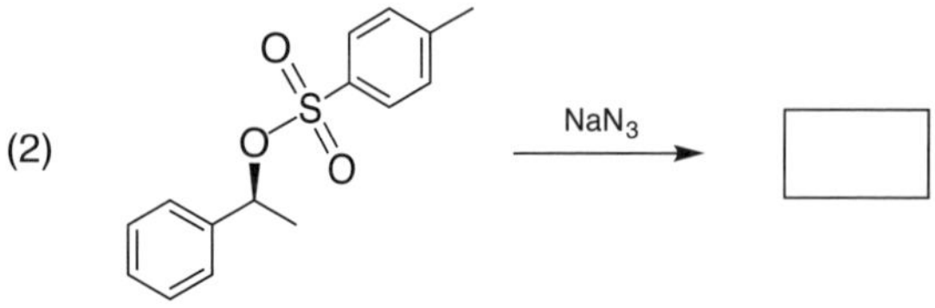

(平成 27 年度 東京大学 工学系研究科)

問 10.13 ★★★☆

次に示した化学反応式の反応機構を描け.

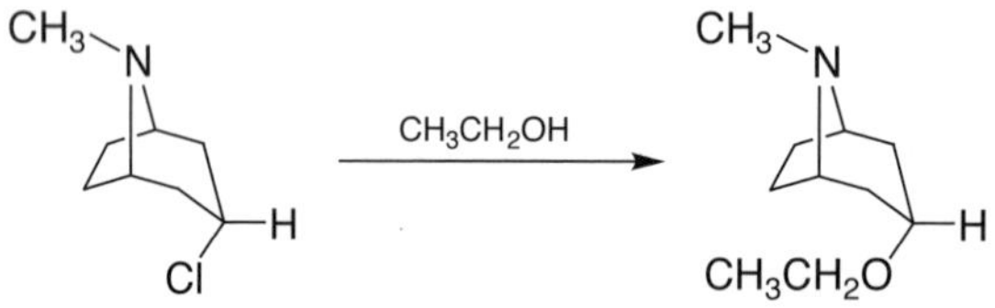

[N-methyl-tropane with Cl substituent] + CH₃CH₂OH → [N-methyl-tropane with OCH₂CH₃ substituent]

(平成 26 年度 東京大学 理学系研究科)

11 付加反応

問題を解くためのキーポイント

ポイント 1 アルケン

◆ HX の求電子的付加反応

アルケンへの HX の付加反応は二段階反応で，**Markovnikov 則**に従う．Markovnikov 則とは，アルケンへの HX の付加反応において，プロトンはアルキル置換基の少ないほうへ，X アニオンはアルキル置換基の多いほうへ付加するという経験則．そうなるのは，より安定なカルボカチオン中間体を経由するためである．

$$CH_3-CH=CH_2 \xrightarrow{HX} CH_3-CHX-CH_3$$

（HX : HCl, HBr, HI, $H_3O^{\oplus}$）

◆ X_2 の求電子的付加反応

アルケンへの X_2 の付加反応は二段階反応で，***trans*-付加体**を生じる．

（ラセミ体）

（ラセミ体）

（X_2 : Cl_2, Br_2, I_2）

◆ カルベンの求電子的付加反応

NaOH 水溶液と CHX_3 から生じるジハロカルベン（**:CX_2, Singlet**）はアルケンに求電子付加環化して，**シクロプロパン誘導体**を生じる．これは一段階の付加環化反応で，アルケンの立体は保持される．

ポイント2 アルキン

◆ HX の求電子的付加反応

アルキンへの HX の付加反応は二段階反応で，**Markovnikov 則**に従う．HX 1 当量の反応から，*α*-ハロアルケンを生じる．過剰の HX を作用させると，*α,α*-ジハロアルカンを生じる．

$$CH_3-C\equiv CH \xrightarrow{HX(1当量)} CH_3-\underset{X}{C}=CH_2 \quad \text{α-ハロアルケン}$$

$$CH_3-C\equiv CH \xrightarrow[\text{(HX : HCl, HBr, HI)}]{HX(過剰)} \left[CH_3-\underset{X}{C}=CH_2 \right] \longrightarrow CH_3-CX_2-CH_3 \quad \text{α,α-ジハロアルカン}$$

◆ X_2 の求電子的付加反応

アルキンへの X_2 の付加反応は二段階反応で，*trans*-付加体を生じる．過剰の X_2 を作用させると，*α,α,β,β*-テトラハロアルカンを生じる．

$$CH_3-C\equiv C-CH_3 \xrightarrow{X_2(1当量)} \underset{X}{\overset{CH_3}{C}}=\underset{CH_3}{\overset{X}{C}}$$

$$CH_3-C\equiv C-CH_3 \xrightarrow[(X_2 : Cl_2, Br_2)]{X_2(過剰)} \left[\underset{X}{\overset{CH_3}{C}}=\underset{CH_3}{\overset{X}{C}} \right] \longrightarrow CH_3CX_2-CX_2CH_3 \quad \text{α,α,β,β-テトラハロアルカン}$$

◆ 水の求電子的付加反応

水の存在下で，アルキンに濃硫酸と $HgSO_4$ を作用させると，水が Markovnikov 則に従って付加し，**ビニルアルコール**を経てケトンに互変異性化する．末端アルキンからは**メチルケトン**を，非対称内部アルキンからは 2 種類の**ケトン**を生じる．

$$CH_3CH_2-C\equiv CH \xrightarrow[H_2O]{H_2SO_4, HgSO_4} \left[CH_3CH_2-\underset{OH}{C}=CH_2 \right] \longrightarrow CH_3CH_2-\underset{O}{C}-CH_3$$

ビニルアルコール　　　　　　メチルケトン

$$CH_3CH_2-C\equiv C-CH_3 \xrightarrow[H_2O]{H_2SO_4, HgSO_4} \left[CH_3CH_2-\underset{OH}{C}=CH-CH_3,\ CH_3CH_2-CH=\underset{OH}{C}-CH_3 \right]$$

$$\longrightarrow CH_3CH_2-\underset{O}{C}-CH_2CH_3,\ CH_3CH_2CH_2-\underset{O}{C}-CH_3$$

演習問題

問 11.1 ★★☆☆

次に示した反応(a)〜(i)における主生成物を構造式で示しなさい.

(a) CH₃CH₂CH=CH₂ →(濃硫酸(触媒) / H₂O)

(b) 1-メチルシクロヘキセン →(濃硫酸(触媒) / H₂O)

(c) 1-メチルシクロヘキセン →(HBr)

(d) (CH₃)₂C=CH₂ →(HCl)

(e) 1,2-ジヒドロナフタレン →(HBr)

(f) CH₃CH₂C≡CH →(HBr (1当量))

(g) CH₃CH₂C≡CH →(HBr (過剰))

(h) CH₃CH₂C≡CH →(濃硫酸(触媒) / HgSO₄(触媒) / H₂O)

(i) CH₃CH₂C≡CCH₃ →(濃硫酸(触媒) / HgSO₄(触媒) / H₂O)

> ヒント: アルケンやアルキンへの求電子的付加反応を考える.

問 11.2 ★★☆☆

次に示した反応(a)〜(d)における主生成物を構造式で示しなさい.

(a) シクロヘキセン →(Br₂ / CHCl₃)

(b) シクロヘキセン →(Br₂ / H₂O)

(c) シクロヘキセン →(Br₂ / CH₃OH)

(d) シクロヘキセン →(Cl₂ / H₂O)

> ヒント: アルケンへの求電子的付加反応を考える.

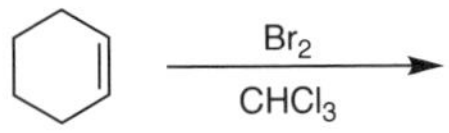

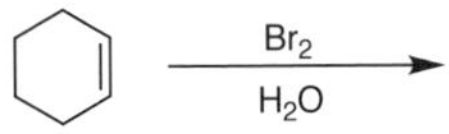

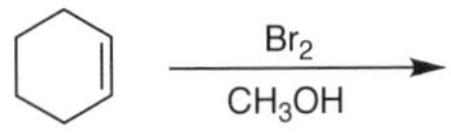

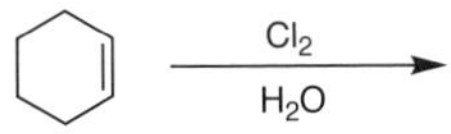

問 11.3 ★★★☆

次に示した反応(a)〜(e)における主生成物を構造式で示しなさい.

(a) CH₃-CH=CH-CH₃ (cis) →(aq.KOH / CHCl₃)

> ヒント: Singlet-カルベンやTriplet-カルベンが生じてアルケンに付加環化する.

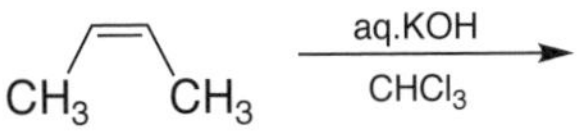

(b) [シクロヘキセン] $\xrightarrow[\text{CHCl}_3]{^t\text{BuOK}}$

(c) [シクロヘキセン] $\xrightarrow[\text{CHClFBr}]{^t\text{BuOK}}$

(d) [シクロヘキセン] $\xrightarrow[\text{CHF}_2\text{Br}]{^t\text{BuOK}}$

(e) CH₃–CH=CH–CH₃ (cis) $\xrightarrow[\text{N}_2\text{C}(\text{CO}_2\text{CH}_3)_2]{\text{Hg-}h\nu}$

大学院入試問題に挑戦

問 11.4 ★★★☆

1,3-ブタジエンと HCl との反応において，主生成物として **1**，副生成物として **2** が得られた．

$$CH_2=C(H)-C(H)=CH_2 + HCl \xrightarrow[\text{CH}_3\text{CO}_2\text{H}]{0\,°C} CH_3-\underset{H}{\overset{Cl}{C}}-C(H)=CH_2 + CH_3-C(H)=C(H)-CH_2Cl$$

1 : 80%　　**2** : 20%

(a) この反応の反応機構を示し，**1** が主生成物として得られる理由を説明せよ．
(b) 1,3-ブタジエンと HCl との反応において，**2** を主生成物として得るためにはどのような条件下で反応を行えばよいか．また，その場合 **2** が主生成物となる理由についても説明せよ．

(平成 15 年度 京都大学 理学研究科)

問 11.5 ★★★☆

次に示した反応(1)〜(4)の主生成物を構造式で描け．

(1) [シクロヘキセノン] $\xrightarrow[\text{2) H}_2\text{O}]{1) (\text{CH}_3)_2\text{CuLi}}$ [　　]

(平成 24 年度 京都大学 理学研究科)

(2) [シクロペンテン] + CHCl₃ $\xrightarrow{\text{KOH}}$ [　　]

(平成 15 年度 京都大学 理学研究科)

(3) [PhCH₂NH₂] + [CH₂=CH–C(=O)OEt] ⟶ [　　]

(平成 29 年度 東京大学 工学系研究科)

(4) [△(シクロプロパン)] + Br₂ $\xrightarrow[\text{CH}_2\text{Cl}_2]{\text{FeBr}_3}$ [　　]

(平成 16 年度 京都大学 理学研究科)

12 脱離反応

問題を解くためのキーポイント

ポイント1 分子間脱離反応

ハロゲン化アルキル(R-X)やアルキルトシラート(R-OTs)の塩基による脱離反応でアルケンを生じる. 脱離反応は主に1,2-脱離反応で, β脱離反応ともいう.

◆ E1 反応

主に第三級アルキル鎖のハロゲン化物やトシラートに見られる. カルボカチオン（sp^2 混成で平面状）中間体を生じる二段階反応の脱離反応で, 中間体が1つ, 遷移状態が2つある. 反応速度が基質濃度に依存する一次反応である. 立体特異性はなく, **Zaitsev 則**（ハロゲン化アルキルから HX が脱離するとき, より多く置換されたアルケンが主生成物となる）に従い, より安定なアルケンを生じる.

◆ E2 反応

主に第三級あるいは第二級アルキル鎖のハロゲン化物やトシラートに見られる. 塩基を用いた1段階反応の脱離反応で, 遷移状態が1つある. 反応速度は基質の濃度に一次, 塩基の濃度に一次の二次反応である. 遷移状態は塩基と H と X 脱離基が *anti*-periplanar の関係にあり, **立体特異的 *anti*-脱離反応**である. アルケンの生成は Zaitsev 則に左右されない.

◆ Hofmann 分解反応

アミンを徹底的にメチル化し, 水酸化第四級アンモニウム塩に誘導して加熱することにより, アルケンと第三級アミンを生じる. 複数のアルケンを生じうる場合は, アルキル置換基の少ないアルケンを主に生じる(**Hofmann 則**).

ポイント2 分子内脱離反応

◆ Ei 反応

第三級アミン N-オキシド（$R_3N^{\oplus}-O^{\ominus}$）やキサンテートエステル〔$R-O-C(=S)-SCH_3$〕の加熱による分子内脱離反応でアルケンを生じる．これらは立体特異的な **syn-脱離反応**である．*syn*-脱離反応は 1,2-脱離反応で，2つの脱離基 H と X が同じ側（*syn*-periplanar）で脱離する反応．Ei 反応はその代表例である．

◆ Cope 脱離反応

第三級アミン N-オキシドを加熱することにより，五員環遷移状態を経てアルケンとヒドロキシルアミンを生じる．

◆ Chugaev 反応

アルコール由来のキサンテートエステルを加熱すると，六員環遷移状態を経てアルケンを生じる．

◆ 関連した反応

(X : S, Se)

演習問題

脱水反応や脱ハロゲン化水素の反応である．

問 12.1 ★★☆☆

次に示した反応 (a)〜(f) における主生成物を構造式で示しなさい．

(a) 濃硫酸

(b)  [構造式: 2-メチルシクロヘキサノール] → 濃硫酸

(c) CH₃CH₂−C(CH₃)(CH₃)−OH → 濃硫酸

(d) CH₃CH₂−C(CH₃)(CH₃)−Br → ᵗBuOK

(e)  CH₃−CH(CH₃)−CH(OH)−(省略) → 濃硫酸

(f)  CH₃−CH(CH₃)−CH(Br)−(省略) → ᵗBuOK

問 12.2 ★★★☆

次に示した反応(a)～(e)における主生成物を構造式で示しなさい．

ヒント: (a)および(b)はE2反応．(c)は脱水反応．(d)および(e)はHofmann分解反応．

(a) 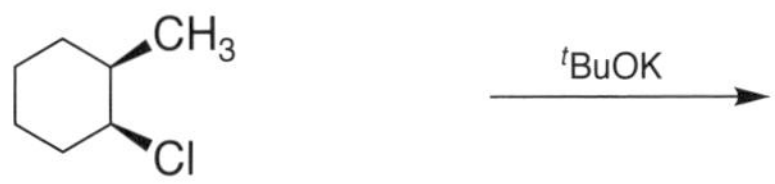 [cis-1-メチル-2-クロロシクロヘキサン] → ᵗBuOK

(b) 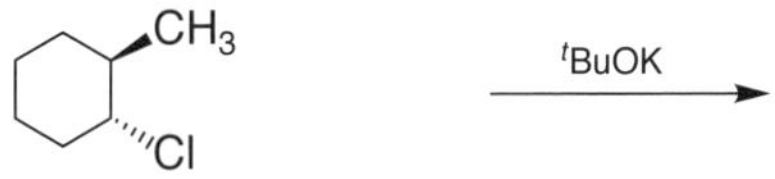 [trans-1-メチル-2-クロロシクロヘキサン] → ᵗBuOK

(c) CH₃CH₂CH₂C(=O)NH₂ → P₂O₅

(d) C₆H₅−CH₂CH₂−NH₂ → 1) CH₃I(過剰), K₂CO₃ 2) KOH, 加熱

(e) 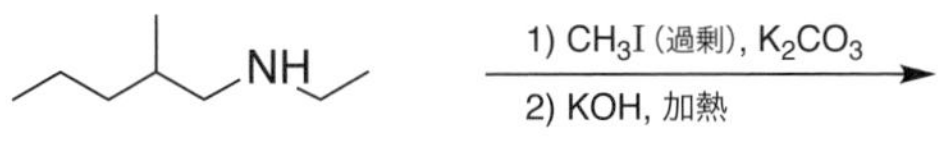 [2-メチルペンチル-N-エチルアミン] → 1) CH₃I(過剰), K₂CO₃ 2) KOH, 加熱

問 12.3 ★★★☆

次に示した反応(a)～(h)における主生成物を構造式で示しなさい．

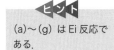
ヒント: (a)～(g)はEi反応である．

(a) 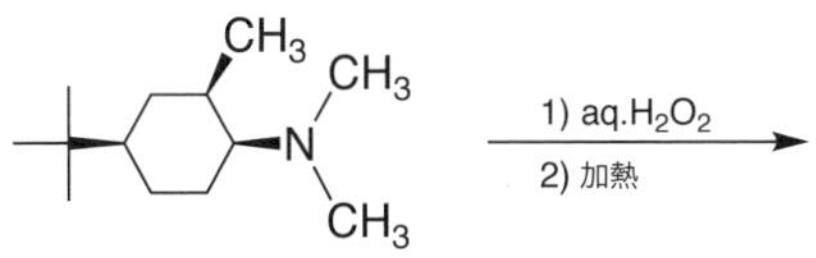 [4-tert-ブチル-2-メチル-1-(N,N-ジメチルアミノ)シクロヘキサン] → 1) aq.H₂O₂ 2) 加熱

(b) 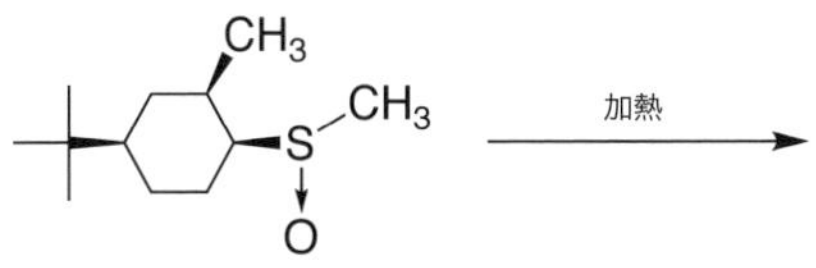 [4-tert-ブチル-2-メチル-1-(メチルスルフィニル)シクロヘキサン] → 加熱

(c) [構造式: 1,3,5-trimethyl-2-(phenylthio)cyclohexane] → 1) mCPBA (1当量) 2) 加熱

(mCPBA: 3-クロロ過安息香酸の構造式)

(d) [構造式: 2-methylcyclopentan-1-ol] → 1) aq.KOH, CS$_2$ 2) CH$_3$I 3) 加熱

(e) [構造式: 1,3-dimethyl-2-(phenylseleno)cyclohexane] → aq.H$_2$O$_2$ / 室温

(f) [構造式: D, H, N(CH$_3$)$_2$, CH$_3$, CH$_3$ 置換シクロヘキサン] → 1) aq.H$_2$O$_2$ 2) 120 °C

(g) [構造式: 4-tert-ブチル-2-メチルシクロヘキサノール] → 1) NaH, THF 2) CS$_2$ 3) CH$_3$I 4) 210 °C

(h) CH$_2$=CHCH$_2$CH$_2$—NH—CH=O —P$_2$O$_5$→

大学院入試問題に挑戦

問 12.4 ★★☆☆

cis- および trans-1-tert-ブチル-4-クロロシクロヘキサンの最も安定な立体配座を示しなさい．また，cis-体および trans-体のうちどちらの異性体がより速く E2 脱離を行うか，理由とともに答えなさい．

（平成 28 年度 北海道大学 総合化学院）

問 12.5 ★★★☆

trans-1-bromo-2-methylcyclohexane に対して塩基性条件で脱離反応を行うと，3-methylcyclohexene が主生成物として得られる．この脱離反応の位置選択性について，文章（100 文字以内）ならびに図を用いて説明せよ．

（平成 28 年度 大阪大学 理学研究科）

問 12.6 ★★★☆

以下の化合物に関する問(1)，(2)に答えなさい．

[構造式 C: PhCHBr–CD$_3$] [構造式 D: PhCHBr–CH$_3$]

C   D

(1) ベンゼンから出発して，化合物 C を合成する方法を答えなさい．ただし，重水素源として D_2O を用いること．各段階の生成物と反応剤を明記すること．
(2) 化合物 C, D それぞれの脱離反応が E1 機構で進行したときの反応速度比 k_H/k_D に関して最も適当な値を以下の(a)〜(d)から 1 つ選び，記号で答えなさい．また，その理由を簡潔に説明しなさい．

(a) 約 1   (b) 約 3   (c) 約 5   (d) 約 7.7

(平成 29 年度 北海道大学 総合化学院)

問 12.7 ★★★☆

2-ヨードペンタンを出発物質として 1-ペンテンを主生成物として合成したい．合成法を 2 つ記せ．

(平成 15 年度 京都大学 理学研究科)

問 12.8 ★★☆☆

2-bromo-4-phenylcyclohexanol の 2 種類のジアステレオマーに対して水酸化ナトリウムを作用させると，異なる生成物が得られる．それぞれの出発物質の立体配座を図示し，反応の機構を記せ．

(平成 31 年度 名古屋大学 理学研究科)

問 12.9 ★★★☆

次に示した反応(1)〜(3)の主生成物の構造を描け．

(1) [構造式] NaOMe / MeOH →

(平成 31 年度 東北大学 理学研究科)

(2) [構造式] + NaOEt → + EtOH + NaCl

(平成 18 年度 京都大学 理学研究科)

(3) [構造式] 1) CH_3I 2) Ag_2O, H_2O, then 加熱 → 1) CH_3I 2) Ag_2O, H_2O, then 加熱 →

(平成 25 年度 大阪大学 理学研究科)

13 酸化反応

問題を解くためのキーポイント

ポイント1 アルキルベンゼンの酸化反応

ベンジル位に水素原子をもつ**アルキルベンゼン**は，$KMnO_4$ 水溶液や $K_2Cr_2O_7$ の硫酸水溶液により**安息香酸**に酸化される．

ポイント2 アルケンの酸化的二重結合切断反応1

◆ $KMnO_4$ 酸化反応

アルケンを $KMnO_4$ の水溶液で穏やかに酸化すると，*cis*-1,2-ジオールを生じる．1,2-ジオールを $KMnO_4$ 水溶液や $NaIO_4$ 水溶液で酸化すると，2当量のケトンやアルデヒドを生じる．

ポイント3 アルケンの酸化的二重結合切断反応2

◆ オゾン酸化反応

アルケンに低温でオゾンを作用させると**オゾニド**を生じ，これを亜鉛と水，あるいは Ph_3P で還元すると，2当量のケトンやアルデヒドを生じる．

環状アルケンであるシクロヘキセンに低温でオゾンを作用させて生じたオゾニドを，亜鉛と水で還元すると，**ジアルデヒド**を生じる．このオゾニドを過酸化水素水で酸化処理すると，**ジカルボン酸**となる．

ポイント 4 アルケンの1,2-ジオールへの酸化反応

シクロヘキセンのギ酸溶液に過酸化水素水を作用させると，**エポキシド**を経て，*trans*-シクロヘキサン-1,2-ジオールのラセミ体を生じる．

一方，シクロヘキセンに KMnO$_4$ 水溶液，あるいは OsO$_4$ を作用させると，*cis*-シクロヘキサン-1,2-ジオールを生じる．

シクロヘキセンに *m*CPBA を作用させると，エポキシドを生じる．

ポイント 5 アルコールの酸化反応

◆ Jones 酸化反応

第一級アルコールや第二級アルコールのアセトン溶液に CrO$_3$ と希硫酸を作用させると，カルボン酸やケトンを生じる．

◆ Sarett 酸化反応

第一級アルコールや第二級アルコールのクロロホルム溶液に **CrO$_3$・ピリジン錯体**を作用させると，アルデヒドやケトンを生じる．

$$R-CH_2OH \xrightarrow[CHCl_3]{CrO_3 \cdot ピリジン} R-CH=O$$

$$\underset{R}{\overset{R}{>}}CH-OH \xrightarrow[CHCl_3]{CrO_3 \cdot ピリジン} \underset{R}{\overset{R}{>}}C=O$$

◆ PCC 酸化反応

第一級アルコールや第二級アルコールのクロロホルム溶液に**ピリジニウムクロロクロメート錯体**（**PCC**：PyH$^+$ CrO$_3$Cl$^-$）を作用させると，アルデヒドやケトンを生じる．

$$R-CH_2OH \xrightarrow[CHCl_3]{PyH^{\oplus}CrO_3Cl^{\ominus}(PCC)} R-CH=O$$

$$\underset{R}{\overset{R}{>}}CH-OH \xrightarrow[CHCl_3]{PyH^{\oplus}CrO_3Cl^{\ominus}(PCC)} \underset{R}{\overset{R}{>}}C=O$$

◆ MnO$_2$ 酸化反応

ベンジル系アルコールやアリル系アルコールを，対応する芳香族あるいは共役系アルデヒドやケトンに酸化する．

$$PhCH_2OH \xrightarrow[CHCl_3]{MnO_2} PhCH=O$$

$$\underset{CH_2-OH}{R-CH=CH} \xrightarrow[CHCl_3]{MnO_2} \underset{CH=O}{R-CH=CH}$$

演習問題

ヒント
アルデヒド，カルボン酸，あるいはケトンへの酸化反応を考える．

問 13.1 ★★☆☆

次に示した反応(a)〜(k)における主生成物を構造式で示しなさい．

(a) CH$_3$(CH$_2$)$_4$CH$_2$OH $\xrightarrow[K_2Cr_2O_7]{aq.H_2SO_4}$

(b) CH$_3$(CH$_2$)$_3$CH(OH)CH$_3$ $\xrightarrow[K_2Cr_2O_7]{aq.H_2SO_4}$

(c) CH$_3$(CH$_2$)$_4$CH$_2$OH $\xrightarrow[アセトン]{CrO_3, aq.H_2SO_4}$

(d) CH$_3$(CH$_2$)$_3$CH(OH)CH$_3$ $\xrightarrow[アセトン]{CrO_3, aq.H_2SO_4}$

(e) CH$_2$=CH(CH$_2$)$_3$OH $\xrightarrow[CHCl_3]{CrO_3 \cdot ピリジン}$

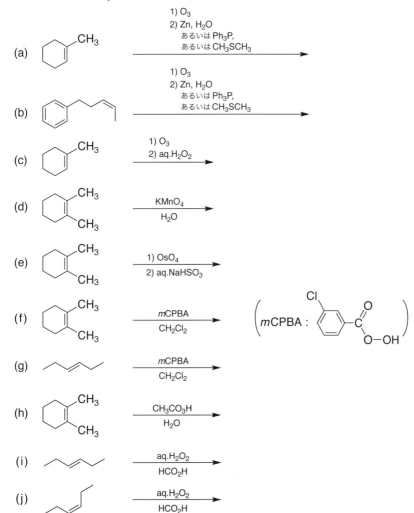

問 13.2 ★★☆☆

次に示した反応(a)〜(j)における主生成物を構造式で示しなさい.

ヒント: (a), (b)および(c)はアルケンのオゾン酸化反応. (d)および(e)はアルケンのジオール化反応. (f)および(g)はアルケンのエポキシド化反応. (h), (i)および(j)はアルケンのジオール化反応.

問 13.3 ★★★☆

次に示した反応(a)〜(i)における主生成物を構造式で示しなさい．

(a) cis-9,10-デカリンジオール + Pb(OAc)$_4$ / CH$_2$Cl$_2$ →

(b) trans-9,10-デカリンジオール + Pb(OAc)$_4$ / CH$_2$Cl$_2$ →

(c) trans-9,10-デカリンジオール + NaIO$_4$ / H$_2$O →

(d) 4-CH$_3$O-C$_6$H$_4$-CH$_2$CH$_2$CH$_2$-SH + I$_2$, ピリジン / CHCl$_3$ →

(e) 4-(tert-ブチル)トルエン + KMnO$_4$ / H$_2$O →

(f) CH$_3$S-CH$_2$-CH=CH-CH$_2$CH$_2$-OH + (COCl)$_2$, DMSO, Et$_3$N / CH$_2$Cl$_2$ →

(g) CH$_3$O-CH$_2$-CH=CH-CH$_2$CH$_2$-OH + Dess-Martin ペルヨージナン (DMP) / CH$_2$Cl$_2$ →

(h) CH$_3$S-CH$_2$-CH=CH-CH$_2$CH$_2$-OH + TEMPO (触媒量), PhI(OAc)$_2$ / CH$_2$Cl$_2$ →

(i) 1,4-ジメトキシナフタレン + Ce(NH$_4$)$_2$(NO$_3$)$_6$ (CAN) / H$_2$O, アセトニトリル →

ヒント

(a) および (b) は有機溶媒中での 1,2-ジオールの酸化反応．(c) は 1,2-ジオールの水中での酸化反応．(d) はチオールの酸化反応．(e) はベンジル位の酸化反応．(f) は Swern 酸化反応．(g) は Dess-Martin 酸化反応．(h) は TEMPO 触媒による DIB [PhI(OAc)$_2$] 酸化反応．(i) は 1,4-ジメトキシベンゼンの酸化反応．

大学院入試問題に挑戦

問 13.4 ★★☆☆

次に示した反応(1)～(3)の主生成物を構造式で示しなさい．

(1) 1-メチルシクロヘキセン → 1) O₃ / 2) Me₂S → □

（平成29年度 東京大学 工学系研究科）

(2) 1-メチルシクロヘキサノール → H₂SO₄, H₂O, 加熱 → □ → 1) O₃ / 2) Zn, H₃O⁺ → □

（平成30年度 東北大学 理学研究科）

(3) (Z)-β-メチルスチレン → m-クロロ過安息香酸 → □

（平成24年度 京都大学 理学研究科）

問 13.5 ★★★☆

以下の化合物に関する問(1)，(2)に答えなさい．

$(CH_3)_2CDOH$ $(CH_3)_2CHOH$
A   **B**

(1) 化合物 **A**，**B** を共通の化合物から合成する方法を答えなさい．ただし，おのおのに必要な反応剤を明記すること．
(2) 化合物 **A**，**B** をそれぞれ CrO_3 で酸化したときの反応速度比は $k_H/k_D = 7.7$ であった．この反応速度の違いからわかることを記しなさい．また反応機構を曲がった矢印を用いて説明しなさい．

（平成29年度 北海道大学 総合化学院）

問 13.6 ★★★☆

以下の反応式は (E)-2,5-ジメチル-3-ヘキセンのオゾン分解であり，化合物 **A** とジメチルスルホキシドが生じた．以下の問(1)～(4)に答えよ．

(E)-2,5-ジメチル-3-ヘキセン → 1) O₃ / 2) Me₂S → **A** + Me-S(=O)-Me

(1) 化合物 **A** の構造式を記せ．
(2) オゾンの構造式を記せ．
(3) 反応中間体であるモルオゾニドとオゾニドの構造式を記せ．
(4) 上記の反応機構を電子の移動を示す矢印を用いて記せ．

（平成28年度 京都大学 理学研究科）

14 還元反応

問題を解くためのキーポイント

ポイント1　カルボニル化合物の還元反応

$NaBH_4$ は穏やかな**還元剤**で，$LiAlH_4$ は**強力な還元剤**である．
$NaBH_4$ はアルデヒドやケトンとゆっくり反応して，対応する第一級アルコールや第二級アルコールを生じる．

$$R-CH=O \xrightarrow[\text{2) } H_3O^\oplus]{\text{1) } NaBH_4} R-CH_2OH$$
アルデヒド　　　　　　　　　　第一級アルコール

$$\underset{R}{\overset{R}{>}}C=O \xrightarrow[\text{2) } H_3O^\oplus]{\text{1) } NaBH_4} \underset{R}{\overset{R}{>}}CH-OH$$
ケトン　　　　　　　　　　　　第二級アルコール

$LiAlH_4$ はアルデヒドやケトンと速やかに反応して，対応する第一級アルコールや第二級アルコールを生じる．

$$R-CH=O \xrightarrow[\text{2) } H_3O^\oplus]{\text{1) } LiAlH_4} R-CH_2OH$$
アルデヒド　　　　　　　　　　第一級アルコール

$$\underset{R}{\overset{R}{>}}C=O \xrightarrow[\text{2) } H_3O^\oplus]{\text{1) } LiAlH_4} \underset{R}{\overset{R}{>}}CH-OH$$
ケトン　　　　　　　　　　　　第二級アルコール

$NaBH_4$ はエステルを還元しない．$LiAlH_4$ はエステルと速やかに反応して，対応する第一級アルコールを生じる．

$$R-\underset{OCH_3}{\overset{O}{\overset{\|}{C}}} \xrightarrow[\text{2) } H_3O^\oplus]{\text{1) } LiAlH_4} R-CH_2OH$$
エステル　　　　　　　　　　　第一級アルコール

$LiAlH_4$ は第一級アミドやニトリルと反応して，対応する第一級アミンを生じる．

$$R-\underset{NH_2}{\overset{O}{\overset{\|}{C}}} \xrightarrow[\text{2) } H_3O^\oplus]{\text{1) } LiAlH_4} R-CH_2NH_2$$
第一級アミド　　　　　　　　　第一級アミン

$$R-C\equiv N \xrightarrow[\text{2) } H_3O^\oplus]{\text{1) } LiAlH_4} R-CH_2NH_2$$
ニトリル

低温でエステルに 1 当量の ^{i}Bu$_2$AlH を作用させると，対応するアルデヒドを生じる．また，エステルに 2 当量の ^{i}Bu$_2$AlH を作用させると，第一級アルコールを生じる．

$$R-C(=O)-OCH_3 \xrightarrow[2)\ H_3O^\oplus]{1)\ ^iBu_2AlH\ (1\ 当量),\ -78\ ^\circ C} R-CH=O$$
エステル　　　　　　　　　　　　　　　　　　アルデヒド

$$R-C(=O)-OCH_3 \xrightarrow[2)\ H_2O]{1)\ ^iBu_2AlH\ (2\ 当量)} R-CH_2OH$$
　　　　　　　　　　　　　　　　　　　　　第一級アルコール

ケトン基のメチレンへの還元反応

◆ Clemmensen 還元反応

Zn-Hg（アマルガム）と塩酸で還元する．酸性条件下で，主に芳香族ケトンのカルボニル基をメチレン基($-CH_2-$)に還元する．

$$Ar-C(=O)-R \xrightarrow{Zn\text{-}Hg,\ HCl} Ar-CH_2R$$

◆ Wolff-Kishner 還元反応

NH_2NH_2 と KOH のエチレングリコール溶液を加熱して還元する．塩基性条件下で，芳香族ケトンのカルボニル基をメチレン基に還元する．

$$Ar-C(=O)-R \xrightarrow[エチレングリコール]{KOH,\ NH_2NH_2} Ar-CH_2R$$

◆ Raney-Ni 還元反応

ケトンをジチオアセタールに変換してから，Raney-Ni で還元する．カルボニル基を事前に BF_3 とチオールでジチオアセタールに誘導してから，そのエタノール溶液を Raney-Ni 存在下で加熱してメチレン基に還元する．

$$R-C(=O)-R \xrightarrow{BF_3,\ HS(CH_2)_2SH} \underset{ジチオアセタール}{\begin{array}{c}R\ \ S\\ \diagup\diagdown\\ R\ \ S\end{array}} \xrightarrow[エタノール]{Raney\text{-}Ni} R-CH_2R$$

アルケンやアルキンの還元反応

◆ 接触水素化反応

アルケンやアルキンの炭素-炭素多重結合は，水素雰囲気下で Pd-C 触媒を用いることにより，接触還元されてアルカンを生じる．エステル，アミド，ケトンなどの官能基は還元されない．還元は水素の cis-付加体を生じる．

$$\underset{アルケン}{R_2C=CR_2} \xrightarrow{H_2,\ Pd\text{-}C} \underset{アルカン}{R_2CH-CHR_2}$$

$$\underset{アルキン}{R-C\equiv C-R} \xrightarrow{H_2,\ Pd\text{-}C} RCH_2-CH_2R$$

パラジウムの活性を下げた Pd-CaCO₃-PbO（Lindlar触媒）や Pd-BaSO₄ 触媒の存在下，水素雰囲気下でアルキンを還元すると，*cis*-アルケンとなる．

$$R-C\equiv C-R \xrightarrow[\text{あるいは} \atop H_2, Pd-BaSO_4]{H_2 \atop Pd-CaCO_3-PbO} \underset{\text{cis-アルケン}}{\overset{R\quad R}{\underset{H\quad H}{\diagup\!\!\!=\!\!\!\diagdown}}}$$

金属 Li や LiAlH₄ は強力な還元剤なので，アルキンを多段階反応で *trans*-アルケンに還元する．

$$R-C\equiv C-R \xrightarrow{Li \text{ あるいは } LiAlH_4} \underset{\text{trans-アルケン}}{\overset{R\quad H}{\underset{H\quad R}{\diagup\!\!\!=\!\!\!\diagdown}}}$$

ポイント 4　ベンゼン環の1,4-シクロヘキサジエンへの還元反応

◆ Birch 還元反応

液体アンモニア中，少量の *t*BuOH 存在下でベンゼンを金属 Li で還元すると，1,4-シクロヘキサジエンを生じる．
アニソールの還元反応は遅く，メトキシ基付け根の炭素は還元されず，1-メトキシ-1,4-シクロヘキサジエンを生じる．

他方，**安息香酸**の還元反応は速く，カルボキシ基付け根が還元された **2,5-シクロヘキサジエン-1-カルボン酸**を生じる．

演習問題

ヒント
NaBH₄ は穏やかな還元剤で，LiAlH₄ は強力な還元剤．

□□ 問 14.1　★★☆☆

次に示した反応(a)～(g)における主生成物を構造式で示しなさい．

(a) シクロヘキサノン　$\xrightarrow[2)\ H_3O^\oplus]{1)\ NaBH_4,\ THF}$

(b) シクロヘキサノン　$\xrightarrow[2)\ H_3O^\oplus]{1)\ LiAlH_4,\ THF}$

(c) 安息香酸メチル　$\xrightarrow[2)\ H_3O^\oplus]{1)\ NaBH_4,\ THF}$

(d) PhC(=O)OCH₃　1) LiAlH₄, THF　2) H₃O⁺　→

(e) CH₂=CHCH₂CH₂CHO　1) NaBH₄, THF　2) H₃O⁺　→

(f) CH₂=CHCH₂CH₂CHO　1) LiAlH₄, THF　2) H₃O⁺　→

(g) 1-メチルシクロヘキセン　H₂, Pd-C　→

問 14.2 ★★☆☆

次に示した反応(a)〜(e)における主生成物を構造式で示しなさい．

ヒント: NaBD₄ は穏やかな還元剤で，LiAlD₄ は強力な還元剤．

(a) シクロヘキサノン　1) LiAlD₄, THF　2) H₃O⁺　→

(b) CH₂=CHCH₂CH₂CHO　1) LiAlD₄, THF　2) H₃O⁺　→

(c) CH₂=CHCH₂CH₂CHO　1) NaBD₄, THF　2) H₃O⁺　→

(d) PhC(=O)OCH₃　1) LiAlD₄, THF　2) H₃O⁺　→

(e) CH₃O-C(=O)-(CH₂)₆-C(=O)-CH₂CH₃　1) NaBD₄, THF　2) H₃O⁺　→

問 14.3 ★★☆☆

次に示した反応(a)〜(l)における主生成物を構造式で示しなさい．

ヒント: (a) および (b) では，NaBH₄ や LiAlH₄ はカルボニル基の還元剤．(c) で Pd-C による接触還元は一段階反応．(d) および (g) で，Pd-CaCO₃-PbO (Lindlar 触媒) や Pd-BaSO₄ は触媒活性を下げた還元剤．(e), (f) および (h) では，金属 Li や LiAlH₄ はアルキンを多段階反応で還元する．(i), (j), (k) および (l) で LiAlH₄ は強力な還元剤．

(a) シクロヘキセノン　1) NaBH₄, THF　2) H₃O⁺　→

(b) シクロヘキセノン　1) LiAlH₄, THF　2) H₃O⁺　→

(c) 1,2-ジメチルシクロヘキセン　D₂, Pd-C　→

(d) C₂H₅−C≡C−C₂H₅　H₂, Pd-CaCO₃-PbO　→

(e) C₂H₅−C≡C−C₂H₅　Li, liq.NH₃　→

(f) CH₃−C≡C−C₂H₅　Li, liq.NH₃　→

(g) CH₃—≡—C₂H₅ → H₂, Pd-BaSO₄ / あるいは H₂, Pd-CaCO₃-PbO

(h) C₂H₅—≡—C₂H₅ → LiAlH₄ / THF

(i) CH₃CH₂C(=O)NH₂ → 1) LiAlH₄, THF 2) H₂O

(j) CH₃CH₂C(=O)NHCH₃ → 1) LiAlH₄, THF 2) H₂O

(k) CH₃CH₂C(=O)N(CH₃)₂ → 1) LiAlH₄, THF 2) H₂O

(l) CH₃CH₂CN → 1) LiAlH₄, THF 2) H₂O

問 14.4 ★★★☆

ヒント
(a)〜(d)では、^{i}Bu₂AlH はアルデヒド、ケトンおよびエステルを還元. (e)および(f)は酸化還元反応. (g)〜(j)はベンゼン環の還元反応. (k)〜(m)はケトンの還元反応.

次に示した反応(a)〜(m)における主生成物を構造式で示しなさい.

(a) CH₂=CHCH₂CH₂CHO → 1) ^{i}Bu₂AlH, THF 2) H₃O⁺

(b) CH₂=CHCH₂CH₂C(=O)CH₃ → 1) ^{i}Bu₂AlH, THF 2) H₃O⁺

(c) CH₂=CHCH₂CH₂CH₂CO₂CH₃ → 1) ^{i}Bu₂AlH (1当量), THF, −78 °C 2) H₃O⁺

(d) CH₂=CHCH₂CH₂CH₂CO₂CH₃ → 1) ^{i}Bu₂AlH (2当量), THF 2) H₃O⁺

(e) CH₃-C₆H₄-CHO → 1) aq.KOH 2) H₃O⁺

(f) C₆H₅-CHO → 1) aq.KOH, CH₂=O 2) H₃O⁺

(g) C₆H₅-OCH₃ → Li, ^{t}BuOH (少量) / liq.NH₃

(h) C₆H₅-CO₂H → 1) Li, ^{t}BuOH (少量) / liq.NH₃ 2) H₃O⁺

(i) 1-メトキシナフタレン → Li, ^{t}BuOH (少量) / liq.NH₃

14 還元反応

(j) ナフタレン-1-カルボン酸 → 1) Li, ⁱBuOH（少量）, liq.NH₃ 2) H₃O⁺

(k) アセトフェノン → NH₂NH₂, KOH, エチレングリコール, 加熱

(l) アセトフェノン → 1) H₂SO₄, C₂H₅SH（触媒） 2) Raney-Ni, エタノール, 加熱

(m) 4,4a,5,6,7,8-ヘキサヒドロナフタレン-1(2H)-オン → Zn-Hg, aq.HCl

問 14.5 ★★★★

次に示した反応(a)～(f)における主生成物を構造式で示しなさい．

ヒント 還元的 C–N 結合形成反応である．

(a) CH₃CH₂CH₂CH₂NH₂ → CH₂=O, HCO₂H, 加熱

(b) CH₃CH₂CH₂CH₂NH₂ → C₆H₅CH=O, CH₃CO₂H（少量）, NaBH₃CN, CH₃OH

(c) CH₃CH₂CH₂NH₂ → CH₃CHO, CH₃CO₂H（少量）, NaBH₃CN, CH₃OH

(d) CH₃CH₂CH₂NH₂ → アセトン, CH₃CO₂H（少量）, NaBH₃CN, CH₃OH

(e) (CH₃CH₂CH₂)₂NH → CH₃CH₂CH₂CHO, CH₃CO₂H（少量）, NaBH₃CN, CH₃OH

(f) CH₃CH₂CH₂CH₂CHO → NH₄Cl, NaBH₃CN, CH₃OH

大学院入試問題に挑戦

問 14.6 ★★★☆

次に示した反応で，(1)～(6)および(8)と(9)は主生成物の構造式を，(7)は用いる試薬を示しなさい．

(1) 1,2-ジデューテロシクロヘキセン → H₂, PtO₂, CH₃CO₂H →

（平成 31 年度 東北大学 理学研究科）

(2) PhCOCH$_2$CH$_2$CH$_3$ $\xrightarrow{\text{Zn(Hg)} \atop \text{HCl}}$ ☐

(平成29年度 東京大学 工学系研究科)

(3) CH$_3$CH$_2$–C≡C–CH$_2$CH$_3$ $\xrightarrow{\text{Na, NH}_3\text{(liq.)}}$ ☐

(平成16年度 京都大学 理学研究科)

(4) Ph–C(=O)–N(H)–Me $\xrightarrow{\text{LiAlH}_4 \atop \text{Et}_2\text{O}}$ ☐

(平成20年度 京都大学 理学研究科)

(5) 2-(methoxycarbonyl)cyclohexanone + HO–CH$_2$CH$_2$CH$_2$–OH $\xrightarrow{\text{H}^\oplus \text{(触媒)}}$ ☐ $\xrightarrow[\text{2) HCl/H}_2\text{O}]{\text{1) LiAlH}_4}$ ☐ + HO–CH$_2$CH$_2$CH$_2$–OH

(平成18年度 京都大学 理学研究科)

(6) PhCH$_2$CH$_2$–Br $\xrightarrow{\text{NaN}_3\text{, EtOH}}$ ☐ $\xrightarrow[\text{2) H}_2\text{O}]{\text{1) LiAlH}_4\text{, Et}_2\text{O}}$ ☐

(平成30年度 東北大学 理学研究科)

(7) C$_6$H$_5$–C≡C–CO$_2$H + H$_2$ $\xrightarrow{\text{☐}}$ (Z)-C$_6$H$_5$CH=CHCO$_2$H

(平成15年度 京都大学 理学研究科)

(8) C$_6$H$_5$–OCH$_3$ $\xrightarrow[\text{CH}_3\text{CH}_2\text{OH}]{\text{Na, NH}_3\text{(液体)}}$ ☐

(平成24年度 東京大学 理学系研究科)

(9) cyclohexyl–COCH$_3$ $\xrightarrow[\text{2) H}_2\text{O, HCl}]{\text{1) KCN}}$ ☐ $\xrightarrow[\text{2) H}_2\text{O}]{\text{1) LiAlH}_4}$ ☐

(平成27年度 東京大学 工学系研究科)

問題を解くためのキーポイント

分子間酸化還元反応

◆ Cannizzaro 反応

α-水素をもたないアルデヒドに，KOH あるいは NaOH 水溶液を作用させると，等量の**カルボン酸**と**アルコール**を生じる．

$$R-CH=O \xrightarrow[\text{2) } H_3O^\oplus]{\text{1) aq.KOH}} R-C(=O)OH,\ R-CH_2OH$$

アルデヒド（R：アリール基，第三級アルキル基）　カルボン酸　アルコール

芳香族アルデヒドに，ホルムアルデヒドを用いて KOH 水溶液を作用させると，**ベンジル系アルコール**と**ギ酸**を生じる．

$$Ar-CH=O \xrightarrow[\text{2) } H_3O^\oplus]{\substack{\text{1) } CH_2O \\ \text{aq.KOH}}} Ar-CH_2OH,\ HCO_2H$$

（Ar：アリール基）　　　　　　　　　　　　　ギ酸

炭素−炭素結合形成：縮合反応

◆ 交差アルドール縮合反応（Claisen-Schmidt 縮合反応）

芳香族アルデヒドとメチルケトンに KOH あるいは NaOH 水溶液を作用させると，**α,β-不飽和ケトン**を生じる．

$$Ar-CH=O + CH_3-\underset{O}{C}-R \xrightarrow{\text{aq.KOH}} Ar-CH=CH-\underset{O}{C}-R$$

メチルケトン　　　　　　　　　α,β-不飽和ケトン

◆ Claisen 縮合反応

α-水素が 2 つ以上あるカルボン酸エチルに EtONa を作用させると，**β-ケトエステル**を生じる．

$$2\ R-CH_2-CO_2C_2H_5 \xrightarrow[\text{2) } H_3O^\oplus]{\text{1) } C_2H_5ONa} R-CH_2-\underset{O}{C}-\underset{R}{CH}-CO_2C_2H_5$$

カルボン酸エチル　　　　　　　　　β-ケトエステル

◆ Dieckmann 縮合反応

α-水素が 2 つ以上あるジカルボン酸ジエチルに EtONa を作用させると，**環状β-ケトエステル**を生じる（分子内 Claisen 縮合反応）．

$$\text{ジカルボン酸ジエチル} \xrightarrow[\text{2) } H_3O^\oplus]{\text{1) } C_2H_5ONa} \text{環状}\beta\text{-ケトエステル}$$

◆ **Perkin 反応**

芳香族アルデヒドとカルボン酸無水物,およびカルボン酸塩の反応から**ケイ皮酸誘導体**を生じる.

$$Ar-CH=O + (RCH_2-CO)_2O \xrightarrow[\text{2) } H_2O]{\text{1) } RCH_2CO_2Na} Ar-CH=C\begin{smallmatrix}R\\CO_2H\end{smallmatrix}$$

カルボン酸無水物 → ケイ皮酸誘導体

◆ **Knoevenagel 縮合反応**

芳香族アルデヒドと活性メチレン化合物(マロン酸エステル,マロノニトリルなど)に<u>ピペリジン</u>のようなアミンを作用させると,縮合生成物を生じる.

$$Ar-CH=O + CH_2\begin{smallmatrix}Z\\Z\end{smallmatrix} \xrightarrow{\text{ピペリジン}} Ar-CH=C\begin{smallmatrix}Z\\Z\end{smallmatrix}$$

活性メチレン化合物 (Z: $-CO_2CH_3$, $-CN$, $-\underset{O}{\overset{\|}{C}}-R$)

◆ **Stobbe 縮合反応**

芳香族アルデヒドとコハク酸ジエチルに<u>EtONa</u>を作用させると,**α,β-不飽和エステルカルボン酸**(不飽和ジカルボン酸モノエステル)を生じる.

$$Ar-CH=O + \begin{smallmatrix}CH_2-CO_2C_2H_5\\|\\CH_2-CO_2C_2H_5\end{smallmatrix} \xrightarrow[\text{2) } H_3O^\oplus]{\text{1) } C_2H_5ONa} Ar-CH=C\begin{smallmatrix}CO_2C_2H_5\\CH_2-CO_2H\end{smallmatrix}$$

コハク酸ジエチル → α,β-不飽和エステルカルボン酸

◆ **Robinson 環化反応**

ケトンと α,β-不飽和ケトンに<u>KOH</u>あるいは<u>NaOH 水溶液</u>を作用させると,**2-シクロヘキセノン誘導体**を生じる.

シクロヘキサノン + $CH_2=CH-\underset{O}{\overset{\|}{C}}-CH_3$ $\xrightarrow{\text{aq.KOH}}$ 2-シクロヘキセノン誘導体

ケトン   α,β-不飽和ケトン

◆ **Michael 付加反応**

α,β-不飽和ケトンと活性メチレン化合物(マロン酸エステル,マロノニトリルなど)に<u>塩基</u>を作用させると,**付加体**を生じる.

$$CH_2=CH-\underset{O}{\overset{\|}{C}}-R + CH_2\begin{smallmatrix}Z\\Z\end{smallmatrix} \xrightarrow{\text{aq.KOH}} R-\underset{O}{\overset{\|}{C}}-CH_2-CH_2-CH\begin{smallmatrix}Z\\Z\end{smallmatrix}$$

(Z = $-CN$, $-CO_2CH_3$, $-\underset{O}{\overset{\|}{C}}-R$)

15 カルボニル化合物の反応

ポイント3 炭素−炭素結合形成反応：カルボン酸とメチルケトンの合成反応

◆ **マロン酸エステル合成反応**

ハロゲン化アルキルとマロン酸ジエチルに EtONa あるいは NaH を作用させると，α-アルキルマロン酸ジエチルとなり，これを希硫酸で加水分解して α,α-ジカルボン酸とし，加熱すると脱炭酸して**カルボン酸**を生じる．

$$R-Br + CH_2(CO_2C_2H_5)_2 \xrightarrow{C_2H_5ONa \text{ あるいは } NaH} R-CH(CO_2C_2H_5)_2 \xrightarrow{\text{希硫酸}}$$

ハロゲン化アルキル　　マロン酸ジエチル　　　　　　　　　　　α-アルキルマロン酸ジエチル

$$R-CH(CO_2H)_2 \xrightarrow{\text{加熱}} R-CH_2CO_2H$$

　　　　　　　α,α-ジカルボン酸　　　　　　　　カルボン酸

◆ **アセト酢酸エチル合成反応**

ハロゲン化アルキルとアセト酢酸エチルに EtONa あるいは NaH を作用させると，α-アルキルアセト酢酸エチルとなり，これを希硫酸で加水分解して β-ケトカルボン酸とし，加熱すると脱炭酸して**メチルケトン**を生じる．

$$R-Br + CH_3-\underset{O}{\underset{\|}{C}}-CH_2CO_2C_2H_5 \xrightarrow{C_2H_5ONa \text{ あるいは } NaH} CH_3-\underset{O}{\underset{\|}{C}}-\underset{R}{\underset{|}{CH}}-CO_2C_2H_5$$

　　　　　　　　　アセト酢酸エチル　　　　　　　　　　　　　　　α-アルキルアセト酢酸エチル

$$\xrightarrow{\text{希硫酸}} CH_3-\underset{O}{\underset{\|}{C}}-\underset{R}{\underset{|}{CH}}-CO_2H \xrightarrow{\text{加熱}} CH_3-\underset{O}{\underset{\|}{C}}-CH_2R$$

　　　　　　　　　β-ケトカルボン酸　　　　　　　　　　メチルケトン

ポイント4 炭素−炭素二重結合形成反応

◆ **Wittig 反応**

アルデヒドやケトンに**トリフェニルホスホニウムイリド**（$Ph_3P=CH-R'$）を作用させると，リンイリドと反応してアルケンを生じる．

$$R-CH=O + Ph_3P=CH-R' \longrightarrow R-CH=CH-R' \quad (Ph_3PO)$$

　　　　　　　　　　トリフェニル　　　　　　　　　　アルケン
　　　　　　　　　　ホスホニウムイリド

◆ **Horner-Wadsworth-Emmons 反応**

アルデヒドやケトンとホスホン酸ジエチルに NaH などの塩基を作用させると，アルケンを生じる．α,β-不飽和エステルや α,β-不飽和ケトンの合成によい．

$$R-CH=O + (EtO)_2\underset{O}{\overset{\|}{P}}-CH_2-CO_2C_2H_5 \xrightarrow{NaH} R-CH=CH-CO_2C_2H_5$$
$$[(EtO)_2PO_2^{\ominus}]$$

　　　　　　　　　　　　ホスホン酸ジエチル

ポイント5 1,2-付加反応と1,4-付加反応

2-シクロヘキセノンを $LiAlH_4$ で還元すると，1,2-還元が生じて **2-シクロヘキセン-1-オール**となる．

2-シクロヘキセノンに LiAlH₄ を作用させると，1,2-還元が生じて 2-シクロヘキセン-1-オールとなる．

2-シクロヘキセノン → 2-シクロヘキセン-1-オール
試薬: 1) LiAlH₄ 2) H₃O⊕

2-シクロヘキセノンに RLi あるいは RMgX を作用させると，1,2-付加が生じて **1-アルキル-2-シクロヘキセン-1-オール**となる．

試薬: 1) RLi 2) H₃O⊕
生成物: 1-アルキル-2-シクロヘキセン-1-オール

2-シクロヘキセノンに R₂CuLi を作用させると，1,4-付加が生じて **3-アルキルシクロヘキサノン**となる．

試薬: 1) R₂CuLi 2) H₃O⊕
生成物: 3-アルキルシクロヘキサノン

演習問題

問 15.1 ★★☆☆

次に示した反応(a)〜(j)における主生成物を構造式で示しなさい．

ヒント
(a)〜(g)は最初にα-水素の引き抜きが生じる．(h)と(i)は炭素−炭素二重結合の形成．(j)の金属 Na は 1 電子還元剤．

(a) C₆H₅CH=O + CH₃–CO–C(CH₃)₃ →(aq.NaOH)

(b) CH₃CH₂CH=O →(1) LDA, −78 ℃ 2) アセトン 3) H₃O⊕)

(c) (CH₂)₅(CO₂C₂H₅)₂ →(1) C₂H₅ONa 2) CH₃I)

(d) CH₃–C₆H₄–CH=O →(C₂H₅ONa, CH₂(CO₂C₂H₅)₂)

(e) CH₃–C₆H₄–CH=O →(シクロペンタジエン, C₂H₅ONa)

(f) CH₃–CO–CH₂CH₂CH₂–CO–CH₃ →(aq.KOH)

(g) (CH₃)₃C-CH=O　→(aq.NaOH, アセトン)

(h) 3-(CH₃O₂C)C₆H₄-CH=O　→(Ph₃P=CHCH₃)

(i) 3-(CH₃O₂C)C₆H₄-CH=O　→(NaH, (C₂H₅O)₂P(=O)-CH₂CO₂C₂H₅)

(j) CH₃O₂C-(CH₂)₃-CO₂CH₃　→(1) Na(過剰) 2) H₃O⁺)

問 15.2 ★★☆☆

次に示した2-シクロヘキセノンとの反応における主生成物 **A ～ C** を構造式で示しなさい．

ヒント：1,2-付加反応か，1,4-付加反応かを考える．

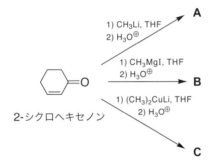

問 15.3 ★★☆☆

次に示したシクロヘキサノンとの種々の反応における主生成物 **A ～ O** を構造式で示しなさい．

ヒント：**A** は酸化反応生成物．**B** は縮合反応生成物．**C** はメチル化および加水分解反応生成物．**D** は Grignard 反応生成物．**E** は脱水反応生成物．**F** は還元反応生成物．**G** は臭素化反応生成物．**H** は縮合反応生成物．**I** は転位反応生成物．**J** はカップリング反応生成物．**K** は転位反応生成物．**L** は縮合反応生成物．**M** は炭素−炭素結合した生成物．**N** と **O** は結果的に水の付加した化合物．

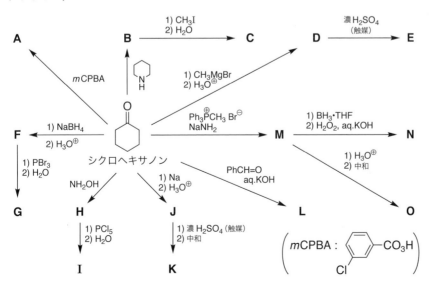

(mCPBA : 3-Cl-C₆H₄-CO₃H)

問 15.4 ★★☆☆

次に示したプロピオン酸から，化合物 A〜F の合理的な合成法を示しなさい．用いる試薬を明記すること．

ヒント: カルボン酸塩化物にすれば，いろんなカルボン酸誘導体に誘導可能である．

プロピオン酸 →
- A: $CH_3CH_2C(=O)OCH_2CH_3$
- B: $CH_3CH_2C(=O)NH_2$
- C: $CH_3CH_2C(=O)NHCH_3$
- D: $CH_3CH_2C(=O)N(C_2H_5)_2$
- E: $CH_3CH_2C(=O)-O-C(=O)CH_3$
- F: CH_3CH_2-CN

問 15.5 ★★★☆

次に示した (S)-sec-ブチルフェニルケトンに 1 M NaOH 水溶液を作用させると，徐々に光学活性は失われる．また，(S)-sec-ブチルフェニルケトンに 1 M 硫酸水溶液を作用させても，光学活性は徐々に失われる．これらの理由を反応式で示しなさい．

ヒント: ケトンは α-水素が引抜かれるか，エノールを形成するかである．

(S)-sec-ブチルフェニルケトン —(1 M NaOH 水溶液 あるいは 1 M H₂SO₄ 水溶液)→ ラセミ混合物

問 15.6 ★★★☆

次に示した 1-ブタノールから，化合物 A〜F の合理的な合成法を示しなさい．用いる試薬を明記すること．

ヒント: 炭素数保持か，C_1 増炭か，C_1 減炭か，炭素-炭素結合形成か，そして縮合反応かを見きわめる．

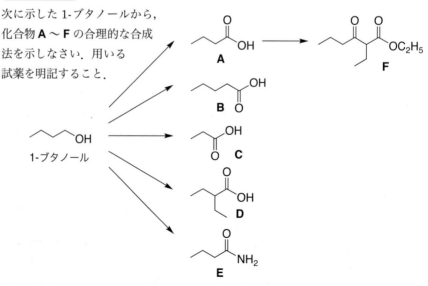

1-ブタノール →
- A: $CH_3CH_2CH_2COOH$ → F: エチル 2-エチル-3-オキソヘキサノアート
- B: $CH_3CH_2CH_2CH_2COOH$
- C: CH_3CH_2COOH
- D: 2-エチルブタン酸
- E: $CH_3CH_2CH_2C(=O)NH_2$

問 15.7 ★★★☆

次に示した p-bromotoluene 由来の Grignard 試薬を用いた種々の反応における主生成物 **A〜O** を構造式で示しなさい.

ヒント: Grignard 試薬 (RMgX) の広範囲な用途を示している.

CH_3-C$_6$H$_4$-Br →(Mg, THF)→ CH_3-C$_6$H$_4$-MgBr

- H_2O → **A**
- D_2O → **B**
- 1) CO_2 2) $H_3O^{\oplus}$ → **C**
- 1) CH_2O 2) $H_3O^{\oplus}$ → **D**
- 1) エチレンオキシド 2) $H_3O^{\oplus}$ → **E**
- 1) $C_2H_5CH=O$ 2) $H_3O^{\oplus}$ → **F**
- 1) アセトン 2) $H_3O^{\oplus}$ → **G**
- 1) $HCO_2C_2H_5$ (半当量) 2) $H_3O^{\oplus}$ → **H**
- 1) $CH_3CO_2C_2H_5$ (半当量) 2) $H_3O^{\oplus}$ → **I**
- 1) $(C_2H_5O)_2C=O$ ($\frac{1}{3}$ 当量) 2) $H_3O^{\oplus}$ → **J**
- 1) CH_3CN 2) $H_3O^{\oplus}$ → **K**
- TEMPO (>N-O•) → **L**
- 1) DMF 2) $H_3O^{\oplus}$ → **M**
- 1) O_2 2) $H_3O^{\oplus}$ → **N**
- 1) $\frac{1}{8}S_8$ 2) $H_3O^{\oplus}$ → **O**

問 15.8 ★★★☆

次に示した反応 (a)〜(d) において，原料から同位体を含む安息香酸メチルエステルの合理的な合成法を示しなさい．なお，同位体源として $H_2^{18}O$，$CH_3^{18}OH$，あるいは $^{13}CO_2$ を用いなさい．

ヒント: (a)〜(c) は Fischer エステル合成反応 (p.40 参照) を用いる. (d) は Grignard 反応 (p.33 参照) を用いる.

(a) PhC(=O)OH → PhC(=●)OCH$_3$ (●: ^{18}O)

(b) PhC(=O)OH → PhC(=O)O(●)CH$_3$

(c) PhCOOH → PhC(=O)–¹³CH₃ (●CH₃ 標識)

(d) ベンゼン → Ph–¹³C(=O)–OCH₃

問 15.9 ★★★☆

次に示した反応 (a) および (b) において，安息香酸と (R)-2-ブタノールから対応する安息香酸エステルの合理的な合成法を示しなさい．

ヒント
(a) はアルコールの立体を保持して，エステル化する．(b) はアルコールの立体を反転させてから，エステル化する．あるいは，アルコールの立体を反転させるエステル化反応を用いる．

(a) PhCOOH + (R)-2-ブタノール → 安息香酸 (R)-sec-ブチル

(b) PhCOOH + (R)-2-ブタノール → 安息香酸 (S)-sec-ブチル

問 15.10 ★★★☆

次に示した 3,5-ジメチルベンゾニトリルを用いた種々の反応における主生成物 A〜F を構造式で示しなさい．

ヒント
A および B は加水分解反応生成物．C および D は還元反応生成物．E は炭素−炭素結合形成化合物．F は環状化合物．

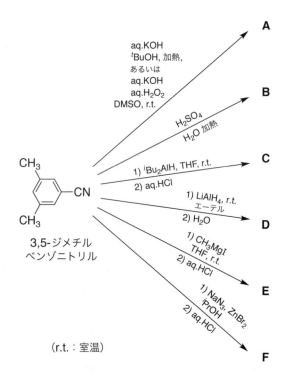

3,5-ジメチルベンゾニトリル

- → A : aq.KOH, ᵗBuOH, 加熱, あるいは aq.KOH, aq.H₂O₂, DMSO, r.t.
- → B : H₂SO₄, H₂O 加熱
- → C : 1) ⁱBu₂AlH, THF, r.t. 2) aq.HCl
- → D : 1) LiAlH₄, r.t. エーテル 2) H₂O
- → E : 1) CH₃MgI, THF, r.t. 2) aq.HCl
- → F : 1) NaN₃, ZnBr₂, PrOH 2) aq.HCl

(r.t.：室温)

15 カルボニル化合物の反応

大学院入試問題に挑戦

問 15.11 ★★★☆

次に示した反応(1)〜(13)の主生成物を構造式で示しなさい．

(1) 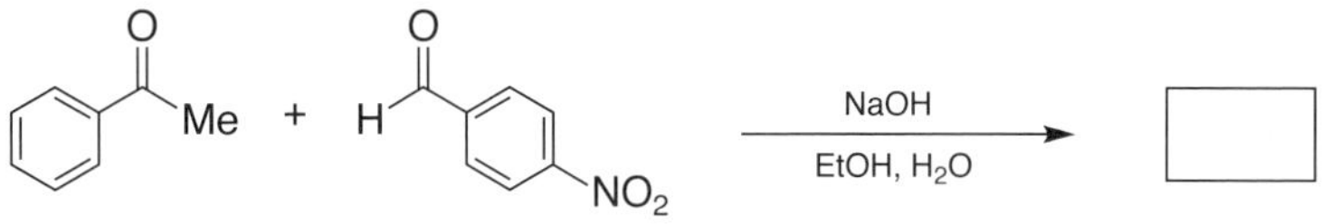 PhCOMe + 4-O₂N-C₆H₄-CHO →(NaOH, EtOH, H₂O)→ ☐

(平成29年度 東京大学 工学系研究科)

(2) 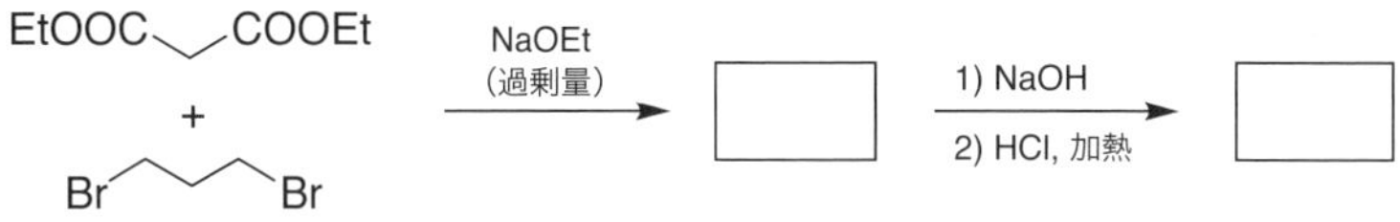 EtOOC-CH₂-COOEt + Br-CH₂CH₂CH₂-Br →(NaOEt 過剰量)→ ☐ →(1) NaOH, 2) HCl, 加熱)→ ☐

(平成29年度 東京大学 工学系研究科)

(3) 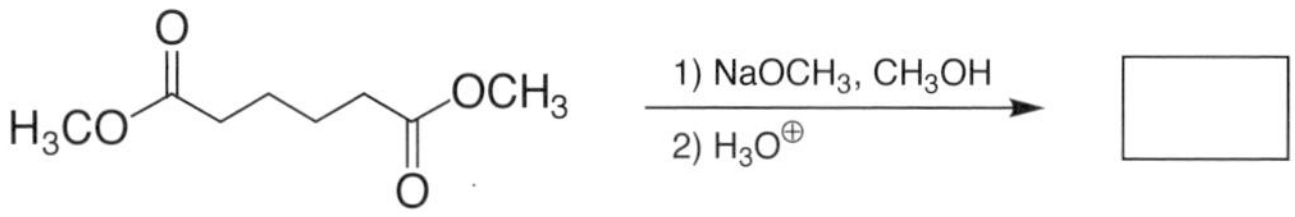 H₃CO-CO-(CH₂)₄-CO-OCH₃ →(1) NaOCH₃, CH₃OH, 2) H₃O⁺)→ ☐

(平成28年度 東京大学 工学系研究科)

(4) 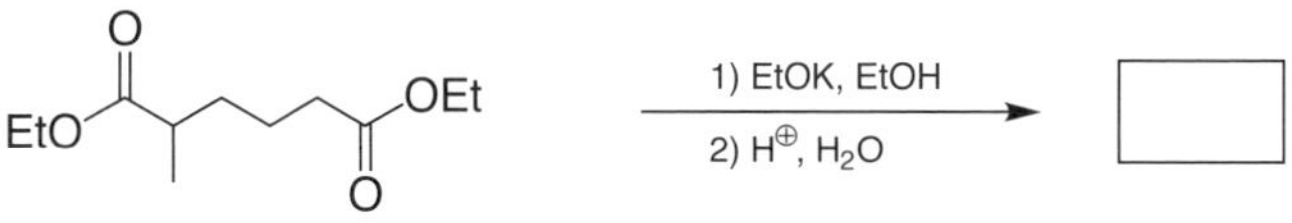 EtO-CO-CH(CH₃)-CH₂CH₂-CO-OEt →(1) EtOK, EtOH, 2) H⁺, H₂O)→ ☐

(平成27年度 東京大学 工学系研究科)

(5) 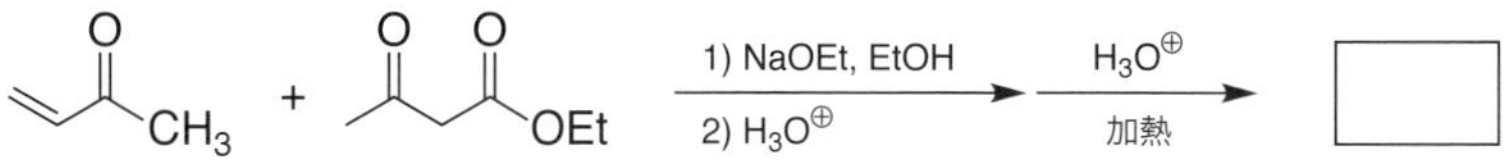 CH₂=CH-CO-CH₃ + CH₃-CO-CH₂-CO-OEt →(1) NaOEt, EtOH, 2) H₃O⁺)→ →(H₃O⁺, 加熱)→ ☐

(平成28年度 北海道大学 総合化学院)

(6) 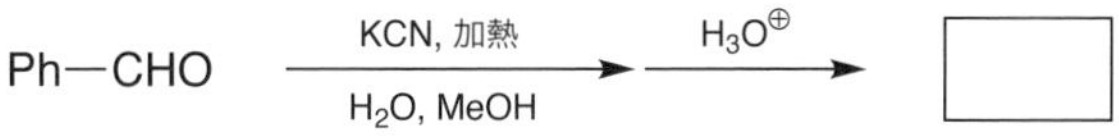 Ph–CHO →(KCN, 加熱, H₂O, MeOH)→ →(H₃O⁺)→ ☐

(平成20年度 京都大学 理学研究科)

(7) 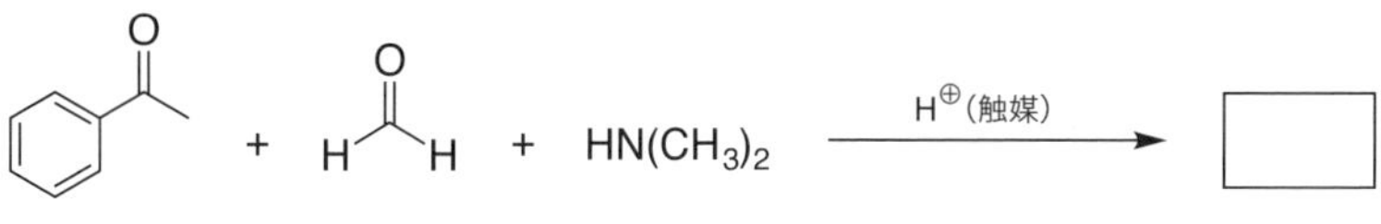 PhCOCH₃ + HCHO + HN(CH₃)₂ →(H⁺ (触媒))→ ☐

(平成18年度 京都大学 理学研究科)

(8) 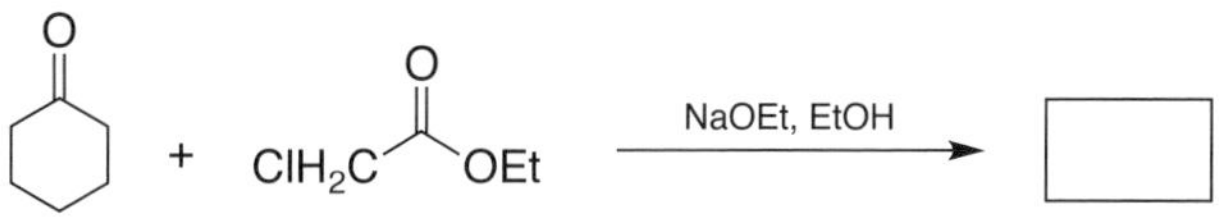 シクロヘキサノン + ClH₂C-CO-OEt →(NaOEt, EtOH)→ ☐

(平成30年度 東北大学 理学研究科)

(9) 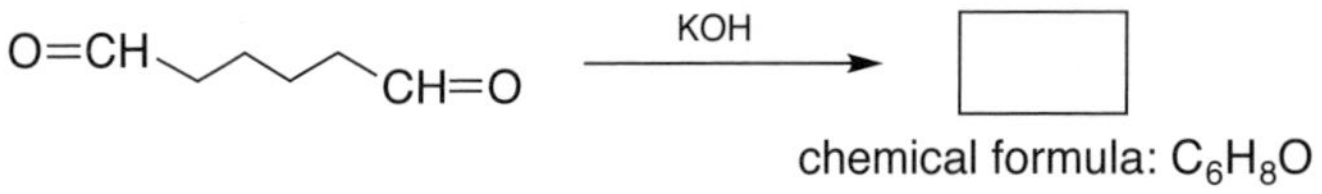 O=CH−(CH$_2$)$_3$−CH=O →[KOH] □ chemical formula: C$_6$H$_8$O

（平成 23 年度 大阪大学 理学研究科）

(10) 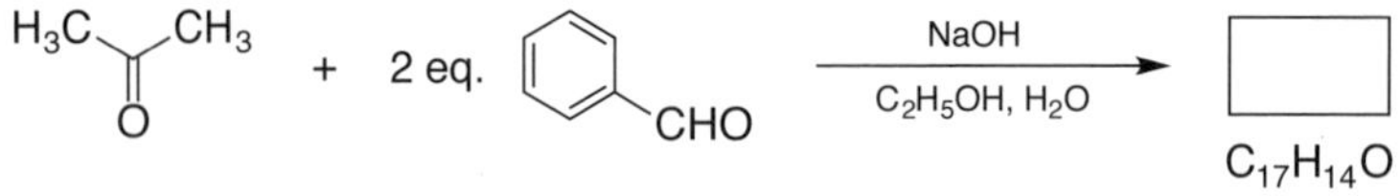 H$_3$C−CO−CH$_3$ + 2 eq. PhCHO →[NaOH, C$_2$H$_5$OH, H$_2$O] □ C$_{17}$H$_{14}$O

（平成 25 年度 大阪大学 理学研究科）

(11) 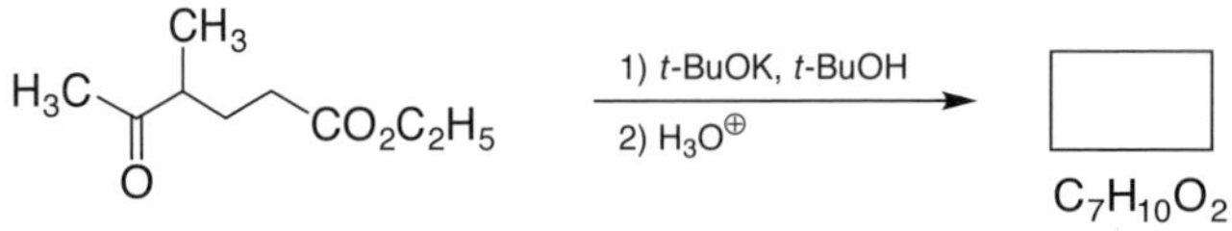 H$_3$C−CO−CH(CH$_3$)−CH$_2$−CH$_2$−CO$_2$C$_2$H$_5$ →[1) t-BuOK, t-BuOH; 2) H$_3$O$^+$] □ C$_7$H$_{10}$O$_2$

（平成 25 年度 大阪大学 理学研究科）

(12) 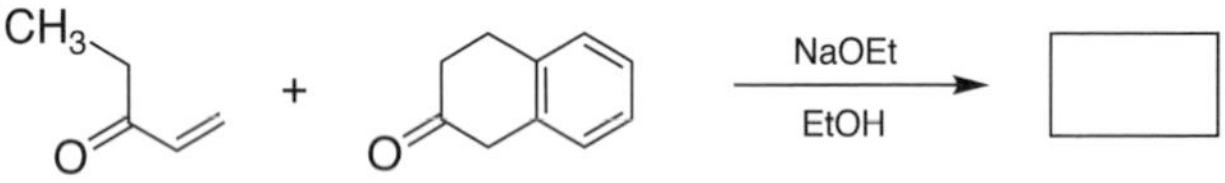 CH$_3$−CO−CH=CH$_2$ + β-tetralone →[NaOEt, EtOH] □

（平成 15 年度 京都大学 理学研究科）

(13) 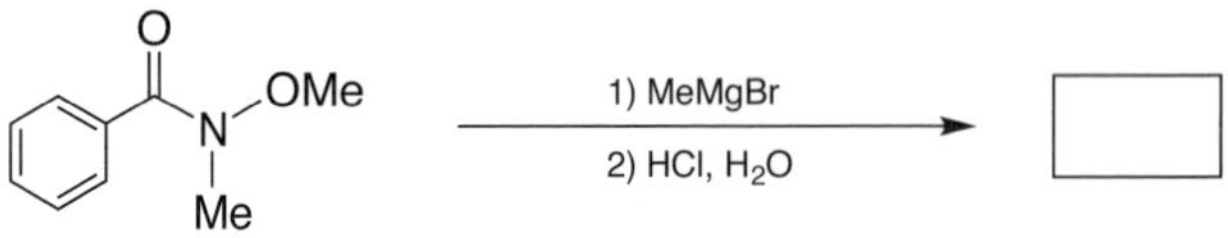 PhC(O)N(Me)(OMe) →[1) MeMgBr; 2) HCl, H$_2$O] □

（平成 27 年度 東京大学 工学系研究科）

☐☐ 問 15.12 ★★★☆

化合物 L と M の反応について，以下の問(1)，(2)に答えよ．

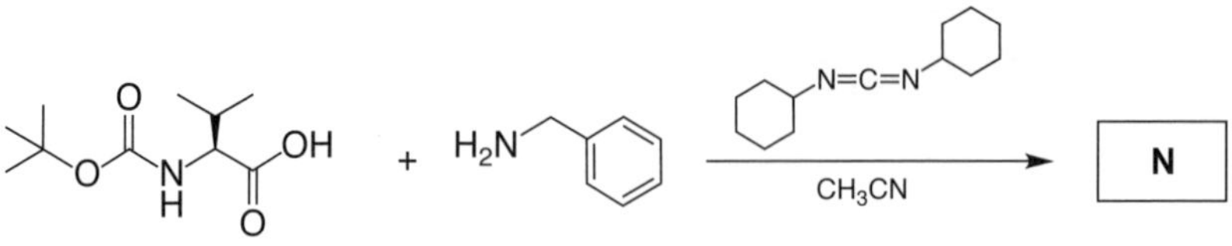

Boc-NH-CH(iPr)-COOH (L) + H$_2$N-CH$_2$-Ph (M) →[Cy−N=C=N−Cy, CH$_3$CN] N

(1) 化合物 N を構造式で示せ．
(2) この反応で生成する，試薬由来の副生成物の構造式を示せ．

（平成 25 年度 東京大学 理学系研究科）

16 芳香環の反応

問題を解くためのキーポイント

芳香族求電子置換反応（S$_E$Ar）

◆ **Friedel-Crafts アルキル化反応**

AlCl$_3$ 触媒存在下でベンゼン誘導体とハロゲン化アルキルの反応から**アルキルベンゼン誘導体**を生じる．メチル化，エチル化，イソプロピル化，t-ブチル化反応に適している．

$$\text{ArH} \xrightarrow{\text{RX, AlCl}_3} \text{Ar}-\text{R}$$

ベンゼン誘導体　　　　　　　　アルキルベンゼン誘導体

$\begin{bmatrix} \text{R : CH}_3\text{, C}_2\text{H}_5\text{, CH(CH}_3)_2\text{, C(CH}_3)_3 \\ \text{X : F, Cl, Br, I} \end{bmatrix}$

◆ **Friedel-Crafts アシル化反応**

AlCl$_3$ 触媒存在下でベンゼン誘導体とカルボン酸塩化物の反応から**芳香族ケトン**を生じる．

$$\text{ArH} \xrightarrow{\text{R}-\text{COCl, AlCl}_3} \text{Ar}-\text{CO}-\text{R}$$

芳香族ケトン

（R：アルキル基，アリール基）

◆ **Vilsmeier-Haack 反応**

ベンゼン誘導体に POCl$_3$ と DMF（N,N-ジメチルホルムアミド）を作用させて，生じた付加体を加水分解すると，芳香族アルデヒドを生じる．

$$\text{ArH} \xrightarrow[\text{2) H}_2\text{O}]{\text{1) POCl}_3\text{, DMF}} \text{Ar}-\text{CH}=\text{O}$$

芳香族アルデヒド

◆ **Bouveault アルデヒド合成反応**

芳香族 Li 塩あるいは Grignard 試薬と DMF との反応により生じた付加体を加水分解すると**芳香族アルデヒド**を生じる．

$$\text{ArBr} \xrightarrow[\substack{\text{2) DMF} \\ \text{3) H}_3\text{O}^\oplus}]{\text{1) }^n\text{BuLi}} \text{Ar}-\text{CH}=\text{O}$$

◆ **Kolbe-Schmitt 反応**

フェノールの Na 塩を二酸化炭素雰囲気下の高温高圧反応により，**サリチル酸**を生じる．

$$\text{R}-\text{C}_6\text{H}_4-\text{ONa} \xrightarrow[\text{2) H}_3\text{O}^\oplus]{\text{1) CO}_2\text{, 高温, 高圧}} \text{R}-\text{C}_6\text{H}_3(\text{OH})-\text{CO}_2\text{H}$$

サリチル酸

◆ Reimer-Tiemann 反応

フェノールのクロロホルム溶液に KOH あるいは NaOH 水溶液を作用させると，**サリチルアルデヒド**を生じる．

$$\text{R-C}_6\text{H}_4\text{-OH} \xrightarrow[\text{2) H}_3\text{O}^{\oplus}]{\text{1) aq.KOH, CHCl}_3} \text{R-C}_6\text{H}_3(\text{OH})(\text{CHO})$$

サリチルアルデヒド

ジアゾニウム塩の反応

◆ Schiemann 反応

アニリン誘導体($ArNH_2$)と $NaNO_2$ および塩酸の反応から生じた**ジアゾニウム塩**($ArN_2^+ Cl^-$)を $ArN_2^+ BF_4^-$ に誘導して加熱すると**芳香族フッ化物**(ArF)を生じる(式2a)．

◆ Sandmeyer 反応

アニリン誘導体($ArNH_2$)と $NaNO_2$ および塩酸の反応から生じた**ジアゾニウム塩**($ArN_2^+ Cl^-$)と CuX (X = Cl, Br, CN) の反応から**芳香族塩化物** (ArCl)，**芳香族臭化物** (ArBr)，**芳香族ニトリル**(ArCN)を生じる(式2b)．

◆ Griess 反応

アニリン誘導体($ArNH_2$)と $NaNO_2$ および塩酸の反応から生じた**ジアゾニウム塩**($ArN_2^+ Cl^-$)と KI の反応から**芳香族ヨウ化物**(ArI)を生じる(式2c)．

◆ 還元反応

アニリン誘導体($ArNH_2$)と $NaNO_2$ および塩酸の反応から生じた**ジアゾニウム塩**($ArN_2^+ Cl^-$)と H_3PO_2 の反応から**還元体**(ArH)を生じる(式2d)．

$$\text{R-Ar-NH}_2 \xrightarrow{\text{NaNO}_2, \text{aq.HCl}} \text{R-Ar-N}_2^{\oplus}\text{Cl}^{\ominus}$$

アニリン誘導体 → ジアゾニウム塩

- $\xrightarrow{\text{HBF}_4}$ $\text{R-Ar-N}_2^{\oplus}\text{BF}_4$ $\xrightarrow{\text{加熱}}$ R-Ar-F (2a) 芳香族フッ化物
- $\xrightarrow{\text{CuX}}$ R-Ar-X (2b) 芳香族臭化物, 芳香族塩化物, 芳香族ニトリル (X : Br, Cl, CN)
- $\xrightarrow{\text{KI}}$ R-Ar-I (2c) 芳香族ヨウ化物
- $\xrightarrow{\text{H}_3\text{PO}_2}$ R-Ar-H (2d)

芳香族求核置換反応(S_NAr)

◆ Chichibabin 反応

ピリジンと $NaNH_2$ の反応から，**2-アミノピリジン**を生じる．

$$\text{ピリジン} \xrightarrow[\text{liq.NH}_3]{\text{NaNH}_2} \text{2-アミノピリジン}$$

16 芳香環の反応

◆ **Meisenheimer 型反応**

4-ニトロクロロベンゼンあるいは 2,4-ジニトロクロロベンゼンに EtONa や EtSNa を作用させると，**芳香族求核置換反応**が生じる．

$$O_2N\text{-}C_6H_4\text{-}Cl \xrightarrow{\text{RXNa}} O_2N\text{-}C_6H_4\text{-}XR \quad (X:O, S, NR)$$

4-ニトロクロロベンゼン

2,4-ジニトロクロロベンゼン （X : O, S, NR）

ポイント 4　ベンザインの反応

◆ **ベンザイン反応**

p-クロロトルエンに $NaNH_2$ を作用させると，ベンザインを経て，*p*-アミノトルエン（*p*-トルイジン）と *m*-アミノトルエン（*m*-トルイジン）を生じる．

p-クロロトルエン　→　ベンザイン　→　*p*-アミノトルエン，*m*-アミノトルエン

o-アミノ安息香酸に $NaNO_2$ と塩酸を作用させると**ジアゾニウム塩**を生じ，アントラセン存在下で加熱すると，生じたベンザインがアントラセンと Diels-Alder 付加環化反応して**トリプチセン**を生じる．

o-アミノ安息香酸　→　ジアゾニウム塩　→　(ベンザイン)　→　トリプチセン

演習問題

問 16.1 ★★☆☆

次に示した反応(a)～(j)における主生成物を構造式で示しなさい．

ヒント：すべて芳香族求電子置換反応（S_EAr）である．

(a) フルオロベンゼン + 濃 HNO_3, 濃 H_2SO_4 →

(b) 安息香酸メチル (CO_2CH_3) + 濃 HNO_3, 濃 H_2SO_4 →

(c) C₆H₅CO₂CH₃ → Fe, Br₂ →

(d) p-キシレン → CH₃COCl, AlCl₃ →

(e) 2-メチル-4-イソプロピルベンゼン(?) → CH₃COCl, AlCl₃ →

(f) トルエン → (CH₃)₃CCl, AlCl₃ →

(g) ナフタレン → 濃H_2SO_4 / 60 °C →

(h) ナフタレン → 濃H_2SO_4 / 160 °C →

(i) ナフタレン → 濃HNO_3, 濃H_2SO_4 →

(j) ベンゼン → $(CH_3)_2CHCH_2Cl$, AlCl₃ →

ヒント
(a)と(b)は芳香環での反応．(c)はGrignard反応(p.33参照)．(d)〜(f)は芳香族求核置換反応(S_NAr)．(g)はアセチル基がある．

問 16.2 ★★☆☆

次に示した反応(a)〜(g)における主生成物を構造式で示しなさい．

(a) フェノール → 1) NaOH 2) CO_2, 加圧, 高温 3) $H_3O^⊕$ →

(b) p-クレゾール → aq.KOH / CHCl₃ →

(c) 4-ブロモ-1-フルオロベンゼン → 1) Mg, THF 2) アセトン 3) $H_3O^⊕$ →

16 芳香環の反応

(d) ～(g) 反応図

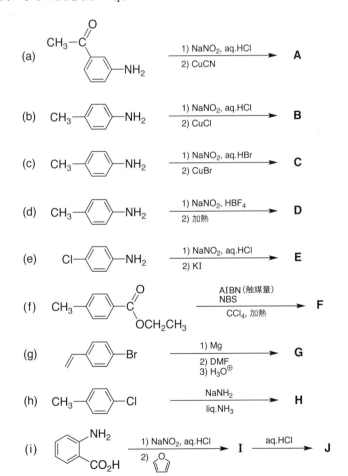

問 16.3 ★★★☆

次に示した反応(a)～(p)における主生成物 **A**～**Q** を構造式で示しなさい．

ヒント
(a)～(e) および (k) はジアゾニウム塩の反応．(f) はラジカル反応．(g) は Grignard 反応．(h) および (i) はベンザインの反応．(j), (l), (m), (n) および (o) は S$_E$Ar 反応．(p) は S$_N$Ar 反応．

(j) 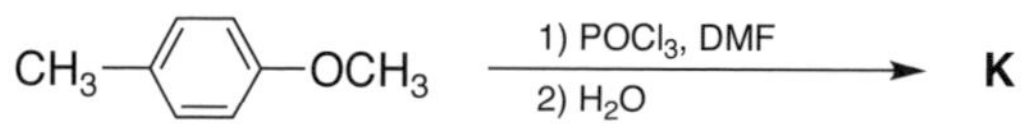 CH₃-C₆H₄-OCH₃ →[1) POCl₃, DMF][2) H₂O] **K**

(k) 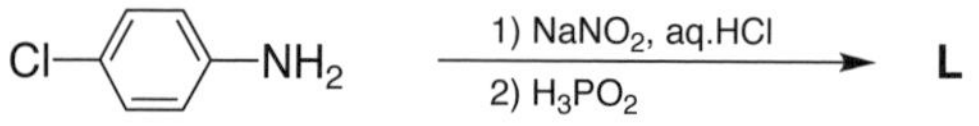 Cl-C₆H₄-NH₂ →[1) NaNO₂, aq.HCl][2) H₃PO₂] **L**

(l)  アントラセン →[濃 HNO₃, 濃 H₂SO₄] **M**

(m)  チオフェン →[Br₂] **N**

(n) 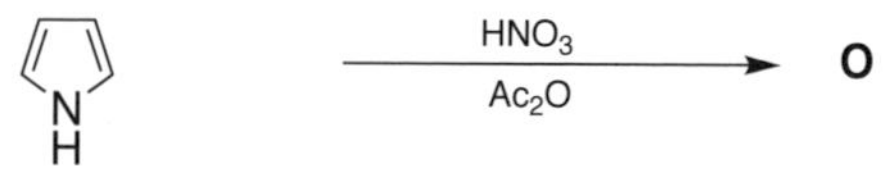 ピロール →[HNO₃][Ac₂O] **O**

(o) 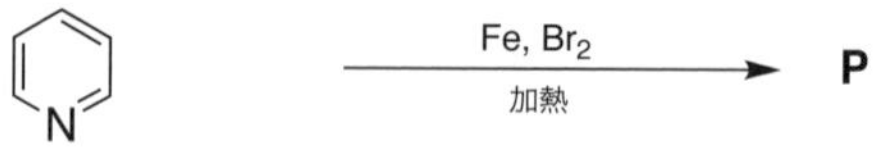 ピリジン →[Fe, Br₂][加熱] **P**

(p) ピリジン →[NaNH₂][liq.NH₃] **Q**

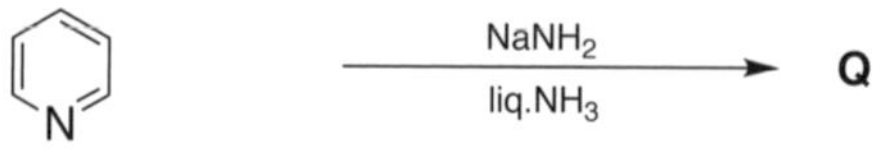

ヒント
いずれも芳香族求電子置換反応（S_EAr）．

問 16.4 ★★★☆

次の実験結果について，その理由を簡潔に述べなさい．

(a) m-キシレンのニトロ化反応は，p-キシレンのニトロ化反応より約 100 倍速く進行する．

(b) フルオロベンゼンのニトロ化反応速度定数は，トルエンのニトロ化反応速度定数の約 1/160 倍に減少するが，ともに o-, p-配向の生成物を生じる．

大学院入試問題に挑戦

問 16.5 ★★★☆

次に示した反応(1)〜(7)の主生成物を，構造式で示しなさい．

(1)  Me-C₆H₄-COOH + Br₂ →[FeBr₃] ☐

（平成 28 年度 東京大学 工学系研究科）

(2) 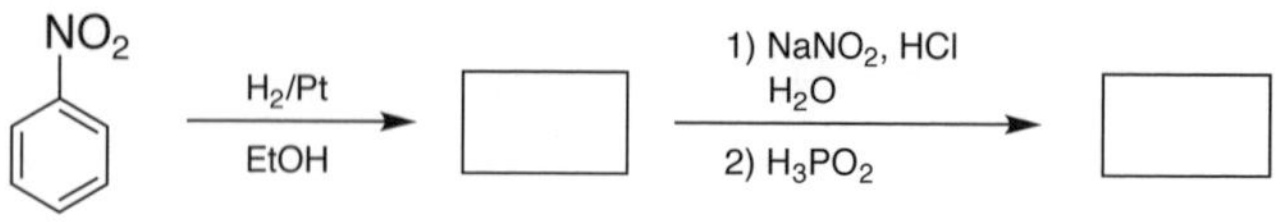 C₆H₅-NO₂ →[H₂/Pt][EtOH] ☐ →[1) NaNO₂, HCl, H₂O][2) H₃PO₂] ☐

（平成 27 年度 東京大学 工学系研究科）

(3) 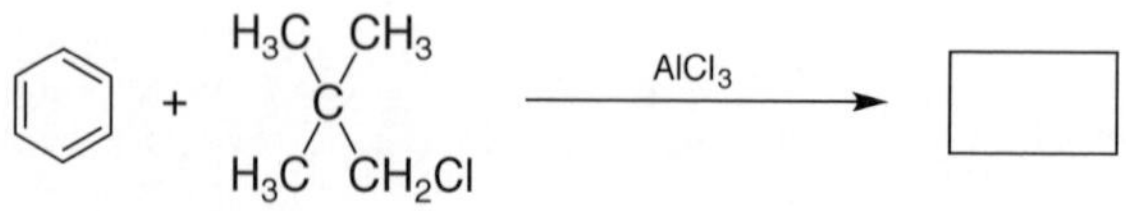 ベンゼン + (CH₃)₂C(CH₃)CH₂Cl →[AlCl₃] ☐

(4)  CH₃COO-C₆H₅ + AlCl₃ → □

(平成 28 年度 東京大学 理学系研究科)

(5) 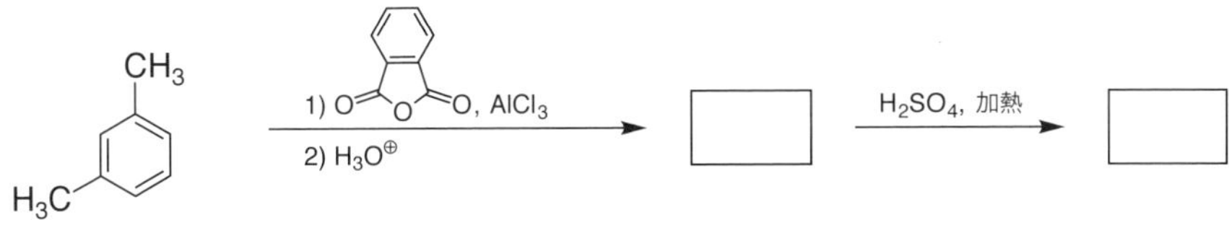 1,3-ジメチルベンゼン + 1) 無水フタル酸, AlCl₃ / 2) H₃O⁺ → □ → H₂SO₄, 加熱 → □

(平成 25 年度 大阪大学 理学研究科)

(6) 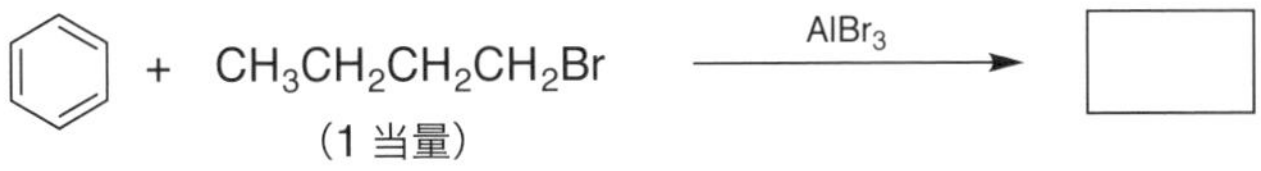 ベンゼン + CH₃CH₂CH₂CH₂Br (1 当量) → AlBr₃ → □

(7) 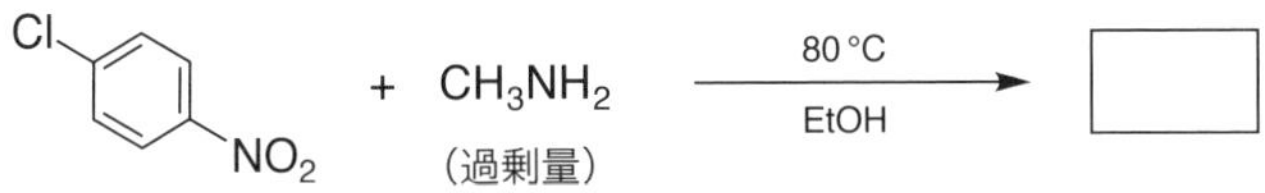 4-クロロニトロベンゼン + CH₃NH₂ (過剰量) → 80 ℃, EtOH → □

(平成 15 年度 京都大学 理学研究科)

問 16.6 ★★☆☆

ベンゼンを原料として用い，3-クロロアニリンを合成する経路を答えなさい．ただし，必要な試薬を明記すること．

(平成 27 年度 北海道大学 総合化学院)

問 16.7 ★★★☆

下記の(1)および(2)に答えよ．

(1) 以下の反応で生じる化合物 C の構造式を示せ．

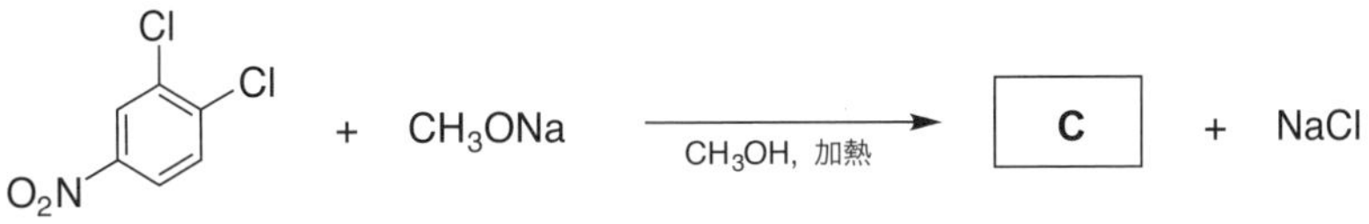

3,4-ジクロロニトロベンゼン + CH₃ONa → CH₃OH, 加熱 → C + NaCl

(2) (1)の反応では，C の位置異性体 D は得られない．その理由を説明せよ．

(平成 26 年度 京都大学 理学研究科)

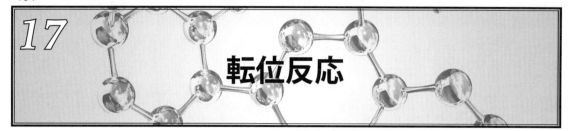

17 転位反応

問題を解くためのキーポイント

ほとんどの転位反応は，電子欠損した原子上への1,2-転位反応であり，より安定な化合物を生じる．

電子欠損した炭素原子上への1,2-転位反応

◆ ピナコール-ピナコロン転位反応

ピナコール（2,3-ジメチル-2,3-ブタンジオール）類に酸触媒を作用させると，ピナコロン（3,3-ジメチル-2-ブタノン）を生じる．アルキル基やアリール基がカチオン炭素上に1,2-転位するWagner-Meerwein転位反応をともなう．

◆ Wolff転位反応

ケトン由来のα-ジアゾケトンにCuあるいはRh金属触媒を作用させると，ケテンを生じる．

◆ Arndt-Eistert反応

カルボン酸由来のカルボン酸塩化物にジアゾメタンとAg_2Oを作用させるとケテンを生じ，水の存在下で1炭素増加したカルボン酸を生じる．

電子欠損した窒素原子上への1,2-転位反応

◆ Hofmann転位反応

第一級アミドに臭素とNaOH水溶液を作用させると，イソシアナートを経て，1炭素減少した第一級アミンを生じる．

◆ Curtius 転位反応

カルボン酸塩化物に NaN_3 を作用させて加熱すると，**イソシアナート**を生じる．生じたイソシアナートに水を加えると，第一級アミンとなる．

$$R-COCl \xrightarrow{NaN_3} \left[R-CO-N^{\ominus}-N_2^{\oplus} \right] \xrightarrow{(-N_2)} R-N=C=O \xrightarrow[(-CO_2)]{H_2O} R-NH_2$$

カルボン酸塩化物　　　　　　　　　　　　　　　　　　イソシアナート

◆ Beckmann 転位反応

ケトン由来のオキシムに濃硫酸あるいは PCl_5 を作用させた後，水を加えると，第二級アミドを生じる．反応は OH 基に対して *anti* のアルキル基あるいはアリール基が転位する．

$$\underset{\text{オキシム}}{\overset{R}{\underset{R'}{>}}C=N-OH} \xrightarrow[\text{あるいは }PCl_5]{\text{濃硫酸}} \left[\overset{R}{\underset{R'}{>}}C=N-\overset{\oplus}{O}H_2 \right] \xrightarrow{(-H_2O)} [R-C\overset{\oplus}{=}N-R' \leftrightarrow R-\overset{\oplus}{C}=N-R'] \xrightarrow{H_2O} \underset{\text{第二級アミド}}{R-CO-NHR'}$$

電子欠損した酸素原子上への1,2-転位反応

◆ Baeyer-Villiger 酸化反応

ケトンに過酢酸などの過酸を作用させると，エステルを生じる．

$$\underset{\text{ケトン}}{R-CO-R} \xrightarrow{R'-CO_3H} \left[R-\underset{O-CO-R'}{\overset{R}{\underset{|}{C}}}-O-H \right] \xrightarrow{(-R'CO_2H)} \underset{\text{エステル}}{R-CO-OR}$$

◆ クメン法

クメンヒドロペルオキシドに希硫酸を作用させてフェノールとアセトンを生じる．フェニル基の1,2-転位反応である．

$$\underset{\text{クメン}}{Ph-CH(CH_3)_2} \xrightarrow[\text{触媒}]{O_2} \underset{\text{クメンヒドロペルオキシド}}{Ph-C(CH_3)_2-OOH} \xrightarrow{\text{希硫酸}} \left[Ph-C(CH_3)_2-\overset{\oplus}{O}-OH_2 \right] \longrightarrow$$

$$\xrightarrow{(-H_2O)} \left[\underset{O-Ph}{(CH_3)_2C} \right] \xrightarrow{H_2O} \left[Ph-\overset{\oplus}{O}(H)-C(OH)(CH_3)_2 \right] \xrightarrow{(-H^{\oplus})} \underset{\text{フェノール}}{Ph-OH} + \underset{\text{アセトン}}{CH_3-CO-CH_3}$$

演習問題

ヒント
(a) および (b) はピナコール-ピナコロン転位反応. (c) Beckmann 転位反応. (d) Hofmann 転位反応. (e) クメン法によるフェノール合成反応.

問 17.1 ★★☆☆

次に示した反応(a)〜(e)における主生成物を構造式で示しなさい.

(a) CH$_3$-C(CH$_3$)(OH)-C(CH$_3$)(OH)-CH$_3$ → aq.H$_2$SO$_4$

(b) CH$_3$-C(CH$_3$)(OH)-C(CH$_3$)(NH$_2$)-CH$_3$ → NaNO$_2$, aq.HCl

(c) シクロヘキサノン → 1) NH$_2$OH 2) PCl$_5$ 3) H$_2$O

(d) CH$_3$CH$_2$CH$_2$C(=O)NH$_2$ → Br$_2$, aq.NaOH

(e) C$_6$H$_5$-C(CH$_3$)$_2$-O-OH → 希 H$_2$SO$_4$

ヒント
(a) Wagner-Meerwein 転位反応. (b)〜(e) Baeyer-Villiger 酸化反応. (f) Dakin 酸化反応. (g)〜(i) Beckmann 転位反応. (j) Curtius 転位反応. (k) Arndt-Eistert 反応.

問 17.2 ★★★☆

次に示した反応(a)〜(k)における主生成物を構造式で示しなさい.

(a) (CH$_3$)$_3$C-CH$_2$OH → HCl → (C$_5$H$_{11}$Cl)

(b) CH$_3$-C(=O)-CH$_2$-C$_6$H$_5$ → mCPBA / CH$_2$Cl$_2$ (mCPBA : 3-クロロ過安息香酸 ClC$_6$H$_4$CO$_3$H)

(c) CH$_3$-C(=O)-C$_6$H$_5$ → mCPBA / CH$_2$Cl$_2$

(d) (2-メチルシクロヘキサノン) → mCPBA / CH$_2$Cl$_2$

(e) (ノルボルナン環上のアセチル基) → 1) mCPBA / CH$_2$Cl$_2$ 2) aq.NaOH

(f)

(g) ~ (k) 反応式

問 17.3 ★★★★

次に示した反応(a)～(d)における主生成物を構造式で示しなさい．

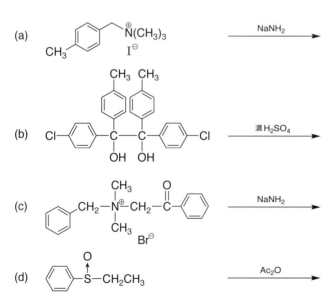

ヒント
(a) Sommelet-Hauser 転位反応 (p.245 参照). (b) ピナコール-ピナコロン転位反応. (c) Stevens 転位反応. (d) Pummerer 転位反応 (p.245 参照).

大学院入試問題に挑戦

問 17.4 ★★☆☆

以下に示す反応について，反応機構を電子の移動を表す巻矢印表記法を用いて示せ．

$$\text{Ph-C(CH}_3)_2\text{-O-OH} \xrightarrow{\text{H}_2\text{SO}_4/\text{H}_2\text{O}} (\text{CH}_3)_2\text{C=O} + \text{PhOH}$$

（平成 29 年度 東京大学 理学系研究科）

問 17.5 ★★☆☆

次に示した反応(1)〜(5)の主生成物を，構造式で示しなさい．

(1) PhCOCH₃ → 1) NH₂OH 2) ポリリン酸, 加熱 3) H₃O⊕ → □

（平成 26 年度 東京大学 理学系研究科）

(2) CH₃CH₂CH(CH₃)CONH₂ → Cl₂, NaOH → □

（平成 27 年度 東京大学 工学系研究科）

(3) (CH₃)₂C(OH)-C(OH)(CH₃)₂ → H₃O⊕, 加熱 → □

（平成 31 年度 東北大学 理学研究科）

(4) 1,1'-bi(cyclohexyl)-1,1'-diol → aq.H₂SO₄ → □

（平成 29 年度 京都大学 理学研究科）

(5) 2,2-ジメチルシクロヘキサノン → m-ClC₆H₄CO₃H, CH₃CO₂Na, CH₂Cl₂ → □

（平成 25 年度 大阪大学 理学研究科）

問 17.6 ★★★☆

アルケン **A**，**B** に対する HBr の求電子付加反応における生成物 **C**，**D** の構造を記しなさい．ただし，生成物 **C** は両反応で共通している点に注意しなさい．

A (1-メチル-1-ビニルシクロブタン) + HBr → **C**

B (1-イソプロペニルシクロブタン型) + HBr → **C** + **D**

（平成 30 年度 北海道大学 総合化学院）

問 17.7 ★★★☆

(1) 下式の脂肪族アミンに対し，亜硝酸ナトリウムと酢酸を作用させたところ，ケトンが生成した．電子の流れを示す矢印を用いて反応機構を記せ．

$$\underset{\underset{Ph\ Ph}{}}{HO\diagdown\diagup NH_2} \xrightarrow{NaNO_2,\ CH_3CO_2H} \underset{O}{Ph\diagdown\underset{\|}{C}\diagup Ph}$$

(2) (1) の反応を光学活性な脂肪族アミンに対して行うと，一方の光学異性体が主生成物となった．この理由を説明せよ．

$$\underset{Ph\ Ph}{HO\diagdown\diagup NH_2} \xrightarrow{NaNO_2,\ CH_3CO_2H} \text{（主生成物）} + \text{（副生成物）}$$

（平成 26 年度 京都大学 理学研究科）

18 ラジカル反応

問題を解くためのキーポイント

ラジカル反応における反応の原動力は，弱い結合から強い結合を形成することにある．

◆ **HBr ラジカル付加反応**

アルケンにラジカル反応開始剤〔BPO：(PhCO$_2$)$_2$ や AIBN〕存在下で HBr を作用させると，ラジカル連鎖反応による HBr 付加体を生じる．結果的に，HBr は *anti*-Markovnikov 則型の付加物となる．

◆ **Hunsdiecker 反応**

カルボン酸銀塩に臭素を作用させると，ラジカル脱炭酸反応をともなう連鎖反応で，1 炭素減少した臭化物を生じる．

◆ **Wohl-Ziegler 反応**

トルエン誘導体にラジカル反応開始剤〔BPO：(PhCO$_2$)$_2$ や AIBN〕存在下で NBS を作用させると，ラジカル連鎖反応により，ベンジル系臭化物を生じる．同様にして，アリル位水素原子も臭素化される．

◆ **Barton 反応**

アルコール由来の亜硝酸エステルを光照射すると，アルコキシルラジカルの生成，1,5-H シフト，炭素ラジカルの生成，および炭素ラジカルと亜硝酸エステルとの反応により，連鎖反応で δ-位にオキシム基をもつアルコールを生じる．

18 ラジカル反応

（反応スキーム：亜硝酸エステル A の光反応から 1,5-H シフトを経てアルコール（オキシム体）を生じる Barton 反応）

◆ **Barton-McCombie 反応**

アルコールの KOH 水溶液に CS_2 を作用させ，続いて CH_3I を作用させると**メチルキサンテート**を生じる．このメチルキサンテートにラジカル反応開始剤（AIBN）存在下で Bu_3SnH を作用させると，ラジカル連鎖反応により，炭素ラジカルを経て脱酸素化された還元体を生じる．

（反応スキーム：R–OH → メチルキサンテート → R・ → R–H）

演習問題

問 18.1 ★★☆☆

次に示した反応(a)〜(c)における主生成物を構造式で示しなさい．

(a) $CH_3-CH_2-CH_3 \xrightarrow{Cl_2 (1当量),\ h\nu}$

(b) $CH_3-CH_2-CH_3 \xrightarrow{Br_2 (1当量),\ h\nu}$

(c) $CH_3-CH_2-CH_3 \xrightarrow{I_2 (1当量),\ h\nu}$

> **ヒント**
> ラジカル連鎖反応である．塩素，臭素，ヨウ素の順に反応性は低下する．

問 18.2 ★★★☆

次に示した反応(a)〜(c)における主生成物を構造式で示しなさい．

(a) $CH_3CH_2CH_2CH_2-COOH \xrightarrow[\text{2) }Br_2]{\text{1) }Ag_2O}$

(b) 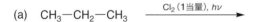 $\xrightarrow[\text{加温, }CCl_4]{\text{AIBN（触媒量）, NBS}}$

(c) $NC-$$-CH_3 \xrightarrow[\text{加温, }CCl_4]{\text{AIBN（触媒量）, NBS}}$

（NBS: N-ブロモスクシンイミド）

> **ヒント**
> (a) Hunsdiecker 反応．(b) および (c) は Wohl-Ziegler 反応．

ヒント

(a) Barton 反応．(b) Barton-McCombie 反応．(c) Barton-McCombie 反応による 1,2-脱離反応．(d) Barton 脱炭酸反応．(e) Barton 脱炭酸反応．

問 18.3 ★★★★

次に示した反応(a)～(e)における主生成物を構造式で示しなさい．

(a) [ステロイド構造 (AcO-, 5α-H, 6β-OH, コレステロール側鎖)] → 1) NOCl 2) $h\nu$

(b) [ステロイド構造 (AcO-, 5α-H, 6β-OH, コレステロール側鎖)] → 1) aq.KOH, CS_2 2) CH_3I 3) AIBN, Bu_3SnH, ベンゼン, 加熱

(c) [チミジン誘導体 (5'-OAc, 2',3'-ジオール)] → 1) Cl-C(=S)-OPh (2当量), ピリジン (2当量) 2) AIBN, Bu_3SnH, ベンゼン, 加熱

(d) $CH_2=CHCH_2CH_2COOH$ → 1) $(COCl)_2$, DMF 1 drop 2) HO-N(2-ピリジンチオン), Et_3N 3) CBr_4, W-$h\nu$

(e) [3,4-メチレンジオキシフェニル-$CH_2CH_2CH_2COOH$] → 1) $(COCl)_2$, DMF 1 drop 2) HO-N(2-ピリジンチオン), Et_3N 3) $CH_2=CHCO_2CH_3$, W-$h\nu$ 4) mCPBA (1当量) 5) 加熱

大学院入試問題に挑戦

問 18.4 ★★☆☆

次のモノブロモ化反応の主生成物を化学構造式で示せ．

[メチルシクロヘキサン] → Br_2, $h\nu$ → [ ]

（平成31年度 名古屋大学 工学研究科）

問 18.5 ★★☆☆

アルケン E に対して加熱条件下，N-ブロモコハク酸イミド F と過酸化物 G を作用させた場合，臭素化物 H が生成する．その構造式を示しなさい．また，この反応において最初に生じるラジカル種 I の構造式を記しなさい．

(平成 30 年度 北海道大学 総合化学院)

19 ペリ位環状反応

問題を解くためのキーポイント

ペリ位環状反応には，電子環状反応，付加環化反応，およびシグマトロピー転位反応がある．熱反応条件下では共役π電子系のHOMO (highest occupied molecular orbital)あるいはLUMO (lowest unoccupied molecular orbital)が反応に関わる．他方，光照射条件では，HOMOからLUMOへの電子遷移が生じるため，基底状態のLUMOがHOMOとなる．

C_1〜C_7のπ電子系の各π分子軌道と符号（白が+，黒が−）

 ポイント1 電子環状反応は主に分子内反応

◆ 電子環状反応

共役4π系である(2E,4E)-2,4-ヘキサジエンが熱反応する場合は，基底状態のHOMOの両末端ローブの符号が逆対称となる．これが四員環化する場合は，同旋的に90°回転して，同じ符号の軌道で結合するため，trans-3,4-ジメチル-1-シクロブテンとなる．他方，光反応では電子遷移が生じるので，基底状態のLUMOがHOMOとなる．これが四員環化する場合は，逆旋的に互いに90°回転して，同じ符号の軌道で結合するため，cis-3,4-ジメチル-1-シクロブテンとなる．

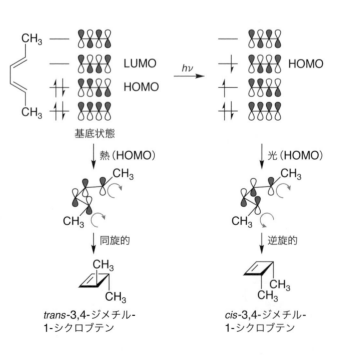

◆ 電子環状反応をまとめると

二重結合が偶数の場合，熱反応は同旋的に反応し，光反応は逆旋的に反応する．二重結合が奇数の場合は，熱反応は逆旋的に反応し，光反応は同旋的に反応する．

π電子対(二重結合)の数	熱反応	光反応
偶数	同旋的	逆旋的
奇数	逆旋的	同旋的

ポイント2 付加環化反応は主に分子間反応

付加環化反応は分子間反応なので，**一方のHOMOと他方のLUMOが関与する**．

◆ Diels-Alder 付加環化反応[4π+2π]

1,3-ブタジエンのHOMOとアルケンのLUMOは両末端ローブの符号が合致するため，熱反応は**スプラ形**で，六員環遷移状態を経て反応が円滑に進行してシクロヘキセン環を生じる．光反応は**アンタラ形**で反応しない．

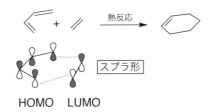

◆ [2π+2π]付加環化反応

一方のアルケンのHOMOと他方のアルケンのLUMOは両末端ローブの符号が合致しないため，熱反応は**アンタラ形**で反応しない．他方，光反応では一方のアルケンの電子遷移が生じて，基底状態のLUMOがHOMOとなり，他方のアルケンのLUMOと両末端ローブの符号が合致するため，**スプラ形**となり，四員環遷移状態を経て反応が円滑に進行し，シクロブタン環を生じる．

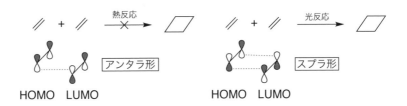

◆ 付加環化反応をまとめると

二重結合が偶数の場合，熱反応はアンタラ形で反応せず，光反応はスプラ形で反応する．二重結合が奇数の場合は，熱反応がスプラ形で反応し，光反応がアンタラ形で反応しない．

π電子対(二重結合)の数	熱反応	光反応
偶数	アンタラ形	スプラ形
奇数	スプラ形	アンタラ形

シグマトロピー転位反応は主に分子内反応

◆ [1,5]シグマトロピー転位反応

1,3-ペンタジエンの[1,5]シグマトロピー転位反応は，2,4-ペンタジエニルラジカルのHOMOと水素原子を考える．熱反応では，スプラ形となり，六員環遷移状態を経て円滑に進行する．光反応はアンタラ形となり，反応しない．

◆ [3,3]シグマトロピー転位反応

1,5-ヘキサジエンの[3,3]シグマトロピー転位反応は，2つのアリルラジカルの互いのHOMOを考える．熱反応ではスプラ形となり，イス形六員環遷移状態を経て円滑に反応する．光反応はアンタラ形で反応しない．

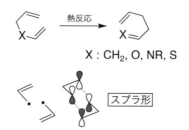

◆ Cope 転位反応

1,5-ヘキサジエンの[3,3]シグマトロピー転位反応(上図のX：CH_2)．

◆ Claisen 転位反応

アリルフェニルエーテルあるいはアリルビニルエーテルの[3,3]シグマトロピー転位反応（上図のX：O）．

◆ シグマトロピー転位反応をまとめると

- 熱反応では[1,5]や[1,9]はスプラ形で反応し，[1,3]は[1,7]はアンタラ形で反応しない．光反応では熱反応の逆となる．
- 熱反応では[3,3]や[5,5]はスプラ形で反応し，光反応では熱反応の逆となる．
- [1,5]や[3,3]シグマトロピー転位反応は六員環遷移状態を経るので円滑に進行するが，[1,9]や[5,5]シグマトロピー転位反応は十員環遷移状態を経る必要があるため進行しにくい．

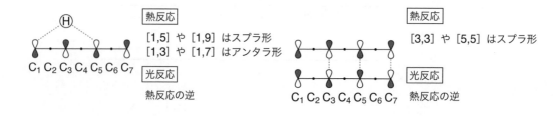

19 ペリ位環状反応

演習問題

問 19.1 ★★☆☆

次に示した反応 (a)〜(e) における主生成物 **A**〜**H** を構造式で示しなさい．

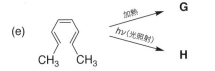

ヒント
(a) Cope 転位反応．(b) Claisen 転位反応．(c) [$2\pi + 2\pi$] 付加環化反応．(d) Diels-Alder 付加環化反応．(e) 6π 系電子環状反応．

問 19.2 ★★★☆

次に示した反応 (a)〜(f) における主生成物 **A**〜**H** を構造式で示しなさい．

ヒント
いずれも [$4\pi + 2\pi$] 付加環化反応．

(e) 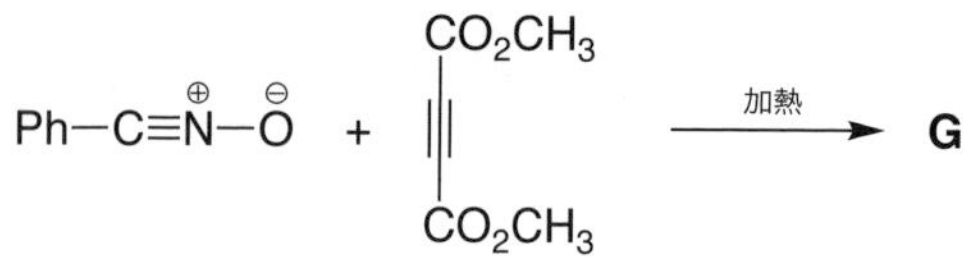 Ph—C≡N⁺—O⁻ + (CO₂CH₃)C≡C(CO₂CH₃) —加熱→ G

(f) 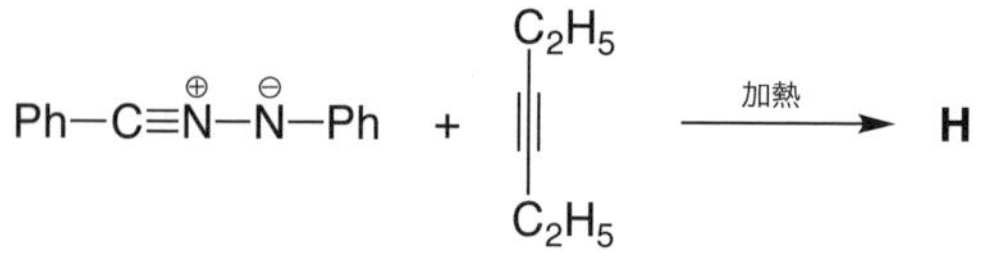 Ph—C≡N⁺—N⁻—Ph + (C₂H₅)C≡C(C₂H₅) —加熱→ H

ヒント

(a) [4π + 2π] 付加環化反応. (b) Cope 転位反応. (c) 熱 [1,5] シグマトロピー転位反応. 光 [1,7] シグマトロピー転位反応. (d) Cope 転位反応. (e) Fischer インドール合成反応. (f) Claisen 転位反応. (g) 熱による開環反応. (h) Fischer インドール合成反応. (i) 1,3-ジエンの光環化反応.

問 19.3 ★★★★

次に示した反応 (a)〜(i) における主生成物 A〜J を構造式で示しなさい.

(a) 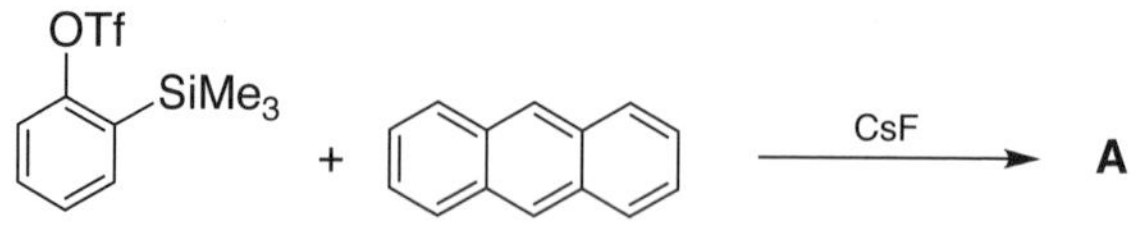 [2-(トリメチルシリル)フェニル トリフラート] + アントラセン —CsF→ A

(b) 1-ビニル-2-ビニルシクロヘキサン-1-オール —NaNH₂, 加熱→ B

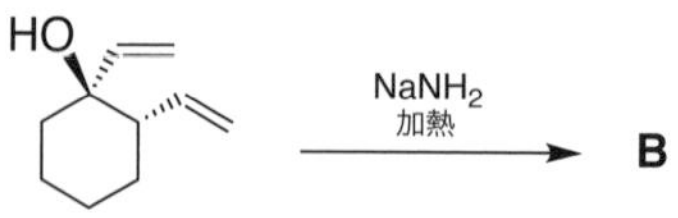

(c) 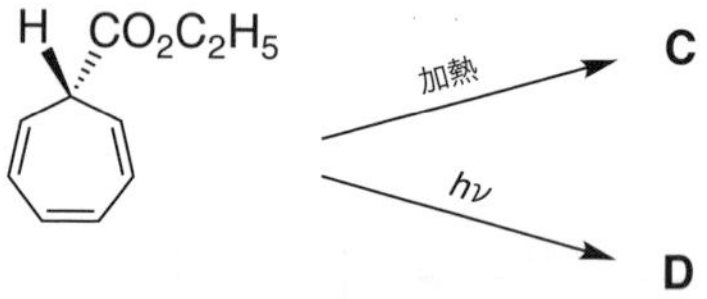 7-エトキシカルボニル-1,3,5-シクロヘプタトリエン —加熱→ C ; —hν→ D

(d) メソ-3,4-ジメチル-1,5-ヘキサジエン —加熱→ E

(e) シクロヘキサノン フェニルヒドラゾン —H⁺, 加熱→ F

(f) 2-メチル-4-クロロフェニル (2-ブテニル) エーテル —加熱→ G

(g) trans-1,2-ビス(メトキシカルボニル)シクロブテン —加熱→ H

(h) 3-ペンタノン (4-メチルフェニル)ヒドラゾン —BF₃·Et₂O, 100 °C→ I

(i) 1,1'-ビシクロヘキセニル —hν→ J

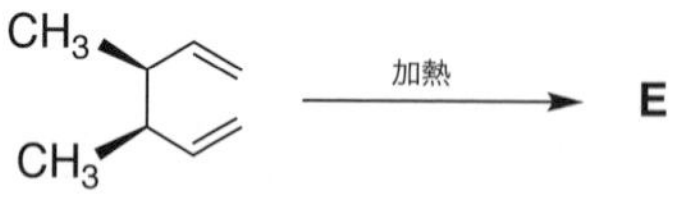

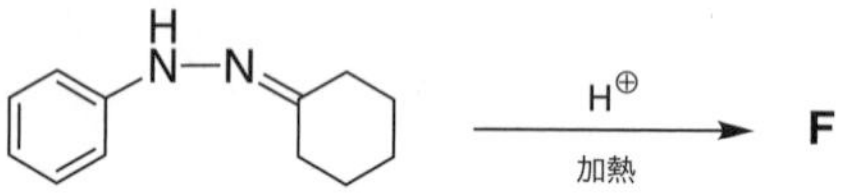

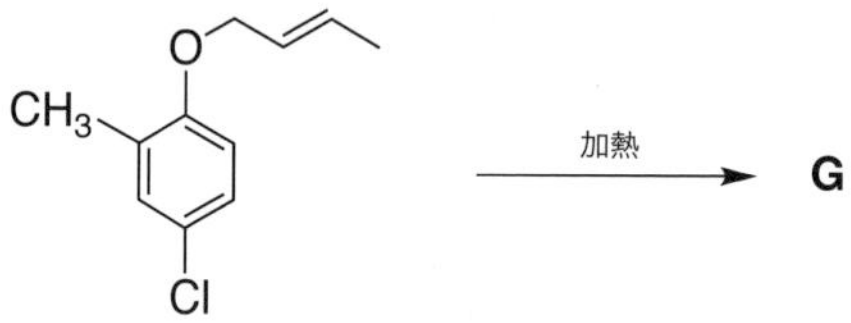

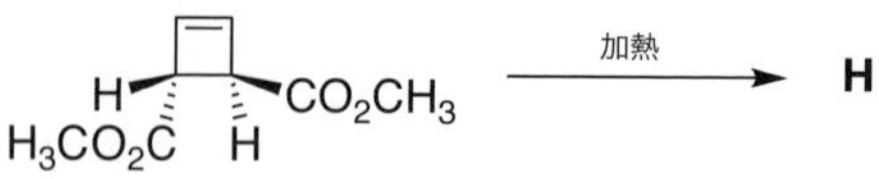

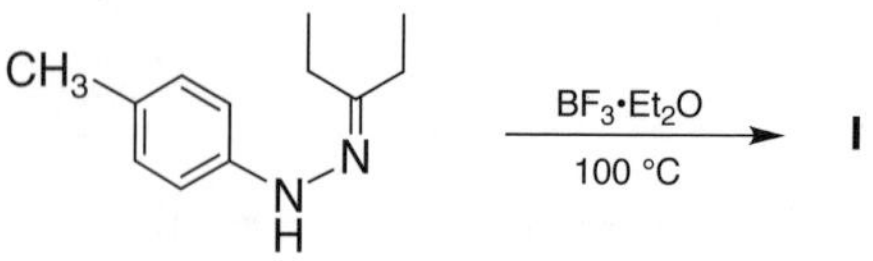

大学院入試問題に挑戦

問 19.4 ★★★☆

次に示した反応(1)〜(9)の主生成物を，構造式で示しなさい．

(1)  CH₂=CH-O-CH₂-CH=CH₂ →(加熱)

（平成29年度 京都大学 理学研究科）

(2)  シクロペンタジエン + (Z)-EtOOC-CH=CH-COOEt →(加熱)

（平成27年度 東京大学 工学系研究科）

(3) 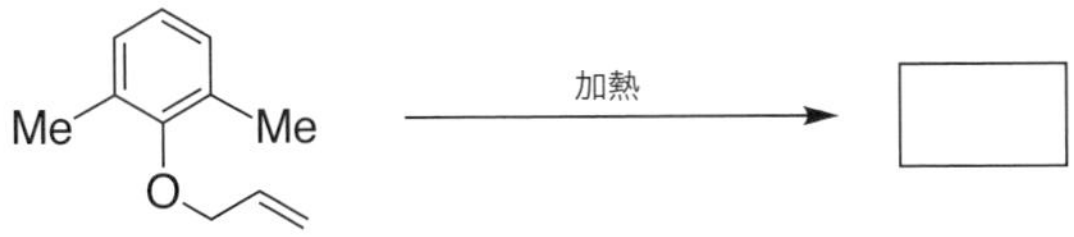 2,6-ジメチルフェニル アリルエーテル →(加熱)

（平成31年度 東北大学 理学研究科）

(4)  (Z,Z)-2,4-ヘキサジエン →(加熱)

（平成22年度 東京大学 工学系研究科）

(5) 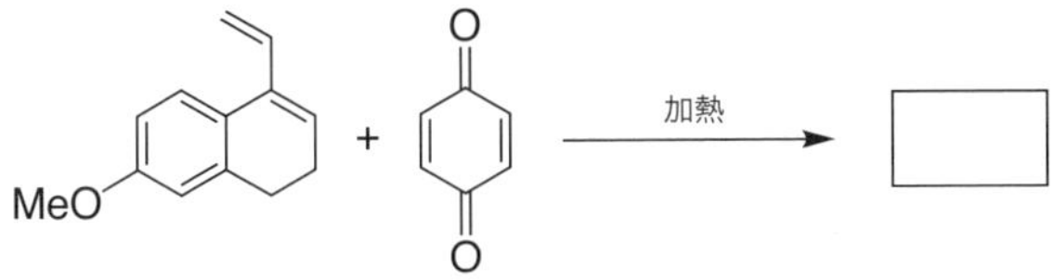 1-ビニル-7-メトキシ-3,4-ジヒドロナフタレン + 1,4-ベンゾキノン →(加熱)

（平成28年度 東京大学 工学系研究科）

(6) 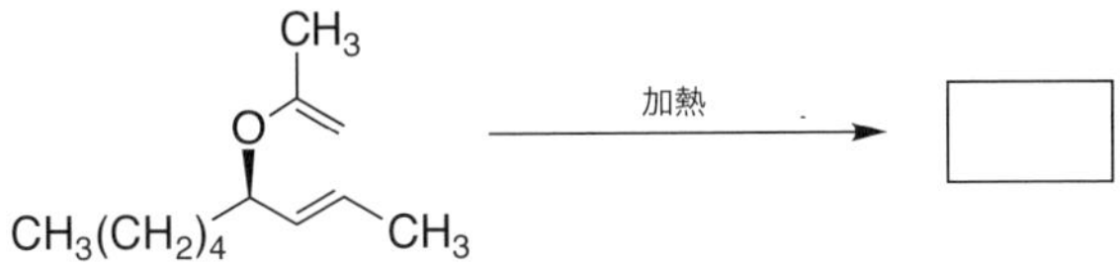 CH₃(CH₂)₄-CH(O-C(CH₃)=CH₂)-CH=CH-CH₃ →(加熱)

（平成26年度 東京大学 理学系研究科）

(7)  cis-3,4-ジメチルシクロブテン →(加熱)

（平成27年度 東京大学 工学系研究科）

(8)  1-フェニル-1,4-ペンタジエン-1-オール (CH₂=CH-C(OH)(Ph)-CH₂-CH=CH₂) →(加熱)

（平成24年度 京都大学 理学研究科）

(9) 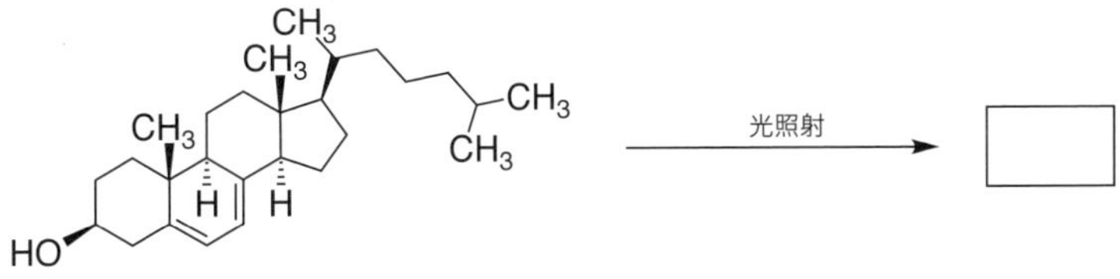 7-デヒドロコレステロール →(光照射)

（平成28年度 東京大学 理学系研究科）

20 応用問題

演習問題

ヒント
(a) hydroboration-oxidation. (b) hydroboration-oxidation. (c) ヨードラクトン化反応. (d) および (e) は Grignard 反応. (f) ベンゾイン縮合反応. (g) Perkin 反応. (h) Stobbe 縮合反応.

問 20.1 ★★★★

次に示した反応(a)〜(h)における主生成物を構造式で示しなさい.

(a) 1-メチルシクロペンテン → 1) BH₃·THF 2) H₂O₂, aq.NaOH

(b) シクロヘキシルアセチレン → 1) BH₃·THF 2) H₂O₂, aq.NaOH

(c) シクロヘキセニル酢酸 → I₂, Na₂CO₃

(d) イソブチレン → 1) HBr 2) Mg, THF 3) D₂O

(e) イソブチレン → 1) HBr, (PhCO₂)₂ (触媒量) 2) Mg, THF 3) D₂O

(f) p-トリルアルデヒド → NaCN (触媒) / CH₃OH

(g) p-トリルアルデヒド → 1) CH₃CH₂CO₂Na, (CH₃CH₂CO)₂O 2) H₂O

(h) p-トリルアルデヒド → 1) CH₂(CO₂C₂H₅)₂, C₂H₅ONa 2) H₃O⁺

ヒント
(a) Corey-Fuchs アルキン合成反応. (b) Simmons-Smith シクロプロパン化反応. (c) Seebach-Corey ケトン合成反応. (d) SN2 反応と Wittig 型反応. (e) ピナコール-ピナコロン転位反応. (f) Pictet-Spengler 反応. (g) Corey-Winter アルケン合成反応.

問 20.2 ★★★★

次に示した反応(a)〜(g)における主生成物 **A**〜**J** を構造式で示しなさい.

(a) ベンズアルデヒド → Ph₃P, CBr₄ / CH₂Cl₂ → **A** → 1) ⁿBuLi (2 当量), THF 2) CH₃I → **B**

(b) シクロヘキサノン-OCH₃ → CH₂I₂, Cu–Zn → **C**

(c) 1,3-ジチアン → 1) ⁿBuLi, THF 2) C₂H₅Br → **D** → 1) ⁿBuLi, THF 2) CH₃CH₂CH₂Br → **E** → HgSO₄ / H₂O → **F**

(d) ![epoxide structure: trans-stilbene oxide with Ph groups] $\xrightarrow{Ph_3P}$ **G** ($C_{14}H_{12}$)

(e) ![1-(4,5-dihydrofuran-2-yl)cyclobutan-1-ol] $\xrightarrow{H_3O^\oplus}$ **H**

(f) PhCH$_2$CH$_2$NH$_2$ $\xrightarrow[\text{HCl}]{CH_3CH=O}$ **I**

(g) ![5'-O-acetyl thymidine ribonucleoside with 2',3'-diol] $\xrightarrow[\text{2) P(NMe}_2)_3, \text{加熱}]{\text{1) Im-C(=S)-Im}}$ **J**

PART III
構造解析のトレーニング

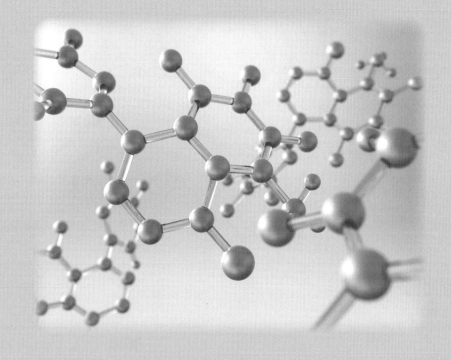

21 スペクトルチャートからの構造解析

問題を解くためのキーポイント

有機化合物は，赤外分光法，^1H や ^{13}C の核磁気共鳴分光法，および質量分析法によるスペクトル測定により，構造を決定していく．そのため，それぞれの分析法を用いたスペクトルの解析能力が必要となる．

ポイント1 ◆ IR（赤外吸収）スペクトル

赤外分光光度計を用いて，主に有機化合物の官能基を調べる． に代表的官能基の赤外吸収スペクトル領域を示した（単位は cm^{-1}）．

 IRスペクトルの吸収領域（吸収帯）（cm^{-1}）

官能基	構造	吸収域	官能基	構造	吸収域
アルカン	−C−H	2850～2980	アルデヒド	C=O	1700～1730
アルケン	=C−H	3000～3150		−C−H (=O)	2700～2900
アルキン	≡C−H	3300～3350	ケトン	C=O	1700～1730
エーテル	−O−C−	1050～1150	共役アルデヒド，ケトン	=C−C=O	1660～1680
アルコール	−OH	3580～3650（水素結合していない）3300～3550（水素結合している）	エステル	−C(=O)−O−C−	（カルボニル）1735～1750（エーテル）1000～1300
アミン	−N−H	3100～3500（第一級アミンは2本／第二級アミンは1本）	アミド	−C(=O)−N−	（カルボニル）1650～1700
ベンゼン環	=C−H	3020～3080	カルボン酸	−C(=O)−OH	（カルボニル）1700～1730（ヒドロキシ）2800～3200
	C=C	1580～1600	アルキン	−C≡C−	2200～2300
一置換 p-二置換		700付近と750付近に2本 800～850 1本	ニトリル	−C≡N	2150～2250

◆ NMR (Nuclear Magnetic Resonance, 核磁気共鳴)

^{1}H-NMR（例えば，400 MHz）で，0 ppm の 1 本のピークは内部基準である Si(CH$_3$)$_4$ の水素原子（^{1}H）の吸収であり，7.26 ppm の 1 本のピークは溶媒として用いた CDCl$_3$（99.8%）に含まれる微量の CHCl$_3$ の水素原子（^{1}H）の吸収である．

また，^{13}C-NMR（例えば，100 MHz）で，0 ppm の 1 本のピークは内部基準である Si(CH$_3$)$_4$ の炭素原子（^{13}C）の吸収であり，77 ppm 付近の 3 本のピークは溶媒である CDCl$_3$（99.8%）の炭素原子（^{13}C）の吸収である（^{13}C-D カップリング強度比は 1 : 1 : 1）．

◆ ^{1}H-NMR（^{1}H の核磁気共鳴）スペクトル

核磁気共鳴装置を用いて，主にどのような炭素やヘテロ原子に結合した水素かを調べる（^{1}H は自然界に 99.98% 存在し，有機化合物にも 99.98% 含まれる）．表2（p.126）に主な水素グループの吸収領域（化学シフト）とカップリング定数（隣接した水素原子どうしの間接的相互作用によって生じるもので，隣接した水素原子の数がわかる）を示した〔溶媒は CDCl$_3$ で，単位は ppm：Si(CH$_3$)$_4$ (TMS) を基準〕．

カップリングの標記
s：singlet＝1本，d：doublet＝2本，t：triplet＝3本，
q：quartet＝4本，quint：quintet＝5本，sextet＝6本，septet＝7本，
m：multiplet＝複雑，brs：broad singlet＝幅広い1本

◆ ^{13}C-NMR（^{13}C の核磁気共鳴）スペクトル

核磁気共鳴装置を用いて，主にどのような官能基の炭素かを調べる（^{13}C は自然界に 1.08% 存在し，有機化合物にも 1.08% 含まれる）．表3 に主な炭素グループの吸収領域（化学シフト）を示した〔溶媒は CDCl$_3$ で，単位は ppm：Si(CH$_3$)$_4$ (TMS) を基準〕．

表3 C-NMR スペクトルの化学シフト（ppm）

構造	化学シフト	構造	化学シフト	構造	化学シフト
—CH$_3$	0～30 ppm	C—O—	50～90 ppm	C—I	0～10 ppm
—CH$_2$—	15～55 ppm	C—N	40～60 ppm	C(=O)— (アルデヒド，ケトン)	190～220 ppm
C—H	25～55 ppm	C—F	70～80 ppm		
C=C	80～145 ppm	C—Cl	25～50 ppm	C(=O)—X (カルボン酸誘導体)	150～180 ppm
—C≡C—	70～90 ppm	C—Br	10～40 ppm		
（ベンゼン環）	110～150 ppm（例：ベンゼン 128 ppm）				

◆ MS (質量) スペクトル

質量分析計を用いて，有機化合物の質量を調べる．最近は高分解能質量分析装置（HRMS）を用いるため，小数点以下 4 桁目までの数値がわかる．例えば，ベンゼンなら ^{12}C$_6$^{1}H$_6$ の質量が 78.0470 と小数点以下 4 桁目まで観測できるため，元素分析の代替法にもなっている．

表2 H-NMR スペクトルのカップリング定数 J (Hz) と化学シフト (ppm)

カップリング定数 J	カップリング定数 J
$-CH_3$ → singlet (s)	doublet (d) H H doublet (d) (芳香環 隣接) 1:1 ($J = 6 \sim 8$ Hz)
$-CH_2-CH_3$ quartet (q) / triplet (t) 2:3 (水素原子数の比) ($J = 6 \sim 8$ Hz)	doublet (d) H H doublet (d) (cis アルケン) 1:1 ($J = \sim 10$ Hz)
$-CH(CH_3)_2$ septet / doublet (d) 1:6 ($J = 6 \sim 8$ Hz)	doublet (d) H / H doublet (d) (trans アルケン) 1:1 ($J = \sim 17$ Hz)
$-CH_2-CH_2-CH_3$ triplet (t) / sextet / triplet (t) 2:2:3 ($J = 6 \sim 8$ Hz)	H H doublet (d) (gem アルケン) 1:1 ($J = 0 \sim 2$ Hz)
doublet (d) H H doublet (d) $-C-C-$ 1:1 ($J = 6 \sim 8$ Hz)	H / H doublet (d) (gem 飽和) 1:1 ($J = 12 \sim 15$ Hz)

構造	化学シフト	構造	化学シフト
$CHCl_3$	7.3 ppm (s)	CH_3-OH	3.4 ppm (s), 3H / 4.2 ppm (s), 1H
$CH_2=CH_2$	5.8 ppm (s)	$CH_3-CO-CH_2-CH_3$	2.1 ppm (s), 3H / 2.4 ppm (q), 2H / 1.0 ppm (t), 3H
ベンゼン	7.3 ppm (s)		
$H-C\equiv C-H$	2.4 ppm (s)	$CH_3-CH=O$	9.9 ppm (q), 1H / 2.2 ppm (d), 3H
$H-CO-N(CH_3)_2$	7.9 ppm (s), 1H / 2.8 ppm (s), 3H / 2.9 ppm (s), 3H	$CH_3-CO-OCH_2CH_3$	1.2 ppm (t), 3H / 2.0 ppm (s), 3H / 4.1 ppm (q), 2H

構造	化学シフト	構造	化学シフト	構造	化学シフト
$C-CH_2CH_2CH_3$ / $C-CH_2CH_3$	$0.8 \sim 1.0$ ppm	H_2N-CH_2- (CH_3)	$2.4 \sim 3.0$ ppm	Ph$-CH_2-$	$2.2 \sim 2.8$ ppm
$C-CH_2CH_2CH_3$ / $C-CH_2CH_3$	$1.0 \sim 1.6$ ppm	$N\equiv C-CH_2-$	$2.1 \sim 2.8$ ppm	$F-CH_2-$	~ 4.5 ppm
$H_2C=CH_2$ (置換アルケン)	$4.9 \sim 5.4$ ppm	$-C\equiv C-CH_2-$	$2.0 \sim 2.8$ ppm	$Cl-CH_2-$	~ 3.4 ppm
		$-C(=O)-CH_2-$ (CH_3)	$2.0 \sim 2.6$ ppm	$Br-CH_2-$	~ 3.4 ppm
H-C=C-C=O (α,β-不飽和カルボニル)	$6.0 \sim 6.2$ ppm / $7.0 \sim 7.6$ ppm			$I-CH_2-$	~ 3.2 ppm
				$R-O-H$	$1 \sim 4$ ppm
$C-O-CH_2-$ (CH_3)	$3.2 \sim 3.6$ ppm	$C=C-CH_2-$ (CH_3)	$2.0 \sim 2.1$ ppm	$Ar-O-H$	$4.0 \sim 7.5$ ppm
				$R-NH_2$	$1 \sim 3$ ppm
$-C(=O)-O-CH_2-$ (CH_3)	$4.0 \sim 4.2$ ppm			$Ar-NH_2$	$3 \sim 5$ ppm
				$R-C(=O)-NH_2$	$5 \sim 9$ ppm
$N-CH_2-$	$2.2 \sim 2.8$ ppm			$R-C(=O)-O-H$	$10 \sim 13$ ppm

演習問題

問 21.1 ★★☆☆

分子式 C_9H_{12} の化合物は，下図のような IR（赤外吸収），^{1}H-NMR（$CDCl_3$, TMS 基準），および ^{13}C-NMR（$CDCl_3$, TMS 基準）のスペクトルを示す．構造式を示し，^{1}H-NMR の化学シフトを帰属しなさい．

ヒント
不飽和度が4の炭化水素で，IR から p-ジ置換ベンゼン．

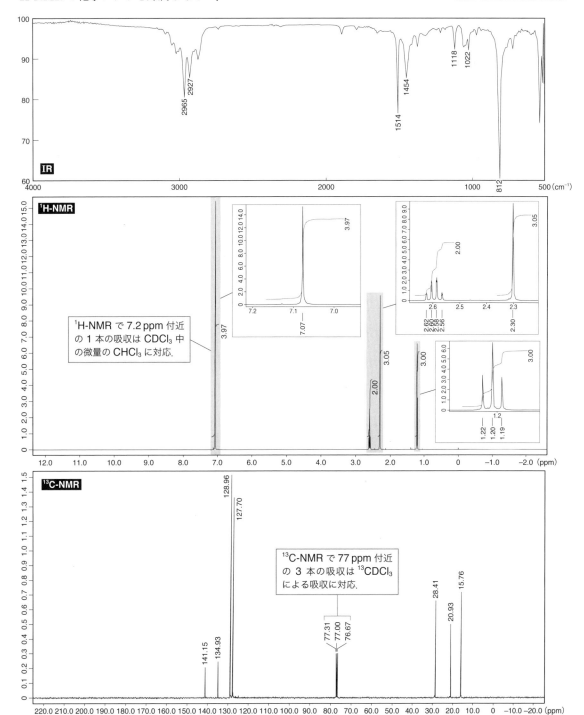

問 21.2 ★★☆☆

ヒント: 不飽和度が4で、含窒素芳香環をもつ対称性化合物．

分子式 C_6H_7N の化合物は，下図のような IR（赤外吸収），^{1}H-NMR（CDCl$_3$，TMS 基準），および ^{13}C-NMR（CDCl$_3$, TMS 基準）のスペクトルを示す．構造式を示し，^{1}H-NMR の化学シフトを帰属しなさい．

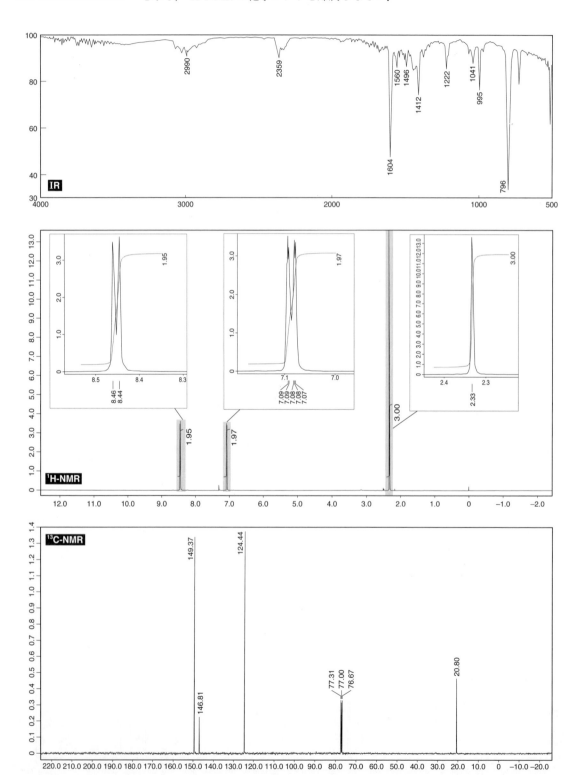

問 21.3 ★★☆☆

分子式 $C_5H_{12}O$ の化合物は，下図のような IR（赤外吸収），^{1}H-NMR（$CDCl_3$, TMS 基準），および ^{13}C-NMR（$CDCl_3$, TMS 基準）のスペクトルを示す．構造式を示し，^{1}H-NMR の化学シフトを帰属しなさい．

不飽和度が 0 の飽和炭化水素鎖をもち，IR からヒドロキシ基をもつ．

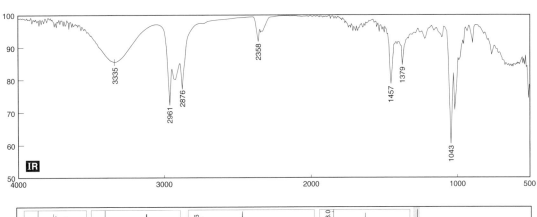

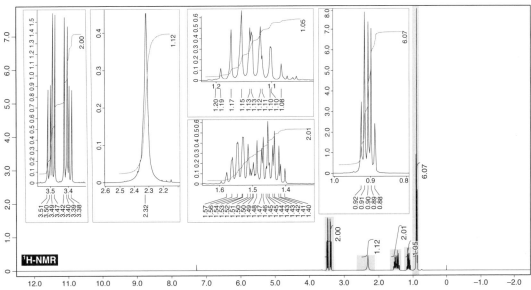

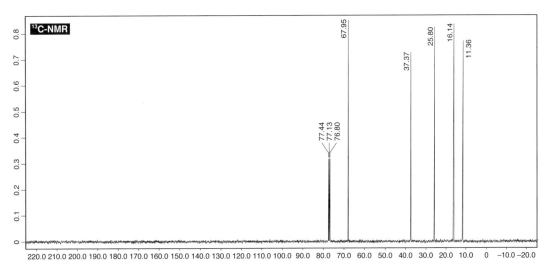

問 21.4 ★★☆☆

> **ヒント**
> 不飽和度が 1 の環状飽和炭化水素鎖をもち，IR からヒドロキシ基をもつ．

分子式 $C_7H_{14}O$ の化合物は，下図のような IR（赤外吸収），^{1}H-NMR（CDCl$_3$，TMS 基準），および ^{13}C-NMR（CDCl$_3$，TMS 基準）のスペクトルを示す．構造式を示し，^{1}H-NMR の化学シフトを帰属しなさい．

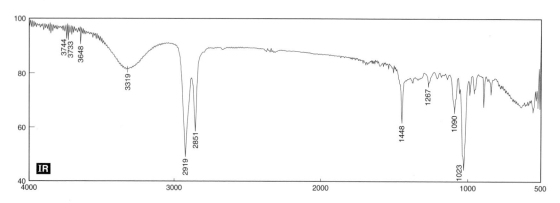

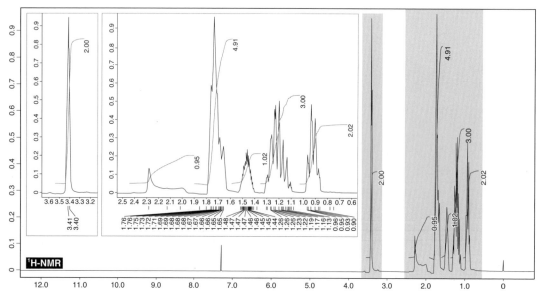

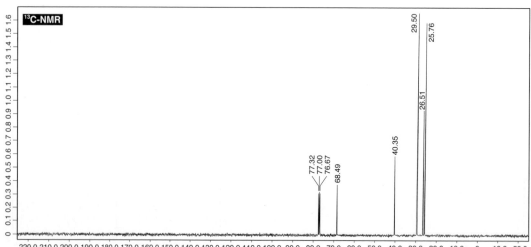

問 21.5 ★★☆☆

分子式 $C_{10}H_{14}O$ の化合物は，下図のような IR（赤外吸収），^{1}H-NMR（$CDCl_3$, TMS 基準），および ^{13}C-NMR（$CDCl_3$, TMS 基準）のスペクトルを示す．構造式を示し，^{1}H-NMR の化学シフトを帰属しなさい．

ヒント: 不飽和度が4でベンゼン環とメチル基をもち，IR からヒドロキシ基がある．

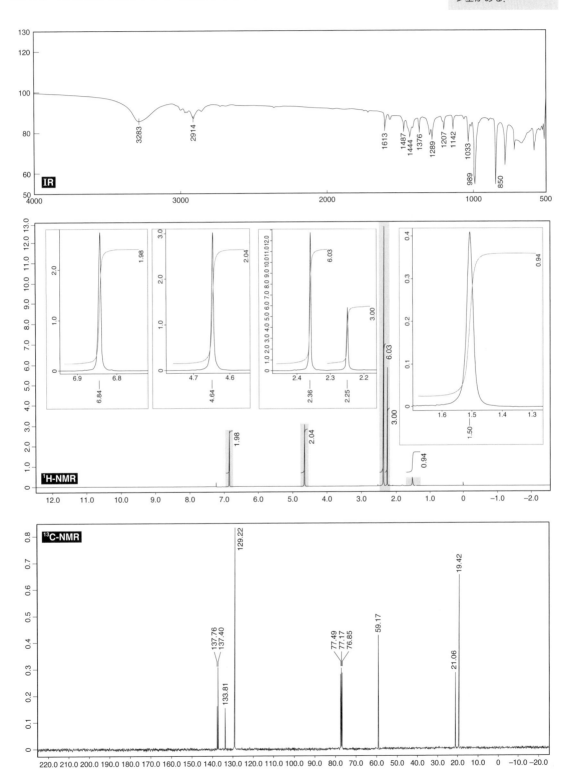

問 21.6 ★★☆☆

ヒント
不飽和度が4でベンゼン環とエチル基をもち，IRからヒドロキシ基がある．

分子式 $C_8H_{10}O$ の化合物は，下図のような IR（赤外吸収），^{1}H-NMR（$CDCl_3$, TMS 基準），および ^{13}C-NMR（$CDCl_3$, TMS 基準）のスペクトルを示す．構造式を示し，^{1}H-NMR の化学シフトを帰属しなさい．

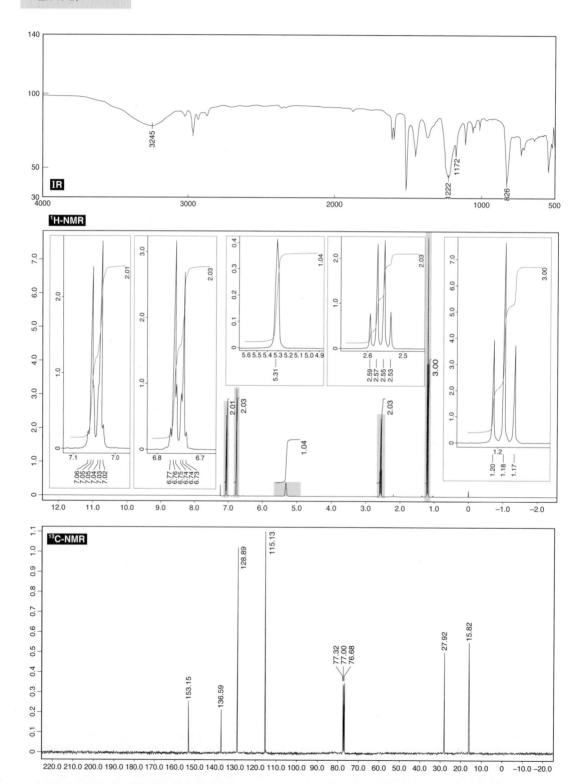

問 21.7 ★★☆☆

分子式 $C_5H_{10}O$ の化合物は，下図のような IR（赤外吸収），^{1}H-NMR（CDCl$_3$，TMS 基準），および ^{13}C-NMR（CDCl$_3$，TMS 基準）のスペクトルを示す．構造式を示し，^{1}H-NMR の化学シフトを帰属しなさい．

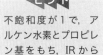

不飽和度が1で，アルケン水素とプロピレン基をもち，IR からヒドロキシ基がある．

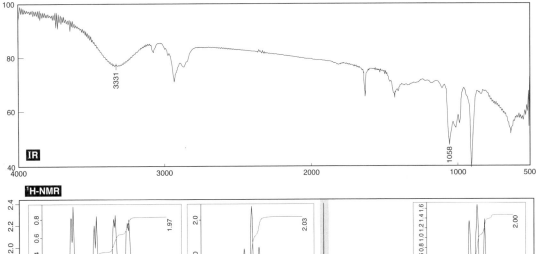

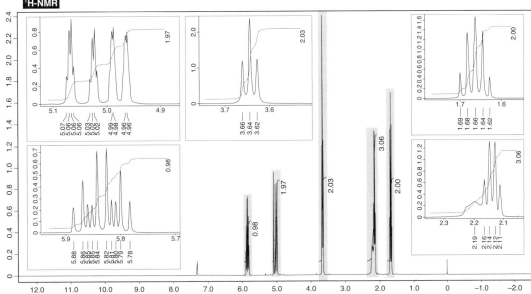

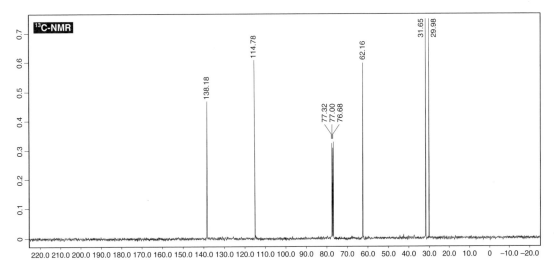

問 21.8 ★★☆☆

分子式 $C_5H_{11}I$ の化合物は，下図のような IR（赤外吸収），^{1}H-NMR（CDCl$_3$, TMS 基準），および ^{13}C-NMR（CDCl$_3$, TMS 基準）のスペクトルを示す．構造式を示し，^{1}H-NMR の化学シフトを帰属しなさい．

ヒント 不飽和度が 0 で，飽和炭化水素鎖をもつ．

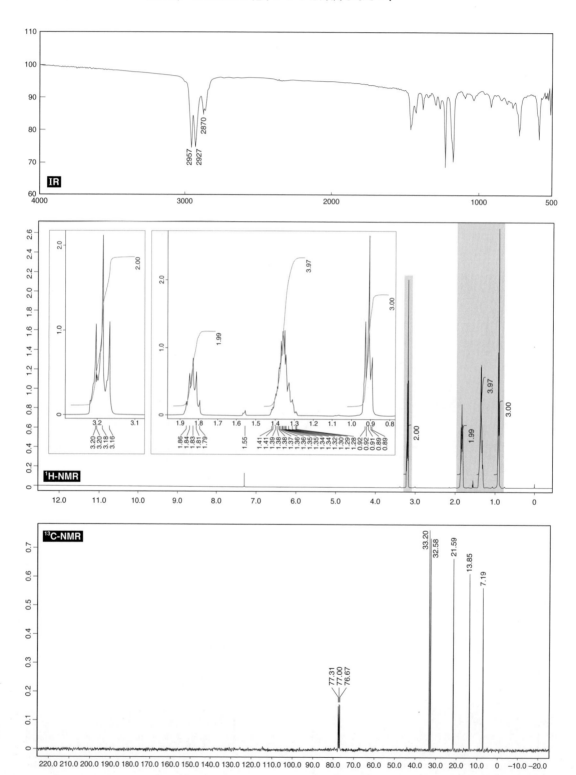

問 21.9 ★★☆☆

分子式 $C_9H_{10}O$ の化合物は，下図のような IR（赤外吸収），^{1}H-NMR（CDCl$_3$，TMS 基準），および ^{13}C-NMR（CDCl$_3$, TMS 基準）のスペクトルを示す．構造式を示し，^{1}H-NMR の化学シフトを帰属しなさい．

不飽和度が5で，ベンゼン環，エチレン鎖，およびアルデヒド水素があり，IR からカルボニル基がある．

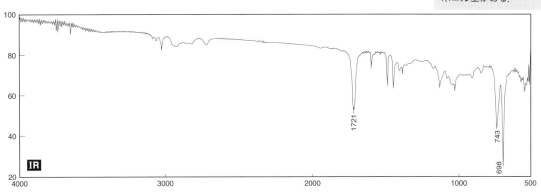

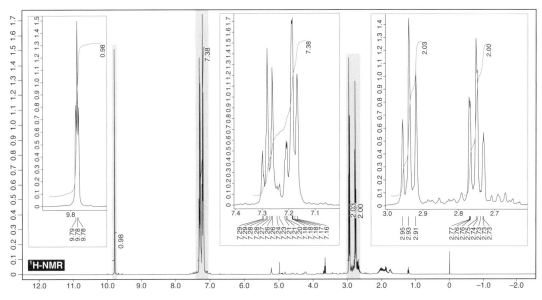

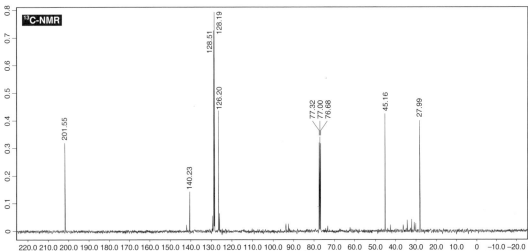

問 21.10 ★★☆☆

分子式 $C_8H_8O_2$ の化合物は，下図のような IR（赤外吸収），^{1}H-NMR（CDCl$_3$，TMS 基準），および ^{13}C-NMR（CDCl$_3$，TMS 基準）のスペクトルを示す．構造式を示し，^{1}H-NMR の化学シフトを帰属しなさい．

ヒント: 不飽和度が 5 で，パラ置換ベンゼン環，メチル基，アルデヒド水素があり，IR からカルボニル基がある．

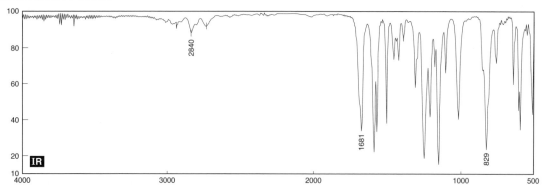

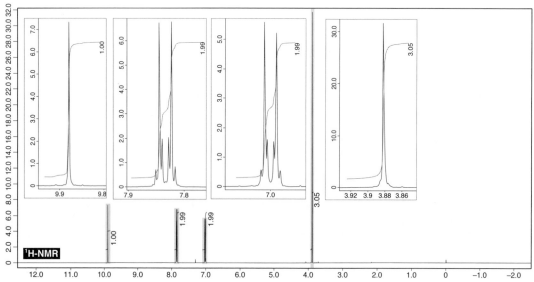

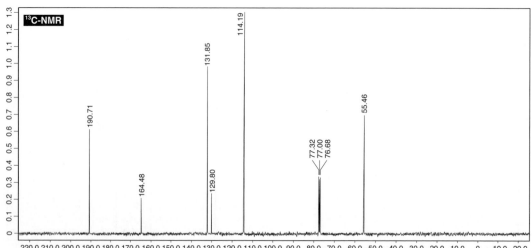

問 21.11 ★★☆☆

分子式 $C_{10}H_{12}O$ の化合物は，下図のような IR（赤外吸収），^{1}H-NMR（CDCl$_3$，TMS 基準），および ^{13}C-NMR（CDCl$_3$，TMS 基準）のスペクトルを示す．構造式を示し，^{1}H-NMR の化学シフトを帰属しなさい．

ヒント：不飽和度が5で，p-ジ置換ベンゼン環，メチル基，およびエチル基があり，IRからカルボニル基がある．

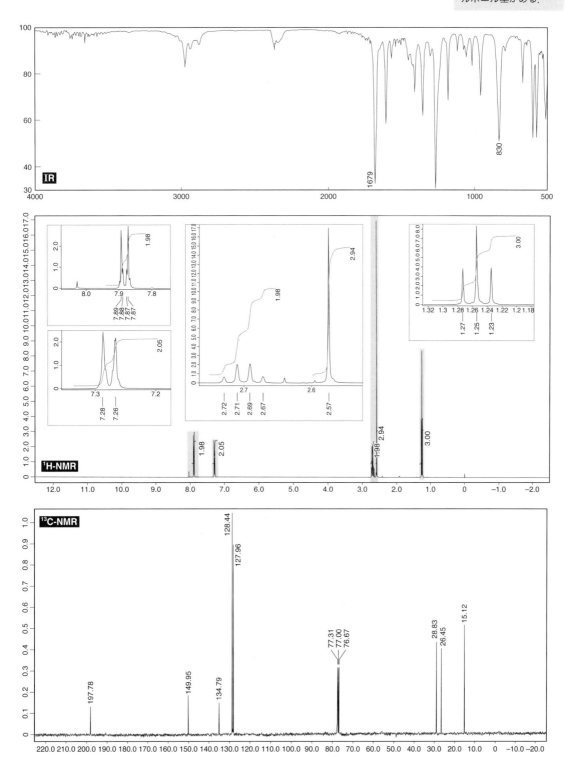

問 21.12 ★★★☆

ヒント
不飽和度が6で，ベンゼン環とプロピレン鎖があり，IRからカルボニル基がある．

分子式 $C_{10}H_{10}O$ の化合物は，下図のような IR（赤外吸収），^{1}H-NMR（CDCl$_3$，TMS 基準），および ^{13}C-NMR（CDCl$_3$，TMS 基準）のスペクトルを示す．構造式を示し，^{1}H-NMR の化学シフトを帰属しなさい．

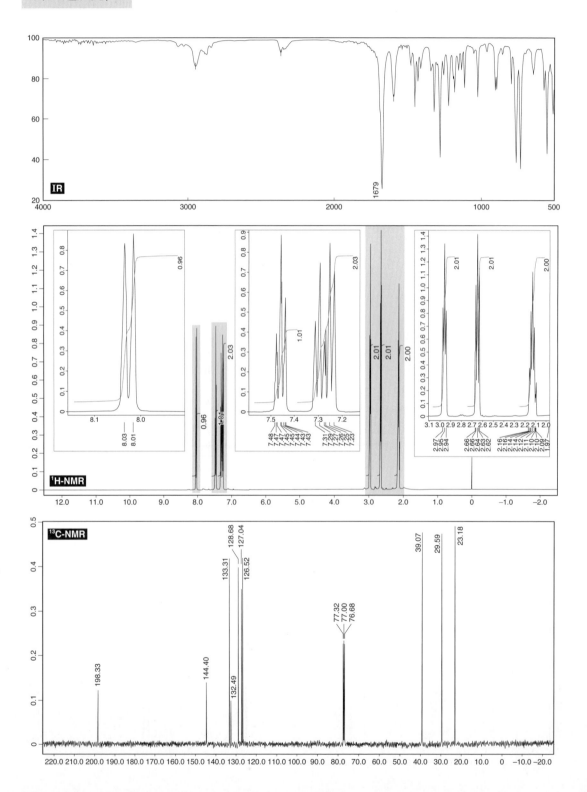

問 21.13 ★★★☆

分子式 $C_6H_{12}O_2$ の化合物は，下図のような IR（赤外吸収），^{1}H-NMR（CDCl$_3$, TMS 基準），および ^{13}C-NMR（CDCl$_3$, TMS 基準）のスペクトルを示す．構造式を示し，^{1}H-NMR の化学シフトを帰属しなさい．

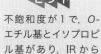

不飽和度が1で，O-エチル基とイソプロピル基があり，IRからカルボニル基がある．

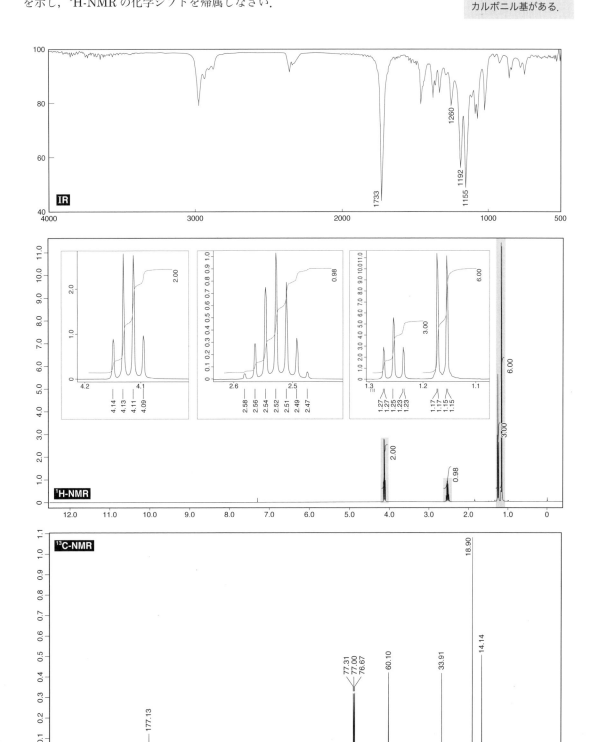

問 21.14 ★★★☆

ヒント
不飽和度が5で，ベンゼン環，メチレン基，および O-メチル基をもち，IR からカルボニル基がある．

分子式 $C_9H_{10}O_2$ の化合物は，下図のような IR（赤外吸収），^{1}H-NMR（CDCl$_3$，TMS 基準），および ^{13}C-NMR（CDCl$_3$，TMS 基準）のスペクトルを示す．構造式を示し，^{1}H-NMR の化学シフトを帰属しなさい．

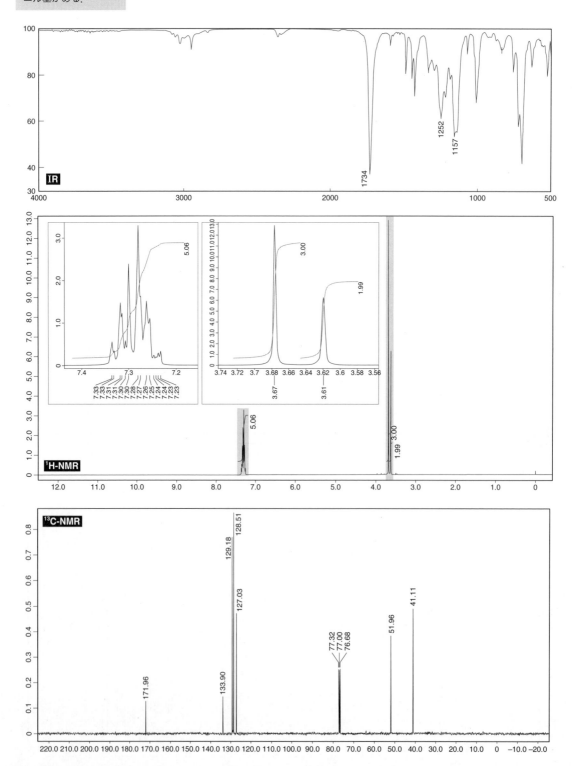

問 21.15 ★★★☆

分子式 $C_6H_{10}O_2$ の化合物は，下図のような IR（赤外吸収），^{1}H-NMR（CDCl$_3$，TMS 基準），および ^{13}C-NMR（CDCl$_3$，TMS 基準）のスペクトルを示す．構造式を示し，^{1}H-NMR の化学シフトを帰属しなさい．

ヒント: 不飽和度が 2 で，O-メチレン基および複数のメチレン基，IR からカルボニル基がある．

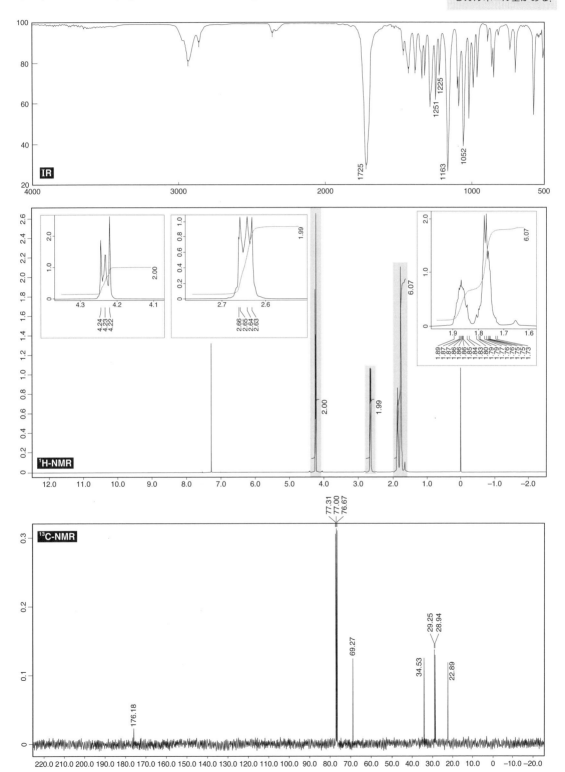

大学院入試問題に挑戦

問 21.16 ★★★☆

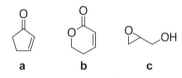

化合物 **a**, **b**, **c** の CDCl$_3$ 中の ^{1}H-NMR スペクトルを下図の **1** から **4** の中から選び，それぞれの数字を記せ．なお，各化合物の同定は ^{1}H-NMR スペクトルの化学シフト値と積分値から可能である．

（平成 28 年度 東北大学 理学研究科）

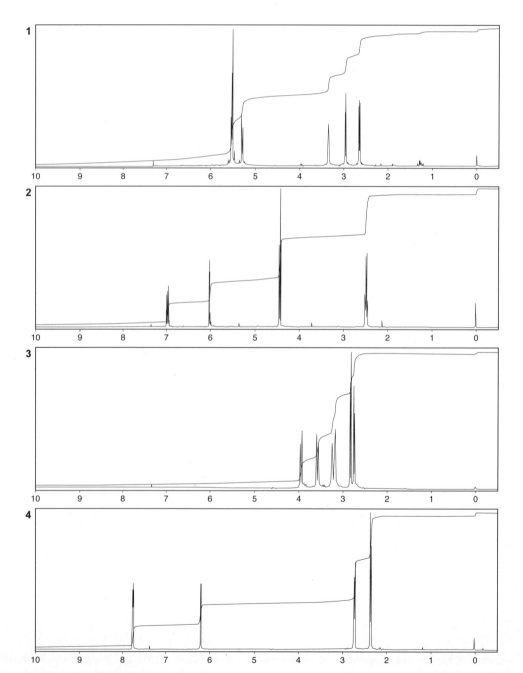

22 スペクトル値からの構造解析

問題を解くためのキーポイント

ポイント1 ◆ IR

カルボニル基が**共役カルボニル**になると、大きな共鳴効果が生じるため、カルボニル基の吸収は低波数にシフトする。

ポイント2 ◆ ¹H-NMR

通常は水素原子の核磁気共鳴エネルギー吸収と、隣接する水素原子とのカップリング(¹H-¹H)もスペクトル測定する。つまり、分子において異なった種類の水素原子の数がピークとして現れ、かつ、それらは隣接した水素原子とカップリングする。

ポイント3 ◆ ¹³C-NMR

通常は炭素原子の核磁気共鳴エネルギー吸収のみをスペクトル測定し、隣接する水素原子とカップリング(¹³C-¹H)させない(デカップル法)。つまり、分子において異なった種類の炭素原子の数がピークとして現れる。

演習問題

問 22.1 ★★☆☆

シクロヘキサノンの C=O 赤外吸収スペクトル(IR)は $1718\,\mathrm{cm}^{-1}$ であり、2-シクロヘキセノンのそれは $1691\,\mathrm{cm}^{-1}$ である。この相違の理由を簡潔に述べなさい。

ヒント: 共役ケトンか非共役ケトンか。

問 22.2 ★★☆☆

δ-ラクトンの C=O 赤外吸収スペクトル (IR) は $1760\,\mathrm{cm}^{-1}$ であり、α,β-不飽和-δ-ラクトンのそれは $1720\,\mathrm{cm}^{-1}$ である。この相違の理由を簡潔に述べなさい。

ヒント: 共役エステルか非共役エステルか。

問 22.3 ★★★☆

アミド **A** の C=O 赤外吸収スペクトル（IR）は $1733\,\mathrm{cm^{-1}}$ であり，N,N-ジメチルアセトアミド **B** のそれは $1645\,\mathrm{cm^{-1}}$ である．この相違の理由を簡潔に述べなさい．

ヒント：共鳴効果の条件は平面構造をとれるかどうか．

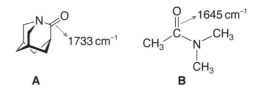

問 22.4 ★★★☆

$C_7H_{14}O_2$ の分子式をもつ化合物 **C** はバナナの香りがする無色の液体であり，香料として利用されている．化合物 **C** は以下に示した分析データを有する．化合物 **C** の構造式を描き，下線部の赤外吸収スペクトル（IR）と核磁気共鳴スペクトル（^{1}H-NMR, ^{13}C-NMR）を帰属しなさい．

ヒント：不飽和度は1で，メチル基1つと，等価なメチル基2つがあり，IRからカルボニル基がある．

- IR：<u>1740</u>, <u>1210</u> $\mathrm{cm^{-1}}$
- ^{1}H-NMR (CDCl$_3$, TMS)：$\delta =$ <u>0.92</u> (d, $J = 6.6$ Hz, 6H), <u>1.52</u> (q, $J = 6.9$ Hz, 2H), <u>1.63〜1.75</u> (m, 1H), <u>2.05</u> (s, 3H), <u>4.09</u> (t, $J = 6.9$ Hz, 2H) ppm
- ^{13}C-NMR (CDCl$_3$, TMS)：$\delta =$ 20.6, 22.1, 24.7, 37.0, <u>62.8</u>, <u>170.8</u> ppm

問 22.5 ★★★☆

ある化合物 **D** は炭素原子，水素原子，および酸素原子からなり，以下に示した分析データを有する．化合物 **D** の構造式を描き，下線部の赤外吸収スペクトル（IR）と核磁気共鳴スペクトル（^{1}H-NMR）を帰属しなさい．

ヒント：不飽和度は5で，メチル基1つと，等価なメチル基2つがあり，IRからエステル基がある．

- IR：<u>1700</u>, <u>1280</u> $\mathrm{cm^{-1}}$
- ^{1}H-NMR (CDCl$_3$, TMS)：$\delta =$ <u>1.30</u> (d, $J = 7.0$ Hz, 6H), <u>2.20</u> (s, 3H), <u>4.10</u> (septet, $J = 7.0$ Hz, 1H), <u>7.35</u> (d, $J = 8.0$ Hz, 1H), <u>7.40</u> (t, $J = 8.0$ Hz, 1H), <u>7.85</u> (d, $J = 8.0$ Hz, 1H), <u>7.90</u> (s, 1H) ppm
- MS (質量スペクトル)：$m/z = 178$ (分子イオンピーク)

問 22.6 ★★★☆

分子式 $C_{14}H_{20}O$ の化合物 **E** は以下に示した分析データを有する．化合物 **E** の構造式を描き，下線部の核磁気共鳴スペクトル（^{1}H-NMR, ^{13}C-NMR）を帰属しなさい．

ヒント：不飽和度は5で，エチレン鎖1つと，2つの等価なメチル基が2種類ある．

- ^{1}H-NMR (CDCl$_3$, TMS)：$\delta =$ <u>1.06</u> (d, $J = 7.3$ Hz, 6H), <u>2.21</u> (s, 6H), <u>2.70</u> (septet, $J = 7.3$ Hz, 1H), <u>2.72</u> (t, $J = 7.0$ Hz, 2H), <u>2.82</u> (t, $J = 7.0$ Hz, 2H), <u>6.95</u> (s, 2H), <u>7.17</u> (s, 1H) ppm
- ^{13}C-NMR (CDCl$_3$, TMS)：$\delta =$ 17.6, 19.6, 29.9, 41.0, 45.3, 125.1, 129.5, 138.5, 139.2, <u>208.0</u> ppm

問 22.7 ★★★☆

分子式 $C_{10}H_{10}O_2$ の化合物 **F** は以下に示した分析データを有する．化合物 **F** の構造式を描き，下線部の赤外吸収スペクトル（IR）と核磁気共鳴スペクトル（^{1}H-NMR）を帰属しなさい．

- IR：$\underline{2100}\,\text{cm}^{-1}$
- ^{1}H-NMR（CDCl$_3$, TMS）：$\delta = \underline{3.04}$ (s, 1H), $\underline{3.78}$ (s, 6H), $\underline{6.47}$ (s, 1H), $\underline{6.65}$ (s, 2H) ppm
- ^{13}C-NMR（CDCl$_3$, TMS）：$\delta = $ 55.8, 81.4, 82.3, 100.1, 108.7, 124.7, 161.2 ppm

> **ヒント**
> 不飽和度は6で，*O*-メチル基2つと，IRから末端アセチレン鎖がある．

問 22.8 ★★★☆

次に示した反応を行ったところ，化合物 **G** を生じた．化合物 **G** は以下に示した分析データを有する．化合物 **G** の構造式を描き，下線部の核磁気共鳴スペクトル（^{1}H-NMR, ^{13}C-NMR）を帰属しなさい．また，化合物 **G** の生成機構を示しなさい．

> **ヒント**
> *p*-ジ置換ベンゼン，*trans*-1,2-ジ置換オレフィン，およびエチル基がある．

- ^{1}H-NMR（CDCl$_3$, TMS）：$\delta = \underline{1.34}$ (t, *J* = 7.1 Hz, 3H), $\underline{4.27}$ (q, *J* = 7.1 Hz, 2H), $\underline{6.40}$ (d, *J* = 16.0 Hz, 1H), $\underline{7.36}$ (d, *J* = 7.8 Hz, 2H), $\underline{7.45}$ (d, *J* = 7.8 Hz, 2H), $\underline{7.62}$ (d, *J* = 16.0 Hz, 1H) ppm
- ^{13}C-NMR（CDCl$_3$, TMS）：$\delta = \underline{14.3}, \underline{60.6}$, 118.9, 129.18, 129.20, 133.0, 136.1, 143.1, $\underline{166.7}$ ppm

問 22.9 ★★★☆

分子式 $C_8H_6O_3$ の化合物 **H** は以下に示した分析データを有する．化合物 **H** の構造式を描き，下線部の赤外吸収スペクトル（IR）と核磁気共鳴スペクトル（^{1}H-NMR, ^{13}C-NMR）を帰属しなさい．また，化合物 **H** に *m*CPBA を作用させたときの生成物を構造式で示しなさい．

- IR：$\underline{1685}\,\text{cm}^{-1}$
- ^{1}H-NMR（CDCl$_3$, TMS）：$\delta = \underline{6.07}$ (s, 2H), $\underline{6.93}$ (d, *J* = 7.9 Hz, 1H), $\underline{7.32}$ (d, *J* = 1.6 Hz, 1H), $\underline{7.41}$ (dd, *J* = 7.9 Hz, 1.6 Hz, 1H), $\underline{9.80}$ (s, 1H) ppm
- ^{13}C-NMR（CDCl$_3$, TMS）：$\delta = $ 102.0, 106.8, 108.2, 128.6, 131.8, 148.6, 153.0, $\underline{190.2}$ ppm

> **ヒント**
> IRと^{1}H-NMRから共役アルデヒド基があり，^{1}H-NMRから1,2,4-三置換ベンゼンである．

問 22.10 ★★★☆

3-メチル-2-ブタノールの *O*-Ts 体を酢酸溶媒で反応させると，予想された酢酸エステル **I** は少量しか得られず，化合物 **J** が主生成物となった．

(a) 酢酸エステル **I** の予想される核磁気共鳴スペクトル（^{1}H-NMR）を図に描きなさい．

> **ヒント**
> 酢酸は非プロトン性極性溶媒で，S_N1 反応の優れた溶媒である．生じた第二級カルボカチオン中間体は，より安定な第三級カルボカチオンに異性化する．

(b) 化合物 **J** は以下の分析データを有する．化合物 **J** の構造式を描き，下線部の赤外吸収スペクトル(IR)と核磁気共鳴スペクトル(^{1}H-NMR)を帰属しなさい．

- IR：<u>1740</u>, <u>1240</u> cm^{-1}
- ^{1}H-NMR (CDCl$_3$, TMS)：δ = <u>0.90</u> (t, J = 8.0 Hz, 3H), <u>1.43</u> (s, 6H), <u>1.53</u> (q, J = 8.0 Hz, 2H), <u>2.21</u> (s, 3H) ppm

(c) 化合物 **J** の生成機構を示しなさい．

$$\underset{\underset{\text{OTs}}{}}{\text{CH}_3\text{–CH(CH}_3\text{)–CH(CH}_3\text{)}} \xrightarrow[25\,°\text{C}]{\text{AcOH}} \underset{\underset{\text{OAc}}{\textbf{I}\,(3\%)}}{\text{CH}_3\text{–CH(CH}_3\text{)–CH(CH}_3\text{)}} + \textbf{J}\ (97\%)$$

問 22.11 ★★★☆

ヒント: IR からヒドロキシ基とカルボニル基があり，^{1}H-NMR からメチル基がある p-ジ置換ベンゼンである．

分子式 C$_9$H$_9$ClO$_3$ の化合物 **K** は以下に示した分析データを有する．化合物 **K** の構造式を描き，下線部の赤外吸収スペクトル(IR)と核磁気共鳴スペクトル(^{1}H-NMR, ^{13}C-NMR)を帰属しなさい．

- IR：<u>3527</u>, <u>1737</u> cm^{-1}
- ^{1}H-NMR (CDCl$_3$, TMS)：δ = <u>3.53</u> (brs, 1H), <u>3.76</u> (s, 3H), <u>5.16</u> (s, 1H), 7.22 (d, J = 7.5 Hz, 2H), 7.38 (d, J = 7.5 Hz, 2H) ppm
- ^{13}C-NMR (CDCl$_3$, TMS)：δ = <u>53.2</u>, <u>72.1</u>, 127.9, 128.7, 134.4, 136.6, <u>173.7</u> ppm

問 22.12 ★★★☆

ヒント: IR と ^{1}H-NMR から α-水素のないアルデヒドで 1,3-ジ置換ベンゼンである．

分子式 C$_7$H$_5$ClO の化合物 **L** は以下に示した分析データを有する．化合物 **L** の構造式を描き，下線部の赤外吸収スペクトル(IR)と核磁気共鳴スペクトル(^{1}H-NMR, ^{13}C-NMR)を帰属しなさい．

- IR：2823, 2728, <u>1697</u> cm^{-1}
- ^{1}H-NMR (CDCl$_3$, TMS)：δ = <u>7.49</u> (t, J = 7.9 Hz, 1H), <u>7.61</u> (dt, J = 7.9, 2.0 Hz, 1H), <u>7.77</u> (dt, J = 7.9, 2.0 Hz, 1H), <u>7.86</u> (t, J = 2.0 Hz, 1H), <u>9.98</u> (s, 1H) ppm
- ^{13}C-NMR (CDCl$_3$, TMS)：δ = 127.9, 129.2, 130.3, 134.3, 135.4, 137.7, <u>190.8</u> ppm

問 22.13 ★★★☆

ヒント: IR から共役カルボニル基があり，^{1}H-NMR から 1 つの t-ブチル基，等価な 2 つのメチル基，および 1 つのメチル基がある．

分子式 C$_{14}$H$_{20}$O の化合物 **M** は以下に示した分析データを有する．化合物 **M** の構造式を描き，下線部の赤外吸収スペクトル (IR) と核磁気共鳴スペクトル (^{1}H-NMR, ^{13}C-NMR) を帰属しなさい．

- IR：<u>1686</u> cm^{-1}
- ^{1}H-NMR (CDCl$_3$, TMS)：δ = <u>1.23</u> (s, 9H), <u>2.17</u> (s, 6H), <u>2.27</u> (s, 3H), <u>6.82</u>

(s, 2H) ppm
- ^{13}C-NMR (CDCl$_3$, TMS): δ = 20.2, 20.9, 28.0, 44.7, 128.3, 132.0, 137.3, 139.6, <u>219.7</u> ppm

問 22.14 ★★★☆

1,5-ヘキサジエン-3-オールを加熱すると，異性体である化合物 **N** を生じる．化合物 **N** は以下に示した分析データを有する．

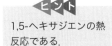
1,5-ヘキサジエンの熱反応である．

- IR：<u>1720</u> cm^{-1}
- ^{1}H-NMR (CDCl$_3$, TMS): δ = <u>1.84</u> (quint, J = 7.2 Hz, 2H), <u>2.16</u> (td, J = 7.2 Hz, 6.5 Hz, 2H), <u>2.38</u> (td, J = 7.2 Hz, 6.2 Hz, 2H), <u>4.88</u> (dd, J = 16.8 Hz, 2.1 Hz, 1H), <u>5.13</u> (dd, J = 10.0 Hz, 2.1 Hz, 1H), <u>5.82</u> (ddt, J = 16.8 Hz, 10.0 Hz, 6.5 Hz, 1H), <u>9.72</u> (t, J = 6.2 Hz, 1H) ppm

(a) 化合物 **N** の構造式を描き，下線部の赤外吸収スペクトル（IR）と核磁気共鳴スペクトル（^{1}H-NMR）を帰属しなさい．

(b) 化合物 **N** の生成機構を示しなさい．また，この反応が不可逆である理由を述べなさい．

問 22.15 ★★★☆

次に示した反応を行ったところ，化合物 **O** を生じた．化合物 **O** を低温でオゾンと反応させ，続いて Ph$_3$P で還元処理すると，化合物 **P** を生じた．化合物 **P** は以下に示した核磁気共鳴スペクトル（^{1}H-NMR）データを有する．

Diels-Alder 付加環化反応と Harries オゾン分解反応である．

- ^{1}H-NMR (CDCl$_3$, TMS): δ = <u>1.29</u> (t, J = 8.0 Hz, 3H), <u>1.38</u> (s, 3H), <u>1.81〜1.95</u> (m, 2H), <u>2.13</u> (s, 3H), <u>2.45</u> (t, J = 7.1 Hz, 2H), <u>2.58</u> (dd, J = 14.5 Hz, 6.2 Hz, 1H), <u>2.83</u> (dd, J = 14.5 Hz, 6.2 Hz, 1H), <u>4.21</u> (q, J = 8.0 Hz, 2H), <u>9.72</u> (t, J = 6.2 Hz, 1H) ppm

(a) 化合物 **O** および **P** の構造式を示しなさい．

(b) 化合物 **P** で，下線部の核磁気共鳴スペクトル（^{1}H-NMR）を帰属しなさい．

問 22.16 ★★★☆

ピバルアルデヒド（α,α,α-trimethylacetaldehyde）とアセトアルデヒドの等量の混合物に NaOH 水溶液を加え，交差アルドール縮合反応を利用して化合物 **Q** の合成を試みた．しかし，化合物 **Q** は微量しか生成しなかった．

(a) このような結果になった理由を述べなさい．

(b) 化合物 **Q** を効率的に得るためには，どのような実験操作をすればよいかを述べなさい．

分子間アルドール縮合反応では，生じたエノレートアニオンは立体障害の少ないアルデヒドと反応しやすい．

問 22.17 ★★★☆

安息香酸エチルに 1 当量の C_2H_5MgBr を加えてプロピオフェノン（エチルフェニルケトン）の合成を試みた．しかし，プロピオフェノンは生成せず，原料の安息香酸エチルとアルコールの混合物を生じた．

(a) このような結果になった理由を述べなさい．
(b) 安息香酸からプロピオフェノンの効率的な合成法を示しなさい．
(c) ベンゼンからプロピオフェノンの効率的な合成法を示しなさい．

ヒント：エステルのカルボニル炭素より，ケトンのカルボニル炭素のほうが，陽性度は高い．つまり，求電子性が高い．

大学院入試問題に挑戦

問 22.18 ★★★☆

化合物 **A** は，元素分析値が C, 59.73％；H, 5.01％；N, 6.33％；O, 28.93％であり，そのスペクトルデータは以下の通りである．化合物 **A** の構造式を記せ．また，構造を決定するに至った理由を述べよ．

- ^{1}H-NMR (CDCl$_3$)：δ = 1.35 (3H, t, J = 7 Hz), 4.30 (2H, q, J = 7 Hz), 6.56 (1H, d, J = 17 Hz), 7.68 (2H, d, J = 8 Hz), 7.70 (1H, d, J = 17 Hz), and 8.24 (2H, d, J = 8 Hz) ppm
- IR (KBr)：1713, 1600, 1517, and 1342 cm^{-1}
- MS：m/z = 221 (M$^+$)

（平成 12 年度 京都大学 理学研究科）

PART IV
反応・合成の
トレーニング

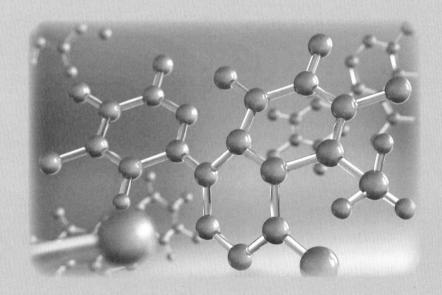

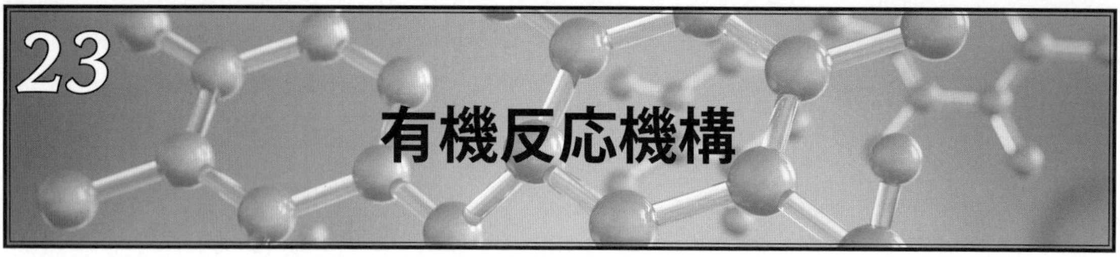

23 有機反応機構

演習問題

ヒント
Fischer エステル合成反応を用いる．

問 23.1 ★★☆☆

次に示した反応の反応機構を示しなさい．

PhCO₂H + CH₃●H (濃H₂SO₄ 触媒) → PhC(=O)●CH₃
(● : ¹⁸O)

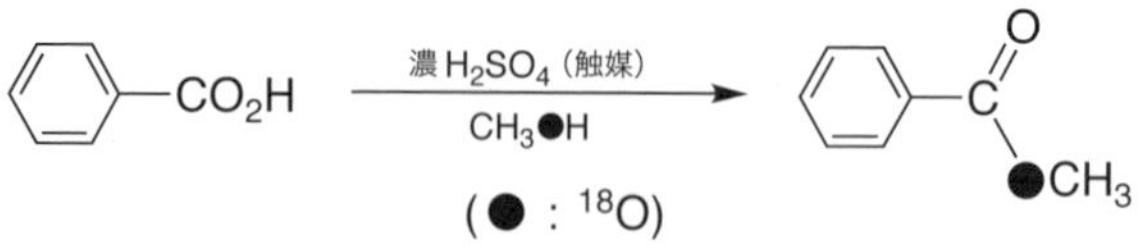

ヒント
臭素原子が関わるラジカル連鎖反応である．

問 23.2 ★★☆☆

次に示した反応の反応機構を示しなさい．

4-クロロトルエン + NBS (PhCO₂)₂ (触媒量), CCl₄, 加温 → 4-クロロベンジルブロミド

(NBS : N-ブロモスクシンイミド)

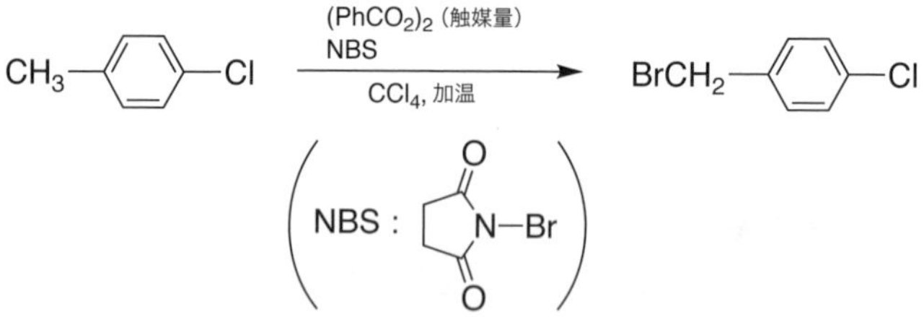

ヒント
ケトンの pK_a は 20 程度であるが，ケトンの酸素は Lewis 塩基としても働く．

問 23.3 ★★☆☆

(S)-2-ベンゾイルブタン〔(S)-sec-ブチル フェニル ケトン〕は，その水溶液を酸性にしても，塩基性にしてもラセミ化してしまう．それぞれのラセミ化の反応機構を示しなさい．

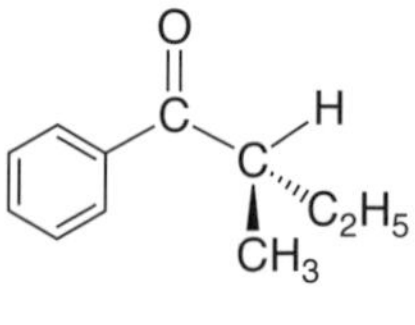

ヒント
アルデヒドの pK_a は 17 程度であり，生じた炭素アニオンは活性オレフィンに Michael 付加反応する．

問 23.4 ★★★☆

シクロヘキサンカルボキシアルデヒドとメチルビニルケトンに KOH 水溶液を作用させると，スピロ化合物を生じる．この反応の反応機構を示しなさい．

シクロヘキシル-CHO + CH₂=CH-C(=O)CH₃ → (KOH, H₂O) → スピロ化合物

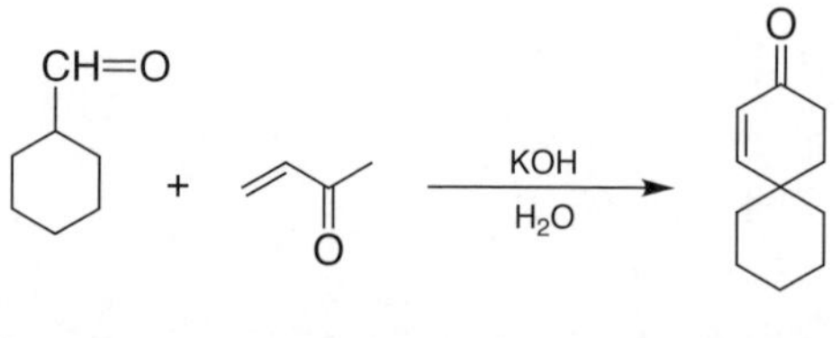

問 23.5 ★★★☆

次に示した異性化反応の反応機構を示しなさい.

ヒント: 活性オレフィンへの水酸化物イオンの Michael 付加反応と β-開裂反応により，二環性から単環性になって反応が進行する.

問 23.6 ★★★☆

次に示した Fischer 投影式の化合物の最も安定な配座を Newman 投影式で示しなさい．また，この化合物を HBr 水溶液で処理したときの生成物と，その反応機構を示しなさい．

ヒント: 孤立電子対をもつ臭素原子による隣接基関与の反応である.

問 23.7 ★★★☆

次に示した反応の反応機構を示しなさい.

ヒント: ラジカル反応開始剤である過酸化ベンゾイルから生じた炭素ラジカルが四塩化炭素と反応する．また，基質アルケンの四員環ゆがみが反応の原動力となる.

問 23.8 ★★★☆

次に示した反応の反応機構を示しなさい.

ヒント: 塩基触媒存在下で，ケトンとビニルケトンから六員環への縮合反応である.

問 23.9 ★★★☆

次に示した反応の反応機構を示しなさい.

ヒント: 塩基触媒存在下で，芳香族アルデヒドと無水カルボン酸の縮合反応である.

問 23.10 ★★★☆

次に示した反応の反応機構を示しなさい.

ヒント: 塩基存在下で，芳香族アルデヒドとコハク酸ジエステルの縮合反応である.

問 23.11 ★★★☆

次に示した反応の反応機構を示しなさい．

ヒント: 第三級カルボカチオンは生じやすく，ニトリルの窒素は弱い求核性がある．

問 23.12 ★★★☆

農薬として用いられていた 1,2,3,4,5,6-ヘキサクロロヘキサン（ベンゼンヘキサクロリド：BHC）にはいくつかの立体異性体がある．それらのうちで，異性体 **A** が塩基との反応性が最も低く，残留農薬の問題となっている．この理由を反応機構論的に述べなさい．

1,2,3,4,5,6-ヘキサクロロシクロヘキサン　　　異性体 **A**

ヒント: E2 反応や E1 反応が生じやすいかを考える．

問 23.13 ★★☆☆

(R)-α-クロロエチルベンゼンの加水分解反応では，光学活性な塩化物を用いたにもかかわらず，ラセミ体のアルコールを生じる．この反応の反応機構を示し，理由を述べなさい．

ヒント: 水はプロトン性極性溶媒で S_N1 反応を促進する．

問 23.14 ★★★☆

次に示した反応の反応機構を示しなさい．

ヒント: ハロベンゼンに強塩基を作用させると，反応性の高いベンザインを生じる．

問 23.15 ★★★☆

次に示した反応の反応機構を示しなさい．また，軌道論的に図示しなさい．

ヒント: 反応は HOMO と LUMO の軌道間相互作用で進行する．

問 23.16 ★★★☆

次に示した反応速度比をもとに，反応機構を示しなさい．

R^1	R^2	反応速度比
H	H	1
H	CH_3	13
CH_3	CH_3	148

ヒント: S_N1 反応で，非古典的カルボカチオンを生じる．

問 23.17 ★★★☆

ヨウ化メチル（CH_3I）にアジ化ナトリウム（NaN_3）を作用させると，メチルアジド（CH_3N_3）を生じる．この反応を0 ℃で，メタノール溶媒中で行った場合の反応速度定数（k_{CH_3OH}）と N,N-ジメチルホルムアミド（DMF）溶媒で行った場合の反応速度定数（k_{DMF}）を比較すると，その反応速度比は $k_{DMF} / k_{CH_3OH} = 45{,}000$ である．反応機構から，この大きな相違の理由を述べなさい．なお，メタノールの誘電率は 32.6，DMF の誘電率は 36.7 である．

$$CH_3I + NaN_3 \xrightarrow{0\ °C} CH_3N_3 + NaI$$

ヒント: 非プロトン性極性溶媒は S_N2 反応を促進する．

問 23.18 ★★★☆

次に示した反応の反応機構を示しなさい．

L-グルタミン酸 $\xrightarrow{NaNO_2,\ aq.HCl}$ （γ-ブチロラクトン-α-カルボン酸）

ヒント: 同一炭素原子上で S_N2 反応が 2 回生じる．

問 23.19 ★★★☆

次に示したように，γ-ピコリンを安息香酸触媒存在下，重水中で加熱すると，γ-ピコリン-d_3 を生じる．反応機構を示しなさい．

γ-ピコリン $\xrightarrow[D_2O,\ 加熱]{PhCO_2H（触媒）}$ γ-ピコリン-d_3　　d-含有率 ≧ 95%

ヒント: γ-ピコリンの窒素原子がプロトン化され，互変異性化する．

大学院入試問題に挑戦

問 23.20 ★★☆☆

以下の反応の機構を，曲がった矢印を用いて記しなさい．

(1) (2-メチルシクロヘキサノン) $\xrightarrow[CH_2Cl_2]{\text{3-クロロ過安息香酸}}$ (ラクトン生成物)

(2) シクロヘキサンカルボニルクロリド $\xrightarrow[\text{2) } Ag_2O,\ H_2O\ /\ THF]{\text{1) } CH_2N_2}$ シクロヘキシル酢酸

（平成 27 年度 北海道大学 総合化学院）

問 23.21 ★★☆☆

次の反応の機構を，電子の矢印を用いて記せ．

(平成 15 年度 京都大学 理学研究科)

問 23.22 ★★★☆

(1R,2S)-1-bromo-1,2-diphenylpropane に sodium ethoxide を作用させて E2 脱離反応を行うと，1 種類の生成物が得られた．その生成物の構造式および生成機構を立体化学がわかるように記せ．

(平成 26 年度 京都大学 工学研究科)

問 23.23 ★★☆☆

3-メチルブタン-2-オールと HBr との反応によって生成する唯一のハロゲン化アルキルは転位生成物である．生成物の構造式とその反応機構を示せ．

(平成 13 年度 京都大学 理学研究科)

問 23.24 ★★★☆

次の反応(1)〜(3)の反応機構を示せ．

(1) [図: KOH による分子内アルドール反応]

(2) [図: フタルアルデヒド + NaOH水溶液/ジオキサン → H₃O⁺ → 2-(ヒドロキシメチル)安息香酸 (Cannizzaro反応)]

(3) [図: 1,4-ジアセトキシ-1,3-ブタジエン + 1,4-ベンゾキノン → 加熱還流 ベンゼン → 1,4-ナフトキノン]

(平成 20 年度 東京大学 理学系研究科)

問 23.25 ★★★☆

2,4-ジニトロ-1-フルオロベンゼン (**2**) および 1-ブロモ-2,4-ジニトロベンゼン (**3**) をベンジルアミン (**4**) と作用させると同じ化合物が得られる．以下の問いに答えよ．
(a) 化合物 **2** と **4** から得られる化合物の構造式を，反応機構とともに記せ．
(b) 化合物 **2** と **3** のうち，どちらのほうが **4** と速く反応するか．理由とともに記せ．

(平成 29 年度 東北大学 理学研究科)

24 有機合成反応（3～6工程）

演習問題

問 24.1 ★★☆☆

ベンゼンから，(a) *p*-ヒドロキシアゾベンゼン，および，(b) サルファー剤の合理的な合成法を示しなさい．試薬も明示すること．

ヒント
いずれも，ベンゼンからアニリンへ誘導して進める．

(a) ベンゼン ⟶ C₆H₅-N=N-C₆H₄-OH

(b) ベンゼン ⟶ H₂N-C₆H₄-SO₂NH₂

問 24.2 ★★☆☆

次に示した原料から生成物の合理的な合成法を示しなさい．試薬も明示すること．

(a) CH₃CH₂CH₂-C(=O)OH ⟶ CH₃CH₂CH₂CH₂NH₂

(b) HC≡CH ⟶ CH₃CH₂CH(Br)CH₃

(c) CH₃CH₂CH₂C≡CH ⟶ CH₃CH₂CH₂-C(=O)-CH₂CH₂CH₃

(d) CH₃CH₂CH₂Br ⟶ CH₃CH₂CH₂CH₂CO₂H

(e) CH₃CH₂CH₂Br ⟶ CH₃CH₂CH₂CH₂C(=O)CH₃

(f) CH₃CH₂Br ⟶ CH₃CH₂CH₂CH₂CN

(g) HO₂C-(CH₂)₄-CO₂H ⟶ (2-エチルシクロペンタノン)

ヒント
(a) 最初にアミドへ誘導する．(b), (c) アセチレンの炭素−炭素結合形成反応と続く付加反応を考える．(d) C₂増炭をともなう炭素−炭素結合形成反応によるカルボン酸合成反応を考える．(e) 炭素−炭素結合形成反応によるメチルケトン合成反応を考える．(f) C₃増炭は Michael 付加反応を考える．(g) 分子内環化反応を考える．

ヒント

(a) エナミンを考える．(b) エナミンとMichael付加反応を考える．(c) Grignard反応を考える．(d) Grignard反応とヒドロキシ基の塩素化反応を考える．(e) Grignard反応と脱水反応を考える．(f) 一方のヒドロキシ基を保護してからの酸化反応を考える．(g) 縮合反応と炭素–炭素結合形成反応を考える．(h) 還元反応とGrignard反応を考える．

問 24.3 ★★★☆

次に示した原料から生成物の合理的な合成法を示しなさい．試薬も明示すること．

(a) シクロヘキサノン → 2-エチルシクロヘキサノン

(b) シクロヘキサノン → 2-(2-メトキシカルボニルエチル)シクロヘキサノン

(c) $CH_3-C_6H_5$ → $CH_3-C_6H_4-D$

(d) $CH_3CH_2CH_2CH_2OH$ → $CH_3CH_2CH(Cl)CH_2CH_3$ (2-クロロペンタン相当)

(e) $CH_3CH_2CH_2CH_2OH$ → (CH₃)₂C=CHCH₂CH₃ 型アルケン

(f) HO-CH₂CH₂CH₂-OH → OHC-CH₂CH₂-CH₂OH

(g) $CH_3CH_2CO_2C_2H_5$ → $CH_3CH_2-CO-CH(CH_3)-CH_2CH_3$

(h) $C_6H_5-NO_2$ → C_6H_5-D

ヒント

(a) 炭素原子から窒素原子への1,2-転位反応を考える．(b) マロン酸エステル合成反応を考える．(c) C_1増炭反応と水和反応を考える．(d) C_1増炭反応を考える．(e) メチル基よりo-, p-配向の強い官能基の導入を考える．(f), (g) 立体を保持したC_1減炭反応を考える．

問 24.4 ★★★☆

次に示した原料から生成物の合理的な合成法を示しなさい．試薬も明示すること．

(a) $CH_3-C_6H_4-CO_2H$ → $CH_3-C_6H_4-NH-CO-CH_3$

(b) $HO-(CH_2)_4-OH$ → シクロペンタンカルボン酸 ($C_5H_9-CO_2H$)

(c) $CH_3-C_6H_4-C\equiv CH$ → $CH_3-C_6H_4-CO-CH=CH_2$

(d) $CH_3-C_6H_4-CO_2H$ → $CH_3-C_6H_4-CH_2CH_2OH$

(e) $CH_3-C_6H_5$ → $CH_3-C_6H_4-Br$ (m-位)

(f), (g) の構造式

問 24.5 ★★★☆

次に示した原料から生成物の合理的な合成法を示しなさい．試薬も明示すること．

(a) アニリン → 1-ブロモ-4-ニトロベンゼン

(b) デカリン誘導体 → アセチル化インデン誘導体

(c) 1,4-ジメトキシベンゼン + 無水コハク酸 → 1,4-ジメトキシ-5-メチルナフタレン

ヒント
(a) ブロモベンゼン誘導体を考える．(b) 炭素数は同じなので，酸化と縮合反応を考える．(c) Friedel-Crafts アシル化反応を考える．

問 24.6 ★★★★

次に示した原料から生成物の合理的な合成法を示しなさい．試薬も明示すること．

(a) トルエン → 4-メチル(^{13}C)トルエン

$^*CO_2$ ($^*C = ^{13}C$)

(b) HO—シクロヘキサン—CO_2CH_3 → D—シクロヘキサン—CO_2CH_3

(c) クロロベンゼン → 4-ブロモ-1-エトキシベンゼン

(d) トルエン → ベンゾシクロヘプテン誘導体

(e) シクロヘキサノール → スピロ[シクロプロパン-シクロヘキサン]メタノール

ヒント
(a) $^*CO_2$ との Grignard 反応を考える．(b) NaBD$_4$ による還元反応を考える．(c) ニトロ基の導入と S$_N$Ar 反応を考える．(d) Friedel-Crafts アシル化反応を考える．(e) オレフィン化反応とそのシクロプロパン化反応を考える．(f) 1,2-脱離反応を考える．(g) アルデヒドの 1,1-ジブロモオレフィン化反応と，そのアルキン化反応を考える．

(f), (g) の反応式が示されている。

問 24.7 ★★★★

次に示した原料から生成物の合理的な合成法を示しなさい。試薬も明示すること。

ヒント
(a) Grignard 反応を考える。(b) Friedel-Crafts アシル化反応を考える。(c) アミノ基を導入して、$CH_2=CH-CH=O$ を用いる。(d) アセチル基を導入して、$PhNHNH_2$ を用いる。(e) 2-フェニルエチルアミン ($PhCH_2CH_2NH_2$) への誘導を考える。

(a) $PhCH_2CH_2OH \longrightarrow PhCH_2CH_2C(CH_3)_2CH_2OH$

(b) ナフタレン → フェナントレン

(c) トルエン → 6-メチルキノリン

(d) トルエン → 2-(4-メチルフェニル)インドール

(e) トルエン → 1-メチルイソキノリン

大学院入試問題に挑戦

問 24.8 ★★☆☆

ベンゼンから 1-ブロモ-4-シアノベンゼンを段階的に合成する反応(a)を考える。次に挙げた試薬(あ)〜(く)のうち、適切な試薬の記号を、反応を行う順番に記せ。使用する試薬の数に制限はないが、不要な試薬も含まれている。なお、複数の化合物が生成する可能性がある場合には、そのうちの主生成物を分離して使用することとする。

(a) ベンゼン $\longrightarrow$ 1-ブロモ-4-シアノベンゼン

試薬：(あ) HNO_3/H_2SO_4、(い) HBr/H_2O、(う) $NaNO_2/HCl$、(え) CH_3CN、(お) $Br_2/FeBr_3$、(か) Sn/HCl、(き) $CuCN$、(く) $NaNO_3$

（平成 22 年度 東京大学 理学系研究科）

問 24.9 ★★★☆

ブロモベンゼンと KNH_2 を液体アンモニア中で作用させると，アニリンが生成する（式 1）．以下の問いに答えよ．

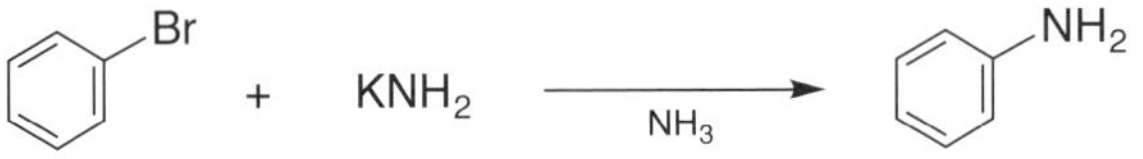

$$\text{PhBr} + KNH_2 \xrightarrow{NH_3} \text{PhNH}_2 \quad (1)$$

(a) m-ブロモトルエンと KNH_2 を液体アンモニア中で作用させた．得られる化合物の構造式を，反応機構とともに記せ．なお，生成物は 1 つとは限らない．
(b) 式 1 の反応をフラン (**1**) 存在下で行った．アニリン以外の化合物も得られた．得られた化合物の構造式を記せ．
(c) ベンゼンから m-ブロモトルエンの合成法を記せ．

（平成 29 年度 東北大学 理学研究科）

問 24.10 ★★★☆

以下の反応式に従って，化合物 **D** を合成した．本反応は，中間体 **B** と **C** を単離することなく 1 つの反応容器で行った．以下の問(1)〜(3)に答えよ．

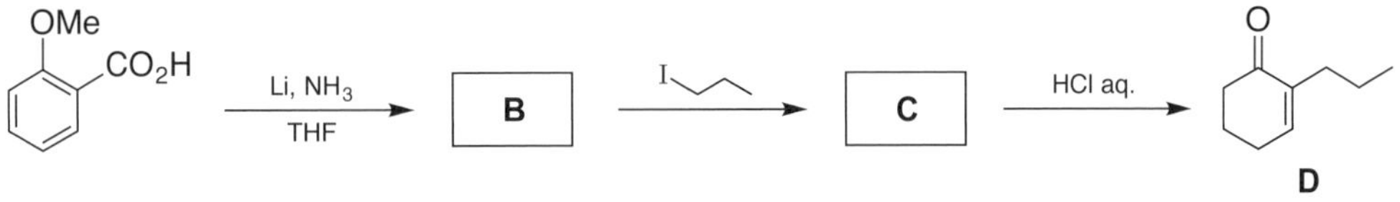

(1) ジアニオン中間体 **B** の構造式を記せ．
(2) モノアニオン中間体 **C** の構造式を記せ．
(3) 中間体 **C** から最終生成物 **D** へと至る反応機構を電子の移動を示す矢印を用いて記せ．

（平成 28 年度 京都大学 理学研究科）

問 24.11 ★★★☆

シクロヘキサノンを出発原料とするラクトン **G** の合成スキームについて，空欄 **A** から **F** に最も適当な構造式を記せ．

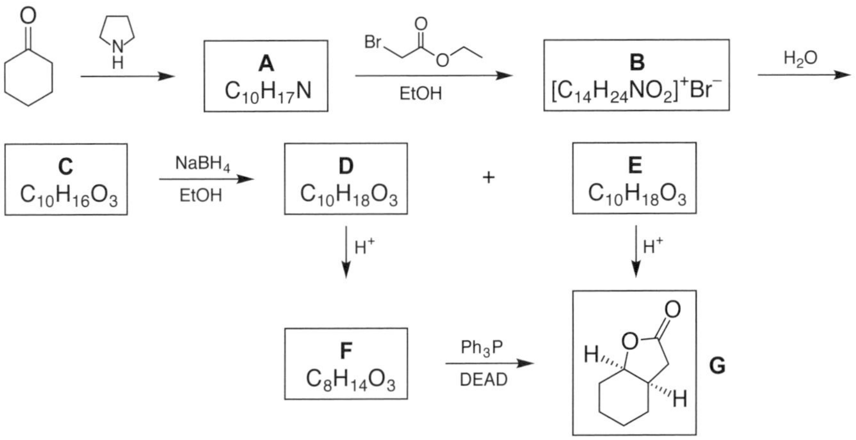

（平成 27 年度 大阪大学 理学研究科）

PART V
最新の論文から

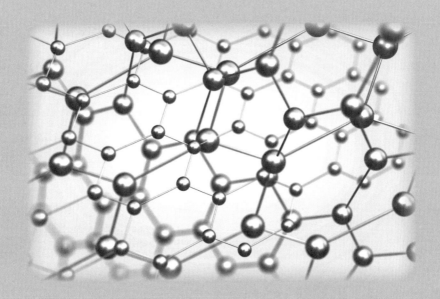

25 先端の天然物有機合成
（標的化合物の合成法）

演習問題

問 25.1 ★★★☆

ヒント: ケトンとアミンを用いた還元的アミノ化反応を利用する.

次の 2-azobicyclo[3.1.1]heptane-5-carboxylic acid 合成[1] において，(1)〜(3) に答えなさい．

(1) **a, b, c, d**, および **e** で用いる試薬を示しなさい．1つとは限らない．
(2) 化合物 **A** から化合物 **B** の形成における反応機構を示しなさい．
(3) 化合物 **C** から化合物 **D** の形成における反応機構を示しなさい．

問 25.2 ★★★☆

ヒント: アミノ基の導入と，Weinreb アミドを用いたケトン合成を利用する．

次の天然物 (+)-1-deoxy-6-epi-castanospermine 合成[2] において，(1) および (2) に答えなさい．

(1) **a, b, c, d**, および **e** で用いる試薬を示しなさい．1つとは限らない．
(2) 化合物 **A** から化合物 **B** を形成する反応機構を示しなさい．

25 先端の天然物有機合成　　163

問 25.3 ★★★☆

次に示した天然物 resveratrol（抗酸化剤）合成[3]において，(1) および (2) に答えなさい．

(1) **a**, **b**, および **c** で用いる試薬を示しなさい．1 つとは限らない．
(2) 化合物 **A** から化合物 **B** の形成における反応機構を示しなさい．

ヒント
Pd触媒を用いた炭素–炭素結合形成反応と，安定な trans-アルケンへの異性化反応を利用する．

$\xrightarrow[\text{CH}_2\text{Cl}_2]{\text{c}}$ resveratrol

ヒント
Pd触媒を用いた炭素–炭素結合形成反応と，ラクトン化反応を利用する．

問 25.4 ★★★★

次に示した天然物 alternariol（カビ毒）合成[4]において，(1) および (2) に答えなさい．

(1) **a**，**b**，**c**，および **d** で用いる試薬を示しなさい．1つとは限らない．
(2) 化合物 **A** から化合物 **B** の形成における反応機構を示しなさい．

ヒント
Grignard 反応，Wittig 反応，ヨウ素による縮環系芳香環化反応，および Wohl-Ziegler 反応を利用する．

問 25.5 ★★★★

次に示したフラーレンの原料合成[5]において，(1) および (2) に答えなさい．

(1) **a**，**b**，**c**，および **d** で用いる試薬を示しなさい．1つとは限らない．
(2) 化合物 **A** から化合物 **B** の形成における反応機構を示しなさい．

25 先端の天然物有機合成

問 25.6 ★★★★

次に示した天然物 psoralidin（抗酸化剤，抗菌剤，および抗がん活性）合成[6]において，(1) および (2) に答えなさい．

(1) **a**, **b**, **c**, および **d** で用いる試薬を示しなさい．1つとは限らない．
(2) 化合物 **A** から化合物 **B** の形成における反応機構を示しなさい．

ヒント：ハロ・メタル交換反応と，脱 O-メチル化反応を利用する．

問 25.7 ★★★★

次に示した天然物アルカロイド lysergic acid 合成[7]において，(1)〜(3)に答えなさい．

(1) **a, b, c, d,** および **e** で用いる試薬を示しなさい．1つとは限らない．
(2) 化合物 **A** から化合物 **B** の形成における反応機構を示しなさい．
(3) 化合物 **C** から lysergic acid の形成における反応機構を示しなさい．

ヒント
N-アルキル化反応，Grubbs 触媒を用いたオレフィンメタセシス反応，および Heck 反応を利用する．

問 25.8 ★★★★

次に示した天然物 (+)-cladospolide 合成[8]において，(1)〜(4)に答えなさい．

(1) **a, b, c, d, e,** および **f** で用いる試薬を示しなさい．1つとは限らない．
(2) 化合物 **B** の構造式を示しなさい．
(3) 化合物 **A** から化合物 **B** の形成における反応機構を示しなさい．
(4) 化合物 **B** から化合物 **C** の形成における反応機構を示しなさい．

ヒント
ヒドロキシ基のヨウ素化反応と還元的 1,2-脱離反応による開環反応，および Grubbs 触媒を用いたオレフィンメタセシス反応を利用する．

25 先端の天然物有機合成

(+)-cladospolide の合成スキーム(上部)

問 25.9 ★★★★

次に示したインフルエンザ治療薬タミフル (tamiflu) の合成[9]において，(1)〜(4)に答えなさい．

(1) **a, b, c, d,** および **e** で用いる試薬を示しなさい．1つとは限らない．
(2) 化合物 **A** から化合物 **B** の形成における反応機構を示しなさい．
(3) 化合物 **C** から化合物 **D** の形成における反応機構を示しなさい．
(4) 化合物 **D** から化合物 **E** の形成における反応機構を示しなさい．

> **ヒント**
> Diels-Alder 付加環化反応，および 1,2-アミノアルコールのアジリジン化反応とその開環反応を利用する．

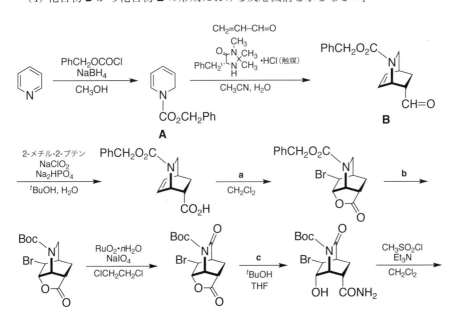

問 25.10 ★★★★

次の天然物（+)-lyconadin 合成に[10]おいて、（1）〜（8）に答えなさい．

(1) a, b, c, d, e, および f で用いる試薬を示しなさい．1つとは限らない．
(2) 化合物 A から化合物 B の形成における反応機構を示しなさい．
(3) 化合物 B から化合物 C の形成における反応機構を示しなさい．
(4) 化合物 C から化合物 D の形成における反応機構を示しなさい．
(5) 化合物 E から化合物 F の形成における反応機構を示しなさい．
(6) 化合物 G から化合物 H の形成における反応機構を示しなさい．
(7) 化合物 H から化合物 I の形成における反応機構を示しなさい．
(8) 化合物 I から (+)-lyconadin の形成における反応機構を示しなさい．

ヒント
Diels-Alder 付加環化反応，ホルムアルデヒドを用いたメチレン架橋化反応，1,1-ジブロモシクロプロパン環の開環反応，および Pummerer 転位反応を利用する．

問 25.11 ★★★★

次の天然物 przewalskin B 合成[11] において，(1)〜(5) に答えなさい．

(1) **a, b, c, d, e, f, g**, および **h** で用いる試薬を示しなさい．1つとは限らない．
(2) 化合物 **A** から化合物 **B** の形成における反応機構を示しなさい．
(3) 化合物 **B** から化合物 **C** の形成における反応機構を示しなさい．
(4) 化合物 **D** から化合物 **E1** の形成における反応機構を示しなさい．
(5) 化合物 **F** から przewalskin B の形成における反応機構を示しなさい．

ヒント
ホルムアルデヒドを用いた Morita-Baylis-Hillman 反応，二環性構築に Diels-Alder 付加環化反応，γ,δ-不飽和エステル形成に Johnson-Claisen 転位反応，そしてケトンのα-ヒドロキシ化反応に Davis オキサアジリジン酸化反応を利用する．

ヒント

エステルを還元する $^{i}Bu_2AlH$、アルデヒドから末端アルキンを形成する Ohira-Bestmann アルキン合成反応、2-シクロペンテノン骨格構築の Pauson-Khand 反応、およびアルデヒドが分子内で2つの第二級アミンと反応してかご形アミナール形成（アミナールはアセタールの酸素原子が窒素原子に置換されたもの）を利用する.

問 25.12 ★★★★

次の天然物 lycopalhine A 合成[12] において、(1)〜(6) に答えなさい.

(1) **a, b, c, d**, および **e** で用いる試薬を示しなさい. 1つとは限らない.
(2) 化合物 **A** から化合物 **B** の形成における反応機構を示しなさい.
(3) 化合物 **B** から化合物 **C** の形成における反応機構を示しなさい.
(4) 化合物 **D** から化合物 **E** の形成における反応機構を示しなさい.
(5) 化合物 **E** から化合物 **F** の形成における反応機構を示しなさい.
(6) 化合物 **F** から lycopalhine A の形成における反応機構を示しなさい.

問 25.13 ★★★★

次の天然物合成[13]において，(1)～(3)に答えなさい．

(1) **a, b, c, d, e, f, g, h, i**, および **j** で用いる試薬を示しなさい．1つとは限らない．
(2) 化合物 **A** から化合物 **B** の形成における反応機構を示しなさい．
(3) 化合物 **C** から化合物 **D** の形成における反応機構を示しなさい．

ヒント
アジドの第一級アミンへの還元反応，アミンによるα,β-不飽和ケトンへの分子内 Michael 付加環化反応，分子内アルドール縮合反応，およびラクトールのラクトンへの酸化反応を利用する．

問 25.14 ★★★★

次のある種の海綿の代謝物 gracilioether F 合成[14]) において，(1)〜(4) に答えなさい．

(1) **a, b, e, d, e** および **f** で用いる試薬を示しなさい．1つとは限らない．
(2) 化合物 **A** から化合物 **B** の形成における反応機構を示しなさい．
(3) 化合物 **C** から化合物 **D** の形成における反応機構を示しなさい．
(4) 化合物 **E** から化合物 **F** の形成における反応機構を示しなさい．

ヒント

ヨードラクトン化反応，ラクトンのラクトールへの還元反応とそのメチレンへの還元反応，および一重項酸素 ($^1O_2$) と 1,3-ジエンの付加環化反応を利用する．

問 25.15 ★★★★

次の天然物 marineosin A 合成[15]において，(1)〜(6)に答えなさい．

(1) **a**, **b**, **c**, **d**, **e**, および **f** で用いる試薬を示しなさい．1 つとは限らない．
(2) 化合物 **A** から化合物 **B** の形成における反応機構を示しなさい．
(3) 化合物 **C** から化合物 **D** の形成における反応機構を示しなさい．
(4) 化合物 **E** から化合物 **F** の形成における反応機構を示しなさい．
(5) 化合物 **G** から化合物 **H** の形成における反応機構を示しなさい．
(6) 化合物 **H** から marineosin A の形成における反応機構を示しなさい．

ヒント: Michael 付加反応，O-ホウ素エノレートのアルドール反応，N-ethyl thiazolium bromide を用いた Michael 付加反応 (Stetter 反応)，Grubbs 触媒第二世代を用いた閉環メタセシス反応，および Paal-Knorr ピロール合成反応を利用する．

問 25.16 ★★★★

次の天然物合成[16]において，(1)〜(5) に答えなさい．

(1) **a, b, c, d, e, f,** および **g** で用いる試薬を示しなさい．1つとは限らない．
(2) 化合物 **A** から化合物 **B** の形成における反応機構を示しなさい．
(3) 化合物 **B** から化合物 **C** の形成における反応機構を示しなさい．
(4) 化合物 **D** から化合物 **E** の形成における反応機構を示しなさい．
(5) 化合物 **E** から daphenylline の形成における反応機構を示しなさい．

ヒント: 分子内 Friedel-Crafts アシル化反応, Sonogashira カップリング反応, TEMPO や AZADO 触媒の PhI(OAc)$_2$ を用いたアルコールの酸化反応, Mitsunobu 反応による C–N 結合形成反応, Claisen 転位反応, およびアゾメチンイリド (4π) と側鎖アルケン (2π) の分子内 1,3-双極子付加環化反応を利用する．

25 先端の天然物有機合成　　175

問 25.17 ★★★★

次の天然物 kopsiyunanine K 合成[17]において，(1)〜(3)に答えなさい．

(1) **a**, **b**, **c**, **d**, および **e** で用いる試薬を示しなさい．1つとは限らない．
(2) 化合物 **A** から化合物 **B** の形成における反応機構を示しなさい．
(3) 化合物 **C** から kopsiyunanine K の形成における反応機構を示しなさい．

> **ヒント**
> Mitsunobu 反応によるC–N 結合形成反応，Ireland-Claisen 転位反応によるγ,δ-不飽和カルボン酸合成反応，および Pictet-Spengler 反応による1,2,3,4-テトラヒドロイソキノリン骨格合成反応を利用する．

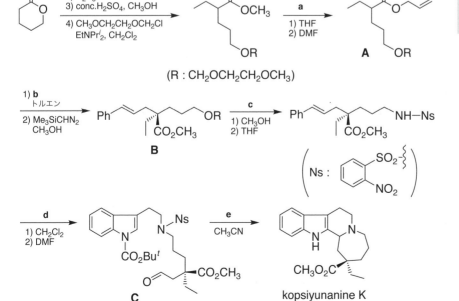

大学院入試問題に挑戦

問 25.18 ★★★☆

以下に vanillin の合成および変換反応を示す．問(1)〜(4)に答えなさい．

(1) 変換 a および b に適した反応剤(1つとは限らない)を答えなさい．
(2) A〜D にあてはまる化合物の構造式を示しなさい．
(3) 2-メトキシフェノールから vanillin への変換では，クロロホルムと水酸化カリウムから反応性の高いある化学種を発生させている．この化学種を発生させる反応の反応機構を曲がった矢印を用いて電子の流れがわかるように示しなさい．また，この化学種の名称を答えなさい．
(4) vanillin はほぼ無色の固体であるが，これを塩基性条件下でマロノニトリルと反応させたところ黄色固体 E が得られた．この反応生成物の構造式を示し，なぜ黄色を呈するようになったのかを「共役」という語句を用いて説明しなさい．

(平成 29 年度 北海道大学 総合化学院)

問 25.19 ★★★☆

化合物 E から I に至る次の 4 段階の反応はキク科植物由来の抗腫瘍性セスキテルペノイド vernolepin の全合成ルートの一部である(ラセミ体, Danishefsky ら, 1977)．

(a) 各反応段階で得られる化合物 F, G, H につき，立体配置を含めたこれらの化学構造式を問題に描かれた例にならって記せ．

下記の 4 段階(b)〜(e)の反応それぞれに関して，以下の選択性について考えられる理由を述べよ．

(b) 化合物　E → F：位置および立体選択性
(c) 化合物　F → G：位置選択性
(d) 化合物　G → H：立体選択性
(e) 化合物　H → I：位置および立体選択性

化合物 E → (I$_2$/NaHCO$_3$) → 化合物 F → (DBU*) → 化合物 G → (1) NaOH, 2) H$^+$) → 化合物 H

↓ mCPBA** (小過剰)

化合物 I → → vernolepin

*DBU   **mCPBA

第一段階で得られる化合物 F がわからない場合のヒント：化合物 I の化学構造式から逆に考えれば部分解答ができる可能性がある．

(平成 22 年度 東京大学 理学系研究科)

問 25.20 ★★★★

次の反応スキームについて，以下の問(1)〜(6)に答えなさい．

化合物 1 → (A, NaOEt) → 化合物 2 → (H$_2$, Pd/C) → 化合物 3 → (NaH, BrCH$_2$CO$_2$Et) →

4 → (1) OH$^-$ 2) H$_3$O$^+$, 加熱) → 5 → (Ac$_2$O) → 6 (R = OCH$_3$), 6a (R = H) → (liq. HF (AlCl$_3$)) → 7 (R = OCH$_3$), 7a (R = H)

→ (1) H$_2$, Pd/C 2) MeLi) → 8 → (1) NaBH$_4$ 2) TsCl, Py) → E-9 + Z-9

E-9 → (1) mCPBA 2) H$_3$O$^+$) → 10 → (DMSO, (COCl)$_2$, Et$_3$N) → 11

(mCPBA：m-クロロ過安息香酸)

(1) 化合物 1 から 2 を合成する反応に用いられる反応剤(A)の構造式を記しなさい．
(2) 化合物 3 から 5 への変換は，中間体 4 を経て進行する．中間体 4 の構造式を記しなさい．

(3) 中間体 **4** から **5** が生成する反応の機構を曲がった矢印を用いて記しなさい．ただし，反応の前後で変化しない部分の構造は省略して差し支えない．

(4) 化合物 **6** から **7** への変換と同様の反応は，化合物 **6a** から **7a** の変換において $AlCl_3$ を触媒としても進行する．**6a** から **7a** への反応の機構を曲がった矢印を用いて記しなさい．

(5) 化合物 **7** から **8** への接触還元条件では，通常このような C–O の切断は起こらない．なぜ化合物 **7** では起こるのか，その理由を簡潔に記しなさい．

(6) 化合物 *E*-**9** から **10** への酸化，引き続く酸による加水分解は立体選択的に進行する．この二段階の反応生成物 **10** の構造式を記しなさい．この際，新たに生成した立体配置を一方の鏡像体について *R*/*S* 表示で構造に添えなさい．

（平成 30 年度 北海道大学 総合化学院）

問 25.21 ★★★★

フラーレンは，古くはグラファイトのアーク放電によって得られ，最近では燃焼法と呼ばれる方法で合成されている．一方，有機化学的手法によって合成する試みは，1985 年のフラーレン発見以前からすでに行われていたもののなかなか成功せず，2002 年に米国の L. T. Scott らが下記の前駆体 **1**（$C_{60}H_{27}Cl_3$）に FVP を施すことで初めて達成された．以下の問に答えよ．
(FVP = Flash Vacuum Pyrolysis：有機化合物を高真空下で連続的に気化させ熱分解する方法．)

(1) 生成物 **A**～**E** および反応剤 **i**～**v** を記せ．
(2) 化合物 **4** を得る反応では，**4** とともにその幾何異性体が生成するが，次の化合物 **5** を得る反応においてそれらを分離する必要はなく，いずれの化合物からも **5** が収率よく得られる．その理由を述べよ．
(3) 化合物 **7** の三量化反応による **1** の生成は，一種のアルドール縮合反応であり，その反応機構は 1-インダノン **8** の酸触媒による化合物 **9** の生成に類似している．化合物 **8** から **9** を得る反応機構を記せ．

（平成 22 年度 大阪大学 理学研究科）

引 用 文 献

1) S. He, J. Hao, E. R. Ashley, H. R. Chobanian, B. Pio, S. L. Colletti, *Tetrahedron Lett.*, **57**, 1268 (2016).
2) V. S. Gajare, S. R. Khobare, U. K. S. Kumar, *Tetrahedron Lett.*, **37**, 1486 (2016).
3) F. Lara-Ochoa, L. C. Sandoval-Minero, G. Espinosa-Pérez, *Tetrahedron Lett.*, **56**, 5977 (2015).
4) K. Koch, J. Podlech, *J. Org. Chem.*, **70**, 3275 (2005).
5) L. T. Scott, M. M. Boorum, *Science*, **295**, 1500 (2002).
6) P. Pahari, J. Rohr, *J. Org. Chem.*, **74**, 2750 (2009).
7) O. Liu, Y. Jia, *Org. Lett.*, **13**, 4810 (2011).
8) K. R. Prasad, O. Revu, *Synthesis*, **44**, 2243 (2012).
9) N. Satoh, T. Akiba, S. Yokoshima, T. Fukuyama, *Angew. Chem. Int. Ed.*, **119**, 5836 (2007).
10) T. Nishimura, A. K. Unni, S. Yokoshima, T. Fukuyama, *J. Am. Chem. Soc.*, **133**, 418 (2011).
11) M. Xiao, L. Wei, L. Li, Z. Xie, *J. Org. Chem.*, **79**, 2746 (2014).
12) B. M. Williams, D. Trauner, *Angew. Chem. Int. Ed.*, **55**, 2191 (2016).
13) A. K. Chattopadhyay, V. L. Ly, S. Jakkepally, G. Berger, S. Hanessian, *Angew. Chem. Int. Ed.*, **55**, 2577 (2016).
14) X. Shen, X. Peng, H. N. C. Wong, *Org. Lett.*, **18**, 1032 (2016).
15) B. Xu, G. Li, J. Li, Y. Shi, *Org. Lett.*, **18**, 2028 (2016).
16) R. Yamada, Y. Adachi, S. Yokoshima, T. Fukuyama, *Angew. Chem. Int. Ed.*, **55**, 6067 (2016).
17) R. Tokuda, Y. Okamoto, T. Koyama, N. Kogure, M. Kitajima, H. Takayama, *Org. Lett.*, **14**, 3490 (2016).

問題の解答

第 1 章

答 1.1

sp³ 混成軌道： CH_4, $NH_4^{\oplus}$, H_3C-CH_3 (C_2H_6), $^{\ominus}:CH_3$

sp² 混成軌道： $^{\oplus}CH_3$, BH_3, BF_3, $H_2C=CH_2$ (C_2H_4)

sp 混成軌道： $O=C=O$ (CO_2), $H-C\equiv C-H$ (C_2H_2)

答 1.2

A $CH_3CH_2CH_3$ — sp³

B CH_3-OH — sp³

C CH_3-NH_2 — sp³

D $CH_3-CH=CH_2$ — sp³, sp²

E $CH_3-C\equiv N$ — sp³, sp

F $CH_3-C\equiv CH$ — sp³, sp

G $CH_3-C(=O)OH$ — sp³, sp²

H $CH_3-C(=O)-CH_3$ — sp³, sp², sp³

I $(CH_3)_2C=C=CH_2$ — sp³, sp², sp, sp²

J (トルエン) — sp², sp³

K CH_3-C₆H₄-$C\equiv CH$ — sp³, sp², sp

L 安息香酸アリル $C_6H_5C(=O)O-CH_2-CH=CH_2$ — sp², sp², sp³, sp²

答 1.3

A $CH_3-C\equiv CH$ — 3

B $CH_3CH=CHCH_2CH_3$ — 4

C （シクロヘキセン-エチル） — 5

D （シクロヘプタジエン型） — 4

E （ジメチルシクロヘキサン型） — 6

F （ジメチル置換ベンゼン） — 8

G アセトフェノン — 7

H $CH_3-C\equiv C-C_6H_4-CH_2CH_3$ — 10

I 2,6-ジクロロ-4′-メチルビフェニル — 9（左右どちらのベンゼン環を平面の基準としても）

J （ナフタレン誘導体） — 12

K （インドール誘導体） — 10

L （ピリジン-ピロリジン誘導体） — 6

M （アデニン類似） — 5

N （カフェイン類似） — 8

○：同一平面上

答 1.4

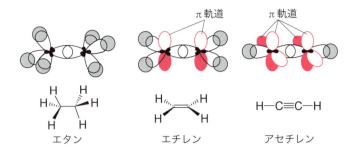

答 1.5

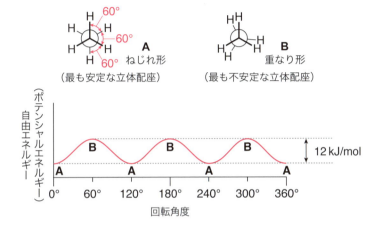

答 1.6

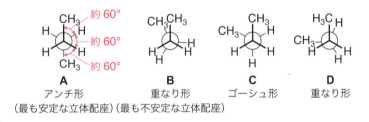

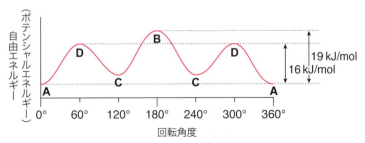

答 1.7

イス形配座をとり，大きなメチル基はエカトリアル配座をとる配座異性体 **B** のほうが 1,3-ジアキシアル相互作用が少なく，配座異性体 **A** より安定になる．

cis-1,2-ジメチルシクロヘキサンは，配座異性体 **C** と配座異性体 **D** が等価な平衡混合物で存在する．一方，*trans*-1,2-ジメチルシクロヘキサンの配座異性体 **E** は 1,3-ジアキシアル相互作用が大きく不安定であり，ほとんどが配座異性体 **F** で存在する．

答 1.8

cis-1,2-ジクロロシクロヘキサンは配座異性体 **A** と配座異性体 **B** が等価な平衡混合物で存在する．一方，trans-1,2-ジクロロシクロヘキサンの配座異性体 **C** は 1,3-ジアキシアル相互作用が大きく不安定であり，ほとんどが配座異性体 **D** で存在する．cis-1,3-ジクロロシクロヘキサンの配座異性体 **E** は 1,3-ジアキシアル相互作用が大きく不安定であり，ほとんどが配座異性体 **F** で存在する．一方，trans-1,3-ジクロロシクロヘキサンは配座異性体 **G** と配座異性体 **H** が等価な平衡混合物で存在する．

答 1.9

(Newman投影式 3つ)

答 1.10

trans-体
最安定配座

大きなメチル基 2 つがエカトリアルの関係にあり，立体障害が最小になる．

答 1.11

trans-体　⇌　*cis*-体
より安定

大きなメチル基と臭素原子がエカトリアルの関係にあり，立体障害が最小になる．

答 1.12

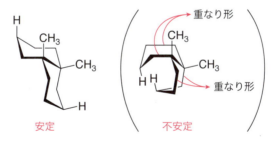

安定　　　不安定

第2章

答 2.1

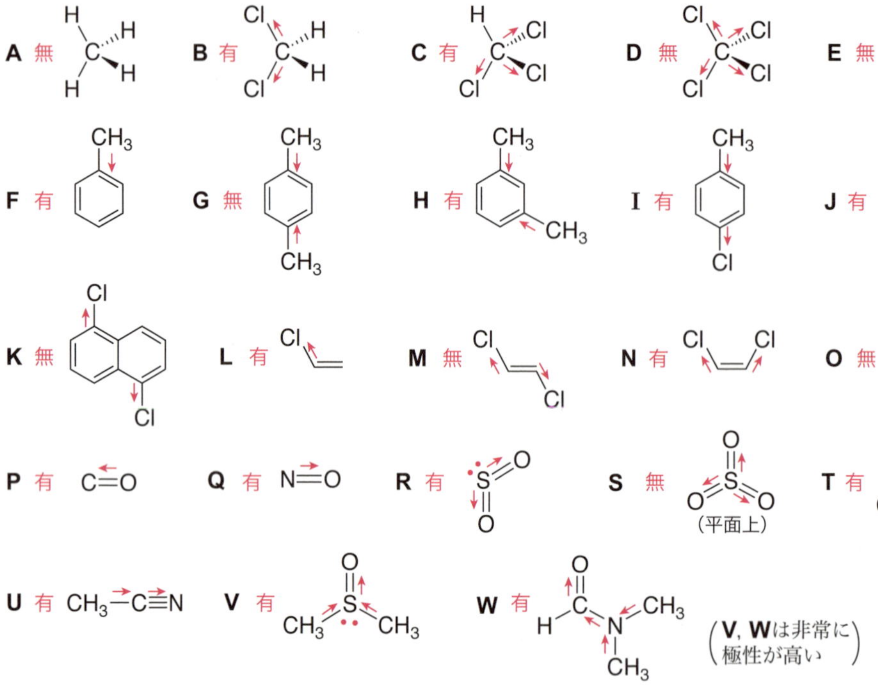

A 無 CH₄ B 有 CH₂Cl₂ C 有 CHCl₃ D 無 CCl₄ E 無 (ベンゼン)

F 有 (トルエン) G 無 (p-キシレン) H 有 (m-キシレン) I 有 (p-クロロトルエン) J 有 (1,8-ジクロロナフタレン)

K 無 (1,5-ジクロロナフタレン) L 有 (クロロエチレン) M 無 (trans-1,2-ジクロロエチレン) N 有 (cis-1,2-ジクロロエチレン) O 無 O=C=O

P 有 C=O Q 有 N=O R 有 SO₂ S 無 SO₃ (平面上) T 有 アセトン

U 有 CH₃–C≡N V 有 (CH₃)₂S=O W 有 DMF (V, Wは非常に極性が高い)

答 2.2

カルボニル基は電気陰性度の大きい酸素原子と炭素原子が結合しているため，大きく分極しており，酸素原子は陰性を，炭素原子は陽性を帯びている．

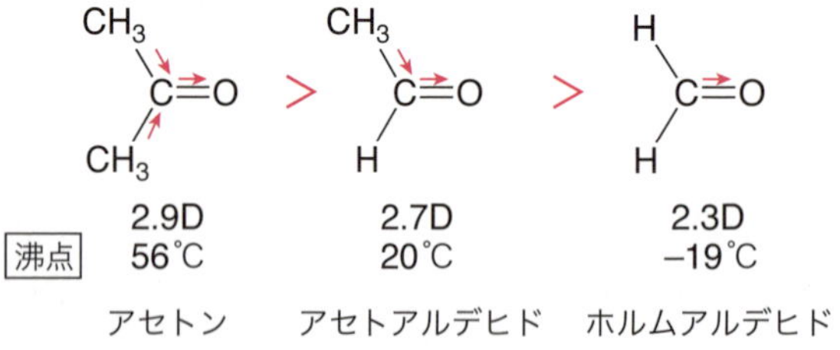

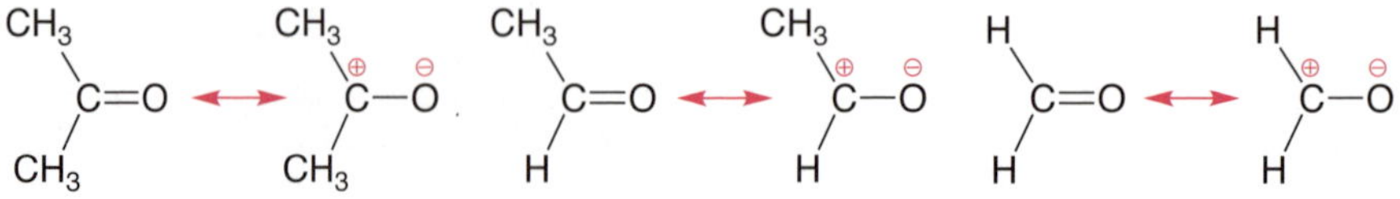

アセトン(2.9D, 沸点56℃) > アセトアルデヒド(2.7D, 20℃) > ホルムアルデヒド(2.3D, −19℃)

(共鳴構造式)

答 2.3

アセトン(沸点 56℃) > ブタン(−1℃)

アセトンは大きく分極しており，その双極子モーメントは2.9 Dであるため，分子間の静電的相互作用(引き合い)が生じて沸点が高くなる．実際，アセトンの沸点は56℃である．

$$\begin{matrix}CH_3\\ C=O\\ CH_3\end{matrix} \longleftrightarrow \begin{matrix}CH_3\\ C^{\oplus}-O^{\ominus}\\ CH_3\end{matrix} \quad \mu = 2.9\,D$$

一方，ブタンの双極子モーメントはゼロであり，分子間のファンデルファールス相互作用は非常に弱く，沸点は $-1\,°C$ である．

答 2.4

アセトアルデヒドとその水和物の平衡定数 (K) は $K = 1.2$ と小さいため，水和物を単離しようとしても，アルデヒドに戻ってしまう．一方，$α,α,α$-トリクロロアセトアルデヒドのそれは $K = 28,000$ と非常に大きく，水和物が非常に安定なために単離できる．

$$CCl_3-CH=O + H_2O \xrightleftharpoons[]{K=28,000} CCl_3-CH(OH)_2 \quad 抱水クロラール$$

$α,α,α$-トリクロロアセトアルデヒド

$$CH_3-CH=O + H_2O \xrightleftharpoons[]{K=1.2} CH_3-CH(OH)_2$$

アセトアルデヒド

答 2.5

エタノール($78\,°C$) ＞ エタンチオール($35\,°C$)

エタンチオールのメルカプト基（$-SH$）はほとんど水素結合を形成しない．一方，エタノールのヒドロキシ基は分極しており，分子間水素結合を形成するため，分子間相互作用(引き合い)が増加し，沸点が高い．

答 2.6

酢酸($118\,°C$) ＞ 1-プロパノール($97\,°C$)

アルコールのヒドロキシ基より，酢酸のヒドロキシ基のほうがより大きく分極しているため，分子間の水素結合は強い．また，酢酸は水素結合を通して二量体を形成しているため，沸点が高い．

答 2.7

$trans$-1,2-シクロペンタンジオールは鎖状に分子間水素結合を形成する．一方，cis-1,2-シクロペンタンジオールは五員環状に分子内水素結合を形成する．このことから，分子間水素結合による分子間相互作用（引き合い）の大きい $trans$-1,2-シクロペンタンジオールのほうが沸点が高い．

答 2.8

$$CH_3CH_2CH_2NH_2 \quad > \quad CH_3NHCH_2CH_3 \quad > \quad (CH_3)_3N$$
$$(49\,°C) \qquad\qquad (35\,°C) \qquad\qquad (3\,°C)$$

N–H プロトンを 2 つもつ第一級アミンのほうが，N–H プロトンを 1 つしかもたない第二級アミンより，分子間水素結合の度合いは大きいため，沸点は高い．第三級アミンは水素結合を形成できない．

答 2.9

o-ニトロフェノールは六員環状に分子内水素結合を形成する．一方，p-ニトロフェノールは鎖状に分子間水素結合を形成する．このことから，分子間水素結合による分子間相互作用（引き合い）の大きい p-ニトロフェノールの沸点が高い．融点に関しても p-ニトロフェノールのほうが高い．この理由も沸点と同様で，o-ニトロフェノールは分子内水素結合が強く，分子間水素結合は非常に弱いため融けやすい．一方，p-ニトロフェノールは鎖状に分子間水素結合を形成しており，分子同士がバラバラになりにくい．

p-ニトロフェノール　　　　　o-ニトロフェノール

融点　114 °C　　>　　融点　45 °C
沸点　279 °C　　>　　沸点　216 °C

答 2.10

融点の高さは分子が密にパッキングできるかどうかで決まる．ステアリン酸は鎖状の飽和カルボン酸なので，分子は比較的密にパッキングできる．しかし，リノール酸は cis-体の不飽和カルボン酸であるため，分子が密にパッキングされにくいことから，分子間の相互作用（主に主鎖のファンデルワールス相互作用）は弱く，融点が低くなる．

ステアリン酸　　　　　　　リノール酸

答 2.11

(1) $CH_2=CH-Cl$ > CH_3-CH_2-Cl > $CH_2=CH-CH_2-Cl$
　　　　　B　　　　　　　A　　　　　　　　C

(2) F (1,2-ジクロロベンゼン) > E (1,3-ジクロロベンゼン) > D (1,4-ジクロロベンゼン, $\mu=0$)

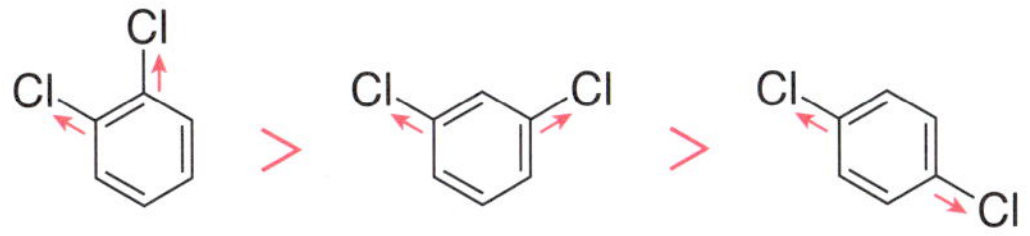

(3) $CH_3-CH_2-CH_2-CH_2-OH$ > $CH_3-CH_2-CH_2-CH_2-CH_3$ > $CH_3-CH_2-CH(CH_3)-CH_3$ > $C(CH_3)_4$
　　　　　J　　　　　　　　　　　　　G　　　　　　　　　　　H　　　　　　　　I
　　水素結合　　　　　　　　　　ファンデルワールス相互作用

(4) CH_3-CH_3 > ベンゼン > $CH_2=CH_2$ > $CH\equiv CH$
　　　M　　　　　N　　　　　　L　　　　　K

答 2.12

シクロプロペノン (Ph置換) の共鳴構造 > ベンゾフェノンの共鳴構造

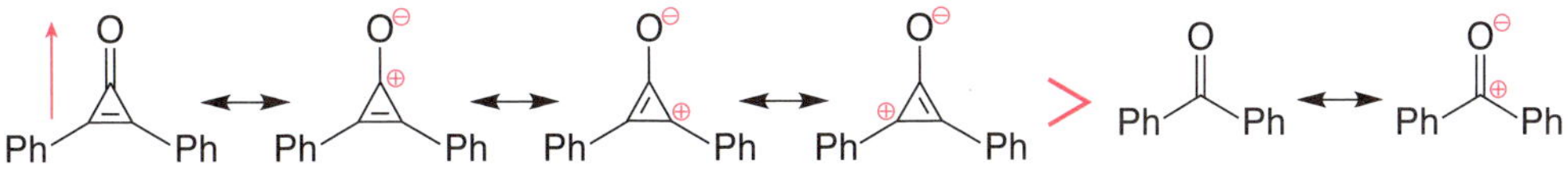

ケトンの性質に加え, シクロプロペノン環はHückel則で2π電子系の芳香族性安定化している.

ケトンとしての性質

↑：双極子モーメント(μ) = q(電荷) × r(距離)

答 2.13

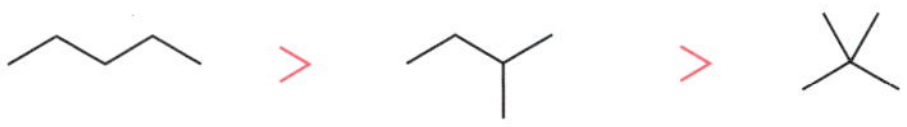

ペンタン > 2-メチルブタン > 2,2-ジメチルプロパン

答 2.14

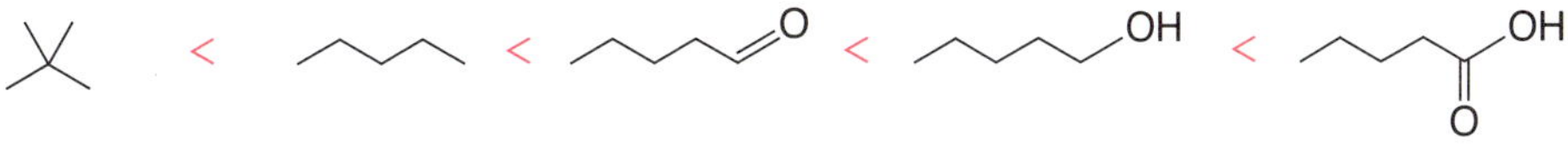

2,2-dimethylpropane < n-pentane < pentanal < pentan-1-ol < pentanoic acid

→ 高沸点

答 2.15

マレイン酸は主に分子内水素結合しており，分子間の相互作用は弱い．

フマル酸は鎖状に分子間水素結合を形成し，分子間の相互作用は強く，分子がバラバラになりにくいため融点が高い．

答 2.16

2-ニトロフェノールは主に分子内水素結合しており，分子間の相互作用は弱いため，沸点が低い．同様の理由から，2-ニトロフェノールは水中でも分子内水素結合しやすく，水と水素結合しにくいので，水に溶けにくい．

4-ニトロフェノールは鎖状に分子間水素結合を形成し，分子間の相互作用は強く，分子がバラバラになりにくいため，沸点が高い．同様の理由から，4-ニトロフェノールは水中で水と水素結合しやすく，水に溶けやすい．

第3章

答 3.1

誘起効果はσ結合を通した電子的効果で，メチル基やエチル基は電子供与基であり，ニトロ基，カルボニル基，エステル基，トリフルオロメチル基（CF_3）基などは強い電子求引基である．化合物例として，エタノール（pK_a 16）より 2,2,2-トリフルオロエタノール（pK_a 12）のほうが酸性は強いことが挙げられる．

共鳴効果は共役系を通した電子的効果である．孤立電子対をもつヒドロキシ基やアミノ基は強い電子供与基で，ニトロ基やカルボニル基は強い電子求引基である．化合物例として，シクロヘキサノール（pK_a 17）よりフェノール（pK_a 10）のほうが酸性は強く，フェノールより p-ニトロフェノール（pK_a 7）のほうが酸性は強いことが挙げられる．

誘起効果 $CH_3-CH_2-\overset{\delta-}{O}-\overset{\delta+}{H}$　pK_a 16　　$CF_3-CH_2-\overset{\delta-}{O}-\overset{\delta+}{H}$　pK_a 12　　→ 電子の流れ

エタノール　　　　　　　　　　　2,2,2-トリフルオロエタノール

共鳴効果 シクロヘキサノール–OH　pK_a 17　　シクロヘキサノール–$O^{\ominus}$　安定化されない

フェノール–OH　pK_a 10

[フェノキシドアニオンの共鳴構造5個]　共鳴効果により安定化

O_2N–フェノール–OH　pK_a 7

p-ニトロフェノール

[p-ニトロフェノキシドアニオンの共鳴構造5個]　共鳴効果により，さらに安定化

答 3.2

CCl_3CO_2H > $CHCl_2CO_2H$ > CH_2ClCO_2H > CH_3CO_2H
pK_a 0.5　　　pK_a 1.4　　　pK_a 2.9　　　pK_a 4.8

塩素原子は電気陰性度が 3.0 と大きく，σ結合を通じて電子を求引する（誘起効果）．塩素原子の数が多くなれば電子求引力も増加する．

答 3.3

プロピン酸　　　　　プロペン酸　　　　　プロパン酸
（プロパルギル酸）　（アクリル酸）　　　（プロピオン酸）

$HC\equiv CCO_2H$　　>　　$H_2C=CHCO_2H$　　>　　$CH_3CH_2CO_2H$
pK_a 1.8　　　　　　　pK_a 4.3　　　　　　　pK_a 4.8

カルボキシ基に結合した sp 混成炭素原子は強い電子求引基であり，sp^2 混成炭素原子は弱い電子求引基であり，sp^3 混成炭素原子は電子供与基である．

答 3.4

$CH_3CH_2CHClCO_2H$ > $CH_3CHClCH_2CO_2H$ > $ClCH_2CH_2CH_2CO_2H$ > $CH_3CH_2CH_2CO_2H$
　　pK_a 2.8　　　　　　pK_a 4.1　　　　　　pK_a 4.5　　　　　　pK_a 4.8

塩素原子は電気陰性度が 3.0 と大きく，σ結合を通じて電子を求引する．塩素原子がカルボキシ基から遠ざかるにつれて，その効果が減少していく．

答 3.5

A　H_2O_2 > H_2O　（電気陰性度の大きい酸素原子が隣接して 2 つある過酸化水素のアニオンのほうが安定化される．）　H—O⊖　　H—O—O⊖
　　pK_a 12　 pK_a 15

B　C_2H_5SH > C_2H_5OH　（原子半径の大きい硫黄原子をもつエタンチオールのほうがアニオンは安定化される(分極率)．）　C_2H_5—O⊖　C_2H_5—S⊖
　　pK_a 12　　 pK_a 16

C　フェノール > シクロヘキサノール
　　　pK_a 10　　　　 pK_a 17

（フェノキシドイオンは共鳴効果により安定化される．）

答 3.6

アセトアルデヒド > アセトン > 酢酸エチル
　pK_a 17　　　　 pK_a 20　　 pK_a 25

答 3.7

アセチルアセトン > アセト酢酸エチル > マロン酸ジエチル > アセトン
　pK_a 9.3　　　　　pK_a 11　　　　　pK_a 13　　　　　pK_a 20

アセチルアセトンから生じたアニオンは，より共鳴安定化される．

答 3.8

図に示したように，α,β-不飽和ラクトンの共鳴効果と，五員環状の分子内水素結合により，3-位ヒドロキシ基の水素原子が酸性を示す．

分子内水素結合により，○の水素が酸として強くなる

答 3.9

9-フェニルフルオレン　＞　トリフェニルメタン

pK_a 19　　　　　　　　pK_a 32

トリフェニルメチルアニオンは平面構造に近いものの，o-位の水素原子同士の立体障害が生じるため，完全な平面構造はとれず（3枚羽プロペラ型），十分な共鳴安定化が得られない．一方，フルオレンアニオン骨格が平面にある 9-フェニルフルオレンアニオンは o-水素原子同士の立体障害が減少し，より共鳴安定化できる．

答 3.10

1,3-シクロペンタジエン　＞　1,3,5-シクロヘプタトリエン

pK_a 16　　　　　　　　pK_a 38

1,3-シクロペンタジエンがプロトンを放出して生じたアニオンは Hückel 則〔$(4n+2)\pi$ 電子則, $n = 1$〕を満たした 6π 電子系の平面状芳香族化合物であり，安定化する．他方，1,3,5-シクロヘプタトリエンがプロトンを放出して生じたアニオンは 8π 電子系となり，Hückel 則に反するため安定化できない．

答 3.11

2-メチル-1,3-シクロヘキサンジオン　＞　ビシクロ［2,2,1］ヘプタン-2,6-ジオン

pK_a 10　　　　　　　　　　　　pK_a 20

2-メチル-1,3-シクロヘキサンジオンがプロトンを放出して生じたアニオンは平面構造をとり，共鳴安定化できる（**A**）．一方，ビシクロ［2,2,1］ヘプタン-2,6-ジオンがプロトンを放出して生じたアニオンはかご形構造のため，平面構造をとれず（**B**），共鳴安定化できない（Bredt 則）．

答 3.12

2,6-ジヒドロキシ安息香酸　＞　2-ヒドロキシ安息香酸　＞　安息香酸

pK_a 1.3　　　　　　　pK_a 3.0　　　　　　　pK_a 4.2

2,6-ジヒドロキシ安息香酸がカルボキシ基プロトンを放出して生じたアニオンは 2 つの o-位ヒドロキシ基

と 2 つの六員環状の分子内水素結合を形成し，大きく安定化する．2-ヒドロキシ安息香酸がカルボキシ基プロトンを放出して生じたアニオンは，o-位ヒドロキシ基と 1 つの六員環状の分子内水素結合を形成して安定化する．他方，安息香酸がカルボキシ基プロトンを放出して生じたアニオンは，水素結合などによる安定化が得られない．

答 3.13

1-アザビシクロ[2,2,2]オクタン（共役酸の pK_a 11.2） > 4-(N,N-ジメチルアミノ)ピリジン（共役酸の pK_a 9.7） > N,N-ジメチルアニリン > N-メチルピロール（中性）

             >   >   >

pK_a 11.2   9.7   5.0   中性

1-アザビシクロ[2,2,2]オクタンは通常の第三級アミンであり，sp^3 混成窒素原子上の電子密度は高い．4-(N,N-ジメチルアミノ)ピリジンの sp^2 混成窒素原子は，4-位ジメチルアミノ基による共鳴効果によりいくぶん電子密度が増加する．N,N-ジメチルアニリンは窒素原子上の孤立電子対とベンゼン環とで共鳴効果が生じるため，窒素原子上の電子密度は減少する．N-メチルピロールは窒素原子上の孤立電子対が 6π 電子系の芳香族安定化に関与しているため，塩基性は示さず中性である．

答 3.14

N,N,N',N',N''-ペンタメチルグアニジン（共役酸の pK_a 13.6） > トリエチルアミン（共役酸の pK_a 10.9） > 4-(N,N-ジメチルアミノ)ピリジン（共役酸の pK_a 9.7） > N,N-ジメチルアニリン

グアニジンがプロトン化されると，ほぼ等価な極限構造式を 3 つ描くことができ，非常に安定化する．グアニジンは有機窒素化合物の中で最強の塩基である．
トリエチルアミンの sp^3 混成窒素原子上の電子密度はエチル基の誘起効果により高い．4-(N,N-ジメチルアミノ)ピリジンの sp^2 混成窒素原子は，4-位ジメチルアミノ基による共鳴効果によりいくぶん電子密度が増加する．N,N-ジメチルアニリンは窒素原子上の孤立電子対とベンゼン環で共鳴効果が生じるため，窒素原子上の電子密度は減少する．

答 3.15

pH 2.0   pH 6.0   pH 10.0

CH$_3$–CH–CO$_2$H   CH$_3$–CH–CO$_2^\ominus$ CH$_3$–CH–CO$_2^\ominus$
  | | |
 NH$_3^\oplus$ NH$_3^\oplus$ NH$_2$

アラニンの等電点は 6.0 である．

答 3.16

アミノ酸（α-アミノ酸）は双性イオンを形成し，分子内にプラス（–NH$_3^\oplus$）とマイナス（–COO$^\ominus$）の電荷をもつので，エーテルやクロロホルムのような極性の低い有機溶媒には溶けにくい．しかし，NaCl が水に溶けるように，分子内にプラスとマイナスの電荷をもつアミノ酸は，水のようなプロトン性極性溶媒には溶けやすい．これは，プラスの電荷（–NH$_3^\oplus$）が水の酸素原子と水素結合（静電的相互作用）し，マイナスの電荷（–COO$^\ominus$）が水の水素原子と水素結合するためである．

答 3.17

炭化水素である β-カロテンは，pH を変えても色の変化は生じない．フラボン類は共役系のあるフェノール性ヒドロキシ基をもつため，pH を変えると色が黄色から濃い黄色へ変化する．アントシアニン類は共役系の長い複数のフェノール性ヒドロキシ基をもつため（多価フェノール），pH の変化とともに色が大きく変化し，実際，赤色，ピンク色，紫色，青色と変化する．

答 3.18

フェノールフタレインは pH＜8 では共役系が短く，無色である．しかし，pH＞9 になると，フェノール性プロトンが引き抜かれ，γ-ラクトン環が開環し，共役系が長くなり，赤色となる．

一方，メチルオレンジは pH＞4 では橙黄色であるが，pH＜3 になると，アゾ基がプロトン化され，赤色となる．いずれもキノイド構造を取ることが色の発現あるいは変化に反映する．

フェノールフタレイン 赤色 9＜pH＜13

メチルオレンジ 赤色 pH＜3

p-ベンゾキノンは黄色の結晶で，ベンゾキノン骨格は発色団のひとつである．このベンゾキノン骨格をもつ化合物は，キノイド構造に含まれ，有色となる．

p-ベンゾキノン

キノイド構造 （X, Y：O, NH, NR など）

答 3.19

CH_3CH_2-OH ＜ CH_3-COOH ＜ $ClCH_2-COOH$ ＜ CF_3-COOH

→ より酸性度が高くなる

答 3.20

$H_3C-CON(CH_3)_2$ ＜ $H_3C-COOCH_3$ ＜ $H_3C-COCH_3$ ＜ H_3C-CHO ＜ $H_3C-COOH$

→ より酸性度が高くなる

答 3.21

（ウ）$HC≡C-COOH$ ＞ （イ）$H_2C=CH-COOH$ ＞ （ア）H_3C-CH_2-COOH

← より酸性度が高くなる

答 3.22

(1) (a) HC≡CH　　(2) (b) H₃C—SH　　(3) (a) 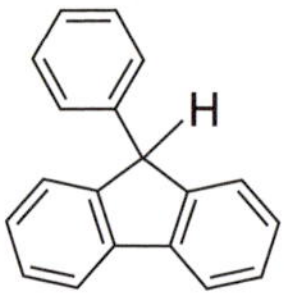 9-フェニルフルオレン構造　　(4) (b) 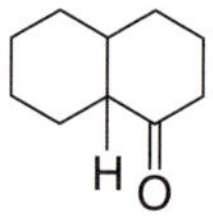 デカリノン構造

(1) sp 混成炭素原子は強い電子求引性をもつ．
(2) 硫黄原子のほうが原子半径は大きく，アニオンを安定化できる．
(3), (4) 生成したアニオンが平面構造をとれると，共鳴効果で安定化できる．

答 3.23

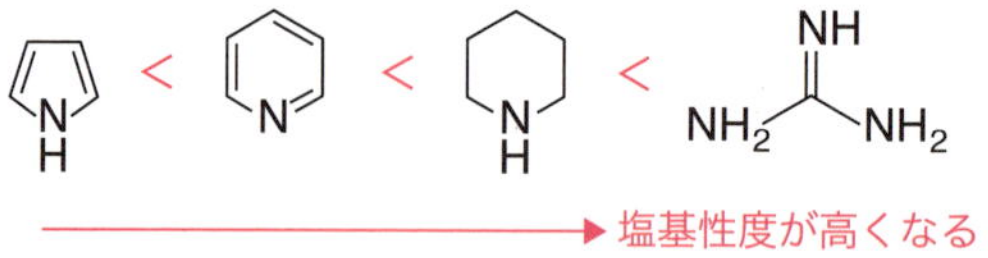

ピロール < ピリジン < ピペリジン < グアニジン

――――――――→ 塩基性度が高くなる

答 3.24

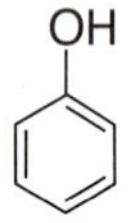

フェノール pK_a 10　　2,4,6-トリニトロフェノール pK_a 1　　（参考 CH₃—COOH pK_a 4.8）

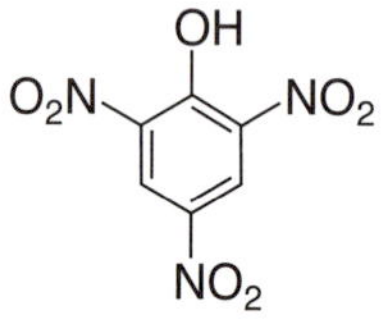

NaHCO₃ 水溶液を加えると，2,4,6-トリニトロフェノール（ピクリン酸）の中和反応が生じて，溶液に溶ける．

答 3.25

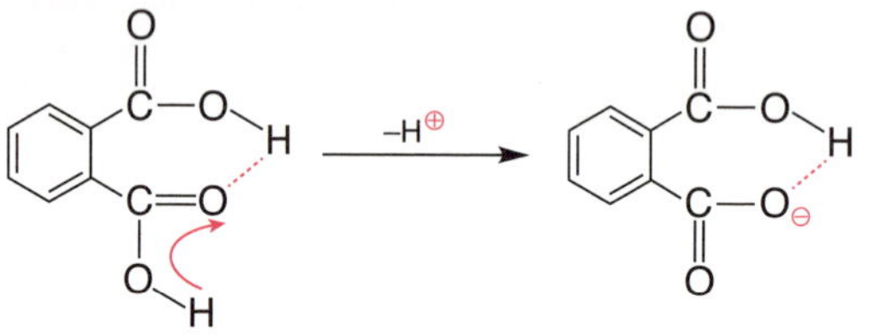

フタル酸 → 安定

テレフタル酸は分子間で鎖状に水素結合を形成する．一方，フタル酸は分子内で水素結合を形成するため，1つ目のプロトンが脱離しやすい．

答 3.26

(a) 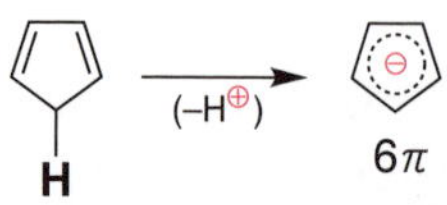 シクロペンタジエン → (−H⁺) → シクロペンタジエニドアニオン 6π
A：アニオンが芳香族安定化

(b) 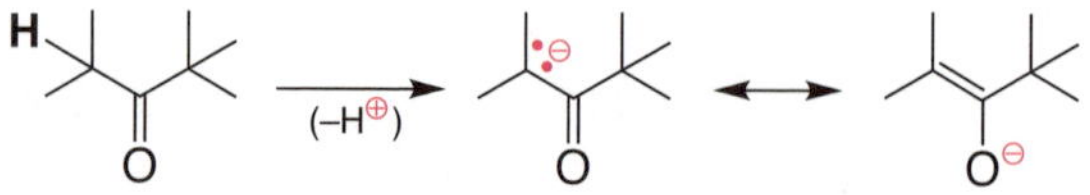 ピナコロン → (−H⁺) → エノレート
A：アニオンがエノレートとして平面状をとれる

エノレート：エノールのヒドロキシ基の水素原子がプロトンと解離してできる陰イオン．

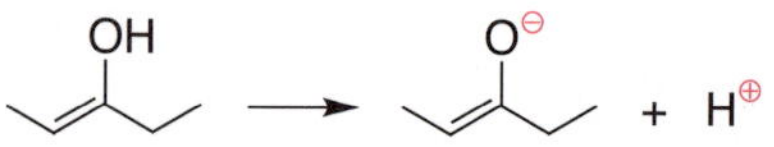

第 4 章

答 4.1

(a) $CH_4 + Cl_2 \xrightarrow{h\nu} CH_3Cl + HCl$

(b) $CH_3CH_3 + Cl_2 \xrightarrow{h\nu} CH_3CH_2Cl + HCl$

答 4.2

ラジカル連鎖反応で，置換反応が生じる．RCH_2-H に比べて R_3C-H の結合解離エネルギーは 7 kcal/mol 程度小さい．

$Br_2 \xrightarrow{h\nu} 2 \cdot Br$ ┐ 開始段階

$(CH_3)_2CH-CH_3 + \cdot Br \longrightarrow (CH_3)_2\dot{C}-CH_3 + HBr$

$(CH_3)_2\dot{C}-CH_3 + Br_2 \longrightarrow (CH_3)_2CBr-CH_3 + \cdot Br$ ┘ 成長段階

あるいは

(循環図：$(CH_3)_2CH-CH_3 \to \cdot Br \to (CH_3)_2\dot{C}-CH_3 \to Br_2 \to (CH_3)_2CBr-CH_3$，副生成物 HBr, $\cdot Br$)

答 4.3

Markovnikov 則に従い，HBr の水素は置換基の少ないほうへ，臭素は置換基の多いほうへ付加する．二段階の求電子的付加反応である．なお，ベンゼン環は反応しない．

(a) $CH_3CH_2CHBrCH_3$ (b) $CH_3CH_2CBr_2CH_3$ (c) $C_6H_5-CH_2CH_2CHBrCH_3$

答 4.4

Br_2 によるアルケンへの求電子的付加反応で，三員環状ブロモニウムイオン中間体を経た trans 付加であるため，ラセミ混合物となる．

(a) シクロヘキセン $\xrightarrow[CCl_4]{Br_2}$ [ブロモニウムイオン中間体] $\longrightarrow$ trans-1,2-ジブロモシクロヘキサン（ラセミ体）

(b) シクロヘキセン $\xrightarrow[H_2O]{Br_2}$ [ブロモニウムイオン中間体] $\longrightarrow$ trans-2-ブロモシクロヘキサノール（ラセミ体）

$Br_2 + H_2O \rightleftharpoons Br^{\oplus}OH^{\ominus} + HBr$

答 4.5

(a) Markovnikov 則に従い，HBr の水素は置換基の少ないほうへ，臭素は置換基の多いほうへ付加する．求電子的な二段階反応である．
(b) (a)と同様の反応．
(c) Markovnikov 則に従い，H$_3$O$^+$ のプロトンは置換基の少ないほうへ，水は置換基の多いほうへ付加する．二段階を経る求電子的付加反応である．
(d) 接触水素化反応で，アルカンまで還元される．
(e) Lindlar 触媒を用いた接触水素化反応で，鉛によりパラジウムの触媒活性を下げているため，アルケンで止まる．一段階の付加反応で *cis*- 体を生じる．
(f) 金属 Li を用いた多段階反応で進行し，より安定な *trans*- 体を生じる．
(g) アルキンに HBr が Markovnikov 則に従い求電子的に付加する．HBr の水素は置換基の少ないほうへ，臭素は置換基の多いほうへ付加する．
(h) アルキンに 2 当量の HBr が Markovnikov 則に従い求電子的に付加する．HBr の水素は置換基の少ないほうへ，臭素は置換基の多いほうへ付加する．
(i) アルキンへの水の付加反応で，Markovnikov 則に従い，ビニルアルコールを生じてメチルケトンとなる．
(j) アルキンへの水の付加反応である．末端アルキンでないため，2 種類のビニルアルコールを生じて 2 種類のケトンとなる．

答 4.6

答 4.7

ラジカル連鎖反応で HBr がアルケンに付加する．臭素原子が末端アルケン炭素に付加するので，結果的に *anti*-Markovnikov 型で HBr が付加したことになる．

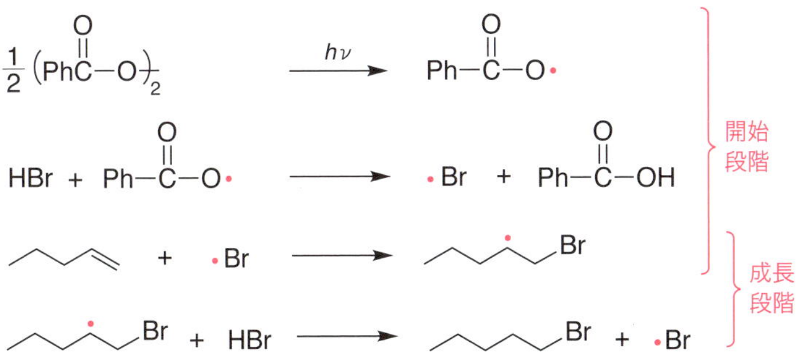

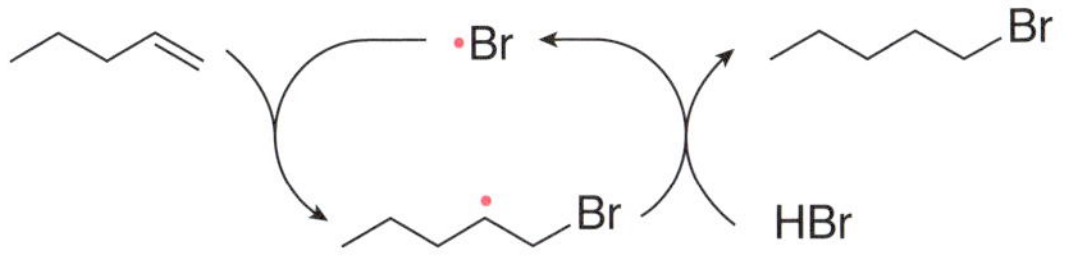

答 4.8

hydroboration-oxidation 反応である．酸化反応段階でアルキル基のホウ素原子から酸素原子への 1,2-転位をともなう．結果的に，アルケンへ anti-Markovnikov 型で H_2O が付加したことになる．

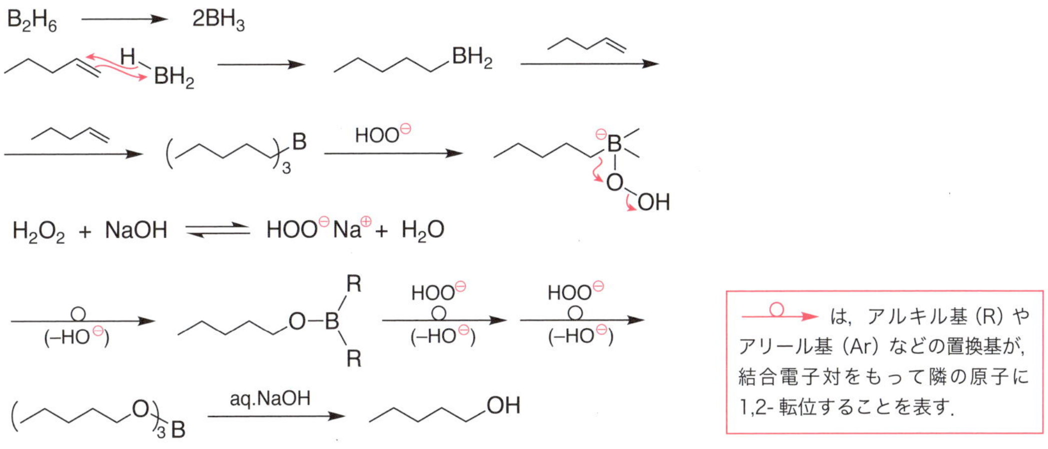

$\longrightarrow\!\!\circ\!\!\longrightarrow$ は，アルキル基（R）やアリール基（Ar）などの置換基が，結合電子対をもって隣の原子に 1,2-転位することを表す．

答 4.9

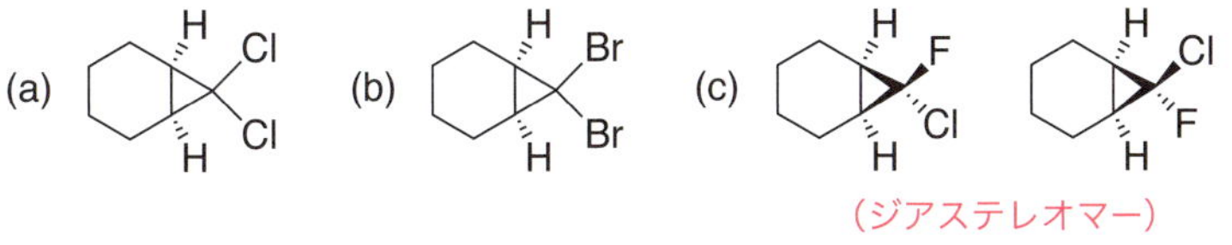

(a), (b), (c) （ジアステレオマー）

答 4.10

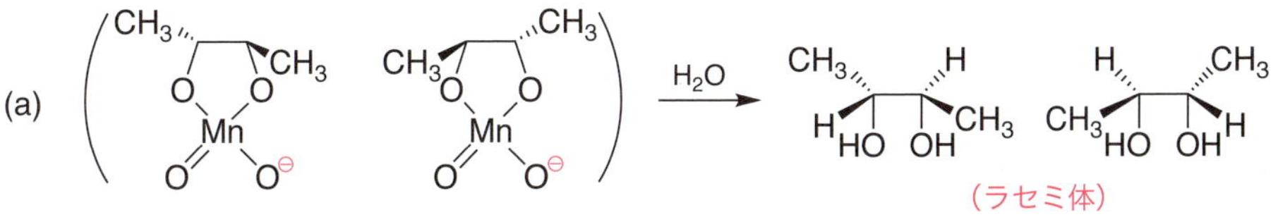

(a) （ラセミ体）

(b) 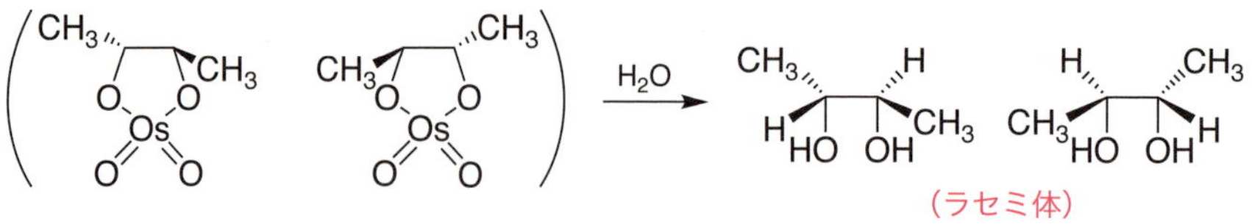

(ラセミ体)

(c) 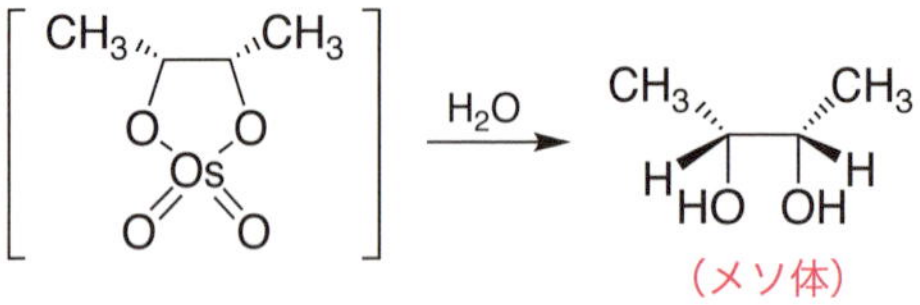

(メソ体)

(d) 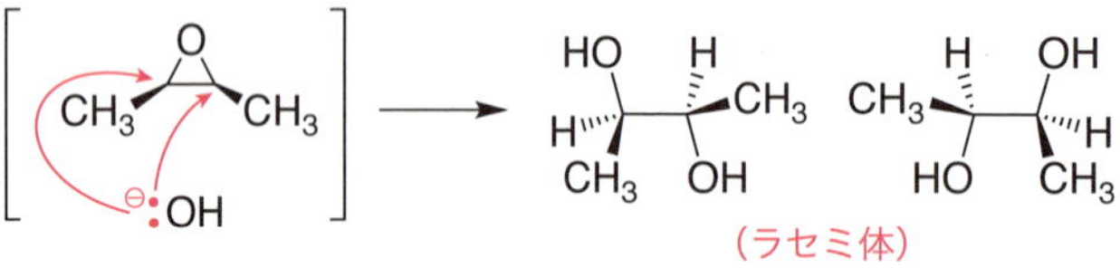

(ラセミ体)

(e) 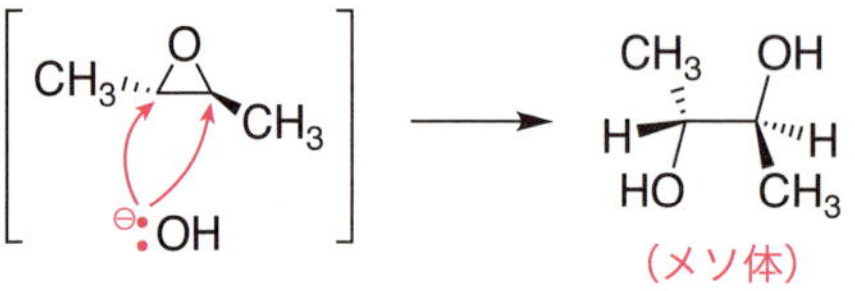

(メソ体)

答 4.11

(a) は **Wurz 反応**：ハロゲン化アルキル(RX)と金属 Na や Li との反応からカップリング生成物(R–R)を生成する反応.

(b) は **Wurz-Fittig 反応**：ハロゲン化アリール(ArX)，ハロゲン化アルキル(RX)，および金属 Na や Li との反応からカップリング生成物(Ar–R)を生成する反応.

(a) $CH_3CH_2CH_2CH_2-CH_2CH_2CH_2CH_3$

(b) 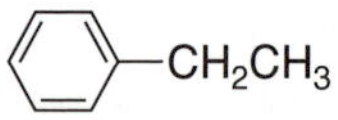

答 4.12

(1) 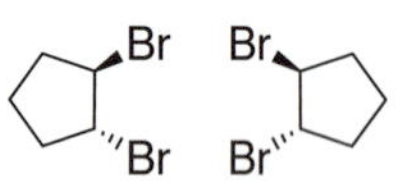

(ラセミ体)

(2) 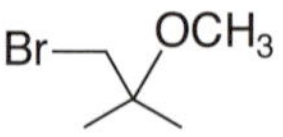

(3) 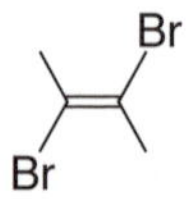

trans

(4) 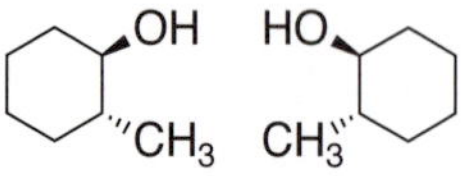

(ラセミ体)

(5) 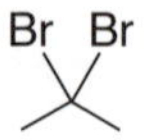

答 4.13

(1) 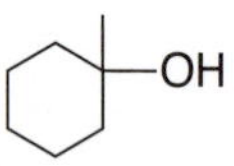

(2) 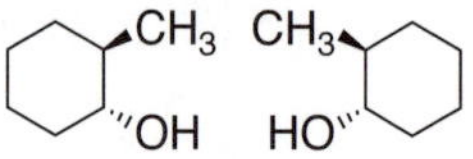

(ラセミ体)

答 4.14

 2,3-ジメチル-2-ブテンが一番安定しているため、水素化したときの発熱量は、より少ない.

答 4.15

(a) ⬡ + Br₂ —(hν)→ ⬡—Br + HBr

シクロヘキサンと臭素の混合物に光照射する（ラジカル連鎖反応で置換反応）.

(b) ⬡(=) + Br₂ ⟶ trans-1,2-ジブロモシクロヘキサン（両エナンチオマー）

シクロヘキセンに臭素を作用させる（極性反応で求電子付加反応）.

(c) ⬡(ベンゼン) + Br₂ —(FeBr₃)→ ⬡—Br + HBr

ベンゼンと臭素の混合物に触媒として FeBr₃ を作用させる（極性反応で芳香族求電子置換反応）.

答 4.16

(1) PhCH₂CH₂CH(CH₃)CH₂OH （ラセミ体）

Brown のヒドロホウ素化・酸化反応で、結果的に、水がアルケンに *anti*-Markovnikov 付加したことになる.

(2) CH₃(CH₂)₅CH=CH—OH ⟶ CH₃(CH₂)₅CH₂—CH=O

生じたビニルアルコールは、より安定なアルデヒドに異性化する.

第 5 章

答 5.1

CH₃–CH(OH)– をもつ化合物はヨードホルム反応を示す．

第一級アルコール

CH₃CH₂CH₂CH₂CH₂—OH   CH₃CHCH₂CH₂—OH   CH₃CH₂CHCH₂—OH
                                        | |
                                       CH₃   CH₃

$\quad$ CH₃
$\quad$ |
CH₃—C—CH₂—OH
$\quad$ |
$\quad$ CH₃

第二級アルコール

CH₃CHCH₂CH₃   CH₃CH₂CHCH₂CH₃   CH₃CHCHCH₃
| | |
OH   OH   OH
$\qquad\qquad\qquad\qquad\qquad\qquad\qquad\qquad$ CH₃ (上)

第三級アルコール

$\quad$ CH₃
$\quad$ |
CH₃—C—CH₂CH₃
$\quad$ |
$\quad$ OH

ヨードホルム反応を示すもの

CH₃CHCH₂CH₃   CH₃CHCHCH₃
| |
OH   OH
$\qquad\qquad\qquad$ (CH₃ 上)

答 5.2

(a) および (b) は **Jones 酸化反応**で含水系．(c) および (d) は **Sarett 酸化反応**で非水系．

(a) CH₃CH₂CH₂—C(=O)—OH

(b) CH₃CH₂—C(=O)—CH₃

(c) CH₃CH₂CH₂—CH=O

(d) CH₃CH₂—C(=O)—CH₃

答 5.3

PBr₃ はアルコールの臭素化剤，SOCl₂ はアルコールの塩素化剤．

(a) CH₂=CHCH₂CH₂CH₂Br

(b) シクロヘキシル–Br

(c) CH₂=CHCH₂CH₂CH₂Cl

(d) シクロヘキシル–Cl

答 5.4

(a) および (b) はアルコールのハロゲン化反応，(c) および (d) は付加反応によるハロゲン化物の合成反応．

(a) シクロヘキシル–I

(b) シクロヘキシル–Br

(c) シクロヘキシル–I

(d) 1-メチル-1-ブロモシクロヘキサン

答 5.5

(a)および(b)は **Williamson エーテル合成反応**．(c)は **Ullmann 芳香族エーテル合成反応**．(d)および(e)は **Williamson チオエーテル合成反応**．(f)は **Ullmann 芳香族チオエーテル合成反応**．チオール(RSH)はフェノール程度の弱い酸であり，硫黄の求核性が高いため，チオエーテル形成は速やかに進行する．

(a) $CH_2=CHCH_2CH_2CH_2-O-CH_2CH_3$ (b) $CH_3-C_6H_4-O-CH_3$ (c) $CH_3-C_6H_4-O-C_6H_5$

(d) $CH_2=CHCH_2CH_2-S-CH_2CH_3$ (e) $CH_3-C_6H_4-S-CH_3$ (f) $CH_3-C_6H_4-S-C_6H_5$

答 5.6

(a)および(b)は反応しない．(e) Me_3SiI は HI のシントン(Synthon，合成等価体．合成経路において，置き換え可能な等価であると見なせる構造単位)であり，同様の化学的機能をもち，有機溶媒中で反応を行える．脂肪族のエーテル結合は Me_3SiI や aq.HI で切断されるが，結合が強い芳香族のエーテル結合は切断されない．

(a), (b) は反応しない   (c) $CH_3CH_2CH_2CH_2I$, CH_3CH_2I

(d) $CH_3-C_6H_4-OH$, CH_3CH_2I (e) $CH_3-C_6H_4-OH$, $CH_2=CHCH_2CH_2I$

答 5.7

アルコールの O-Ts 体は炭素やヘテロ原子による S_N2 反応を受けやすい．

A $CH_2=CHCH_2CH_2CH_2-O-SO_2-C_6H_4-CH_3$ **B** $CH_2=CHCH_2CH_2-OH$

C $CH_2=CHCH_2CH_2CH_2-OCH_2CH_3$ **D** $CH_2=CHCH_2CH_2-O-C_6H_5$

E $CH_2=CHCH_2CH_2$-フタルイミド   **F, G** $CH_2=CHCH_2CH_2-NH_2$, フタル酸ジナトリウム塩

H $CH_2=CHCH_2CH_2-CN$

答 5.8

ヨウ素の求核性と溶解度の相違を用いたハロゲン交換反応．

(a) $CH_3CH=CHCH_2CH_2I$ (b) $CH_3CH=CHCH_2I$ (c) $CH_2=CHCH_2CH_2CH_2I$

答 5.9

一般に，アルコールはヨウ素で酸化されにくい．しかし，(b)および(c)のチオールはジスルフィドに酸化される．(d)電子密度の高いフェノールは芳香環 o-位がヨウ素化される．

(a) 反応しない   (b) $CH_3CH_2CH_2CH_2-S-S-CH_2CH_2CH_2CH_3$

(c) $CH_3-C_6H_4-S-S-C_6H_4-CH_3$ (d) $CH_3-C_6H_3(I)-OH$, $CH_3-C_6H_2(I)_2-OH$

答 5.10

(a), (b)および(d)は臭化物へのS_N2反応であるが，(c)および(e)では^{t}BuONaのようにかさばる強塩基を用いるとE2反応が生じる．

(a) HC≡C−CH$_2$CH$_2$−CN　　(b) C$_6$H$_5$−CH$_2$OCH$_2$CH$_3$　　(c) C$_6$H$_5$−CH=CH$_2$

(d) (cyclohexyl)−OCH$_3$（条件により (cyclohexene) も生成）　　(e) (cyclohexene)

答 5.11

(a)および(c)は臭化物へのS_N2反応(**Walden 反転**)で，(b)および(d)はS_N1反応．

(a) CH$_3$CH$_2$CH$_2$CH$_2$−OH　　(b) (CH$_3$)$_3$C−OH　　(c) CH$_3$CH$_2$−C(H)(CH$_3$)−OH　　(d) CH$_3$CH$_2$−CH(OH)−CH$_3$（ラセミ体）

答 5.12

1-プロパノールのヒドロキシ基は活性化されていないので，NaBrとは反応しない．一方，1-プロパノールにHBrを作用させると，ヒドロキシ基がプロトン化されて活性化し，Br$^\ominus$による求核置換反応を生じる．

CH$_3$CH$_2$CH$_2$OH + HBr ⇌ CH$_3$CH$_2$CH$_2$OH$_2^\oplus$ + Br$^\ominus$ ⟶ CH$_3$CH$_2$CH$_2$Br + H$_2$O

答 5.13

CH$_3$CH=CH$_2$ $\xrightarrow[\text{H}_2\text{O}]{\text{濃硫酸}}$ CH$_3$CH(OH)CH$_3$　（**Markovnikov**則に従う）

CH$_3$CH=CH$_2$ $\xrightarrow{\text{BH}_3\cdot\text{THF}}$ $\frac{1}{3}$(CH$_3$CH$_2$CH$_2$)$_3$B $\xrightarrow[\text{aq.NaOH}]{\text{H}_2\text{O}_2}$ CH$_3$CH$_2$CH$_2$CH$_2$OH

答 5.14

(1) C$_6$H$_5$−CH=CH−CH$_3$ $\xrightarrow{\text{HBr}}$ [C$_6$H$_5$−CH$_2$−CH$^\oplus$(CH$_3$) Br$^\ominus$] ⟶ C$_6$H$_5$−CH$_2$−CHBr−CH$_3$

（より安定な中間体）　（ラセミ体）

(2) (R)-CH$_3$CH(OH)CH$_2$CH$_3$ $\xrightarrow{\text{PBr}_2,\text{ピリジン}}$ [中間体 O−P, ピリジニウム Br$^\ominus$] $\xrightarrow{S_N2}$ (S)-CH$_3$CHBrCH$_2$CH$_3$

(3) HO−CH$_2$CH$_2$CH$_2$−CH=CH$_2$ $\xrightarrow{\text{I}_2,\text{NaHCO}_3}$ [HO−...−ヨードニウム中間体 I$^\ominus$] $\xrightarrow{(-\text{HI})}$ (tetrahydrofuran)−CH$_2$I

（ラセミ体）

第6章

答 6.1

$$CH_2=O + H_2O \rightleftharpoons CH_2(OH)_2$$

$$CH_3-CH=O + H_2O \rightleftharpoons CH_3-CH(OH)_2$$

$$CH_3-CO-CH_3 \rightleftharpoons CH_3-C(CH_3)(OH)_2$$

答 6.2

反応は平衡であるが，大量のメタノールを用いているため，アセタールに偏っている．

$$R-CH=O \xrightleftharpoons[-H^\oplus]{H^\oplus} R-CH=\overset{\oplus}{O}H \rightleftharpoons R-CH(OH)(\overset{+}{O}(H)CH_3) \rightleftharpoons$$

(R : CH₂CH₃)　　　　　　CH₃OH

$$R-CH(\overset{\oplus}{O}H_2)(OCH_3) \xrightleftharpoons[H_2O]{-H_2O} R-CH=\overset{\oplus}{O}CH_3 \rightleftharpoons R-CH(OCH_3)(\overset{+}{O}(H)CH_3) \xrightleftharpoons[+H^\oplus]{-H^\oplus} R-CH(OCH_3)_2$$

CH₃OH

答 6.3

カルボニル基の検出に使える．生成物の (a) オキシム，(b) 2,4-ジニトロフェニルヒドラゾン，(c) セミカルバゾンは結晶となり析出する．

(a) $(CH_3)_2C=N-OH$　　(b) $(CH_3)_2C=N-NH-C_6H_3(NO_2)_2$　　(c) $(CH_3)_2C=N-NH-CO-NH_2$

答 6.4

ケトンは第一級アミンとの反応でイミンを形成し，第二級アミンとの反応でエナミンを形成し，第三級アミンとは原則として反応しない．

(a) シクロヘキシリデン=N-シクロヘキシル　　(b) 1-ピペリジノシクロヘキセン　　(c) 反応しない

答 6.5

[反応スキーム: シクロヘキサノン + HN(モルホリン), TsOH → エナミン → C₂H₅Br → イミニウム塩(Br⁻) → H₃O⁺ (−HN(モルホリン)) → 2-エチルシクロヘキサノン]

答 6.6

Grignard 反応で，ホルムアルデヒドからは第一級アルコール，アルデヒドからは第二級アルコール，ケトンからは第三級アルコールを生成する．

A C₆H₅—CH₂—OH   B C₆H₅—CH(OH)—CH₃   C C₆H₅—C(CH₃)₂—OH

答 6.7

含水系である Jones 酸化反応はアルデヒドをカルボン酸に酸化する．MnO₂ はアリルアルコールやベンジルアルコールを共役系のアルデヒドに酸化する．一般に第二級アルコールの酸化はケトンで停止する．

(a) CH₃CH₂CH₂CH₂CO₂H   (b) CH₃CH₂CH=CH-CH₂-CHO   (c) Cl-C₆H₄-CH=O

(d) CH₃CH₂CH₂-CO-CH₃

答 6.8

水系の酸化反応では HIO₄ を用い，有機溶媒での酸化反応では Pb(OAc)₄ を用いる．ともに 1,2-ジオールと反応して五員環状中間体を経て，炭素–炭素結合を酸化的に切断する．

(a) および (b) CH₃-CO-CH₂CH₂CH₂CH₂-CO-CH₃

答 6.9

NaBH₄ も LiAlH₄ もアルデヒドを第一級アルコールに，ケトンを第二級アルコールに還元する．LiAlH₄ は強力な還元剤で，エステルも還元する．カルボニル化合物に金属 Na を加えるとラジカルカップリングしてピナコールを生じる．

(a) C₆H₅—CH₂CH₂CH₂—OH   (b) C₆H₅—CH₂CH₂—CH(OH)—CH₃

(c) C₆H₅—CH₂CH₂CH₂—OH   (d) C₆H₅—CH₂CH₂—CH(OH)—CH₃   (e) (CH₃)₂C(OH)—C(OH)(CH₃)₂

答 6.10

カルボニル基からアルケンの合成は **Wittig 反応** を用いる．α,β-不飽和エステル合成では，$(C_2H_5O)_2P(=O)CH_2CO_2C_2H_5$ と NaH を用いた **Horner-Wadsworth-Emmons 反応** がよい．

(a) シクロヘキサノン + $Ph_3P=CHCH_2CH_3$ ⟶ シクロヘキシリデンプロパン + $Ph_3P=O$

(b) シクロペンタノン + $Ph_3P=CHCH_2CH_3$ ⟶ シクロペンチリデンプロパン + $Ph_3P=O$

シクロペンチリデンプロパン $\xrightarrow{H_2, Pd-C}$ プロピルシクロペンタン

(c) シクロヘキサノン + $Ph_3P=CHCO_2C_2H_5$ ⟶ シクロヘキシリデン酢酸エチル + $Ph_3P=O$

[あるいは $(C_2H_5O)_2\overset{O}{\overset{\|}{P}}-CH_2-CO_2C_2H_5$, NaH]

シクロヘキシリデン-$CO_2C_2H_5$ $\xrightarrow{H_2, Pd-C}$ シクロヘキシル-$CH_2CO_2C_2H_5$

答 6.11

NaOH 存在下で，α-水素のないアルデヒドは **Cannizzaro 反応** が生じ，α-水素のあるアルデヒドやケトンはアルドール反応が生じる．加温条件ではさらに脱水されて**アルドール縮合反応**が生じる．

(a) $C_6H_5-CO_2H$, $C_6H_5-CH_2OH$ (1:1)

(b) $C_6H_5-CH_2OH$ (HCO_2H)

(c) $CH_3-\underset{OH}{CH}-CH_2-CH=O$

(d) $CH_3-\underset{\underset{OH}{|}}{\overset{\overset{CH_3}{|}}{C}}-CH_2-\overset{O}{\overset{\|}{C}}-CH_3$

(e) $\underset{CH_3}{\overset{CH_3}{>}}C=CH-\overset{O}{\overset{\|}{C}}-CH_3$

答 6.12

(a) アルドール縮合反応あるいは **Claisen-Schmidt 反応**（メチルケトンと芳香族アルデヒドの縮合反応）．(b) **Claisen-Schmidt 反応**．(c) **Knoevenagel 縮合反応**（活性メチレンの縮合反応）．(d) **Mannich 反応**（メチルケトン，ホルムアルデヒド，および第二級アミンを用いた β-アミノエチルケトンの生成）．(e) **Robinson 環化反応**（Michael 付加反応と分子内アルドール縮合反応の連続反応）．

(a) trans-カルコン (PhCH=CH-CO-Ph)

(b) $(CH_3)_3C-CO-CH=CH-Ph$

(c) $PhCH=C(CO_2CH_3)_2$

(d) $Ph-CO-CH_2CH_2-N(C_2H_5)_2$

(e) オクタヒドロナフタレン-2-オン（Δ¹,⁸ᵃ）

答 6.13

(イ) $CCl_3-CH=O$ > (ア) $CH_3-CH=O$ > (ウ) $CH_3-CO-CH_3$

答 6.14

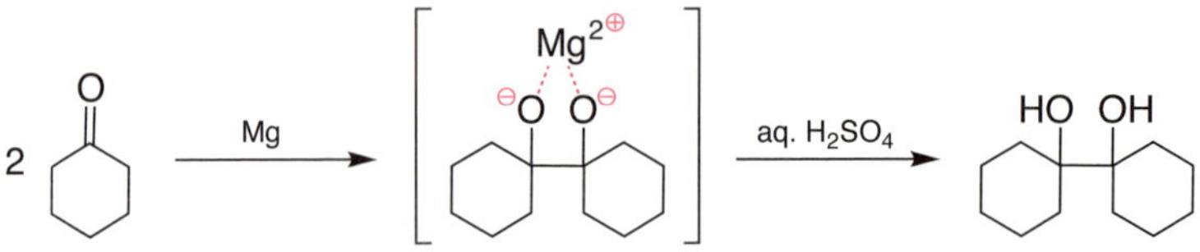

2 シクロヘキサノン $\xrightarrow{Mg}$ [Mg²⁺ ビスアルコキシド中間体] $\xrightarrow{aq.\ H_2SO_4}$ 1,1'-ビシクロヘキシル-1,1'-ジオール

答 6.15

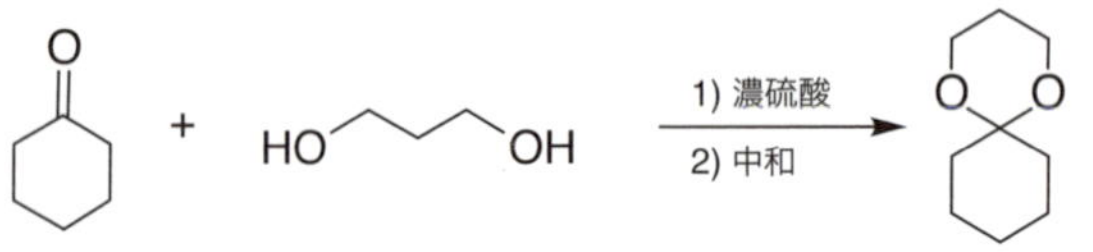

シクロヘキサノン + HO-CH₂CH₂CH₂-OH $\xrightarrow[\text{2) 中和}]{\text{1) 濃硫酸}}$ 1,5-ジオキサスピロ[5.5]ウンデカン

答 6.16

(1) 1-エチルシクロヘキサン-1-オール

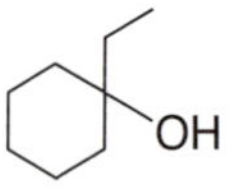

(2) $Ph_3P=\text{シクロペンチリデン}$ $\xrightarrow{Ph-CH=O}$ ベンジリデンシクロペンタン

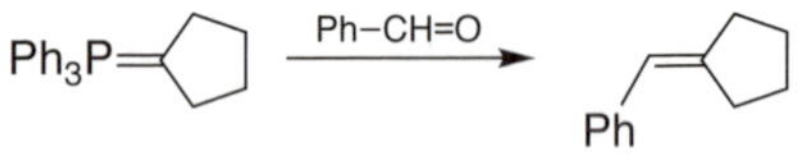

答 6.17

(反応機構図：(A) → エノラート → Br₂ と反応 → (I) → 再度エノラート化 → Br₂ と反応 → (B))

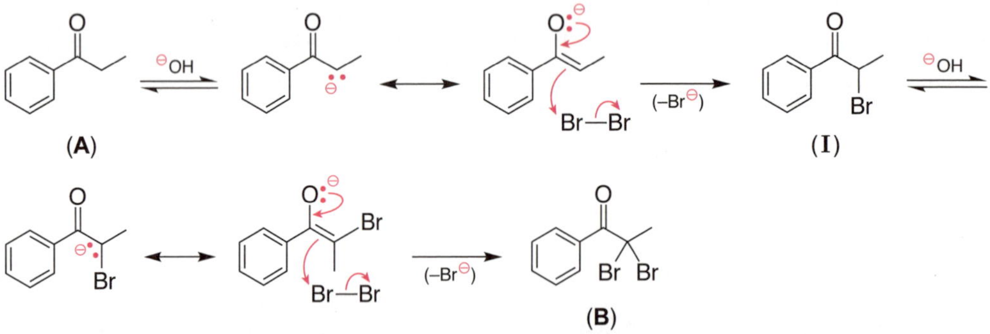

臭素は電子求引基のため，ケトン (**A**) よりケトン (**I**) の α-水素のほうが塩基に引き抜かれやすく，生じたアニオンが速やかに Br₂ と反応してケトン (**B**) となりやすい．

答 6.18

分子内のアルドール反応．

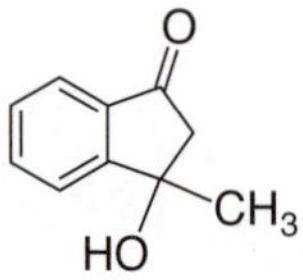

(3-ヒドロキシ-3-メチル-2,3-ジヒドロ-1H-インデン-1-オン の構造式)

第7章

答 7.1

酸塩化物は反応性が一番高いので，カルボン酸無水物，エステル，アミドなどに誘導できる．一方，ニトリルは反応性が低く，溶媒にも用いられる．

$$\underset{\underset{Cl}{|}}{CH_3-\overset{O}{\overset{\|}{C}}} > CH_3-\overset{O}{\overset{\|}{C}}-O-\overset{O}{\overset{\|}{C}}-CH_3 > CH_3-\overset{O}{\overset{\|}{C}}-OCH_2CH_3 > CH_3-\overset{O}{\overset{\|}{C}}-NH_2 > CH_3-CN$$

答 7.2

酸塩化物は反応性が一番高いので，カルボン酸無水物，エステル，アミド，およびニトリルに誘導できる．

A $CH_3CH_2-\overset{O}{\overset{\|}{C}}-Cl$ (SO_2, HCl)   B $CH_3CH_2-\overset{O}{\overset{\|}{C}}-OCH_3$ (Et_3N, HCl)

C $CH_3CH_2-\overset{O}{\overset{\|}{C}}-O-\overset{O}{\overset{\|}{C}}-CH_3$ (NaCl)   D $CH_3CH_2-\overset{O}{\overset{\|}{C}}-NH_2$ (NH_4Cl)

E $CH_3CH_2-\overset{O}{\overset{\|}{C}}-N(CH_3)_2$ (($CH_3)_2NH_2Cl$)   F CH_3CH_2-CN

答 7.3

Fischer エステル合成反応は平衡であるが，メタノールを過剰に用いているために，平衡は生成系に偏っている．

$$R-\overset{O}{\overset{\|}{C}}-OH \underset{-H^{\oplus}}{\overset{H^{\oplus}}{\rightleftarrows}} R-\overset{\overset{\oplus}{OH}}{\underset{OH}{C}} \rightleftarrows R-\overset{OH}{\underset{\overset{\oplus}{O}CH_3}{C}}-OH \rightleftarrows R-\overset{\overset{\oplus}{OH_2}}{\underset{OCH_3}{C}}-O-H$$

$$\underset{H_2O}{\overset{-H_2O}{\rightleftarrows}} R-\overset{\overset{\oplus}{OH}}{\underset{OCH_3}{C}} \underset{H^{\oplus}}{\overset{-H^{\oplus}}{\rightleftarrows}} R-\overset{O}{\overset{\|}{C}}-OCH_3$$

答 7.4

(a) 濃硫酸と $H_2\text{●}$：カルボン酸を溶媒量の $H_2\text{●}$ に溶かし，触媒量の濃硫酸を加えて加温．
(b) 濃硫酸と CH_3OH：$R-C\text{●}_2H$ のメタノール溶液に濃硫酸を加えて加温．
(c) K_2CO_3 と CH_3I：$R-C\text{●}_2H$ に K_2CO_3 と CH_3I を加えて加温．

答 7.5

$NaBH_4$ は穏やかな還元剤であり，$LiAlH_4$ は強力な還元剤である．
(a) 反応しない(水素ガス発生のみ)，(b) $CH_3CH_2CH_2CH_2CH_2$-OH，(c) 反応しない，
(d) $CH_3CH_2CH_2CH_2$-OH(CH_3OH)，(e) 反応しない，(f) $CH_3CH_2CH_2CH_2$-NH_2，
(g) $CH_3CH_2CH_2CH_2$-$NHCH_3$，(h) $CH_3CH_2CH_2CH_2$-$N(CH_3)_2$，(i) 反応しない，
(j) $CH_3CH_2CH_2CH_2$-NH_2

答 7.6

A：カルボン酸塩化物にしてからアンモニア水を作用．**B**：n-BuLi（n-ブチルリチウム）や LDA（リチウムジイソプロピルアミド）を 2 当量作用させて生じたカルボン酸塩の α-位炭素アニオンを α-位エチル化．**C**：カルボン酸の C_1 増炭反応には **Arndt-Eistert 反応**．**D**：カルボン酸の C_1 減炭反応には **Hunsdiecker 反応**．**E**：**Claisen 縮合反応**．

答 7.7

Dieckmann 縮合反応で生じた β-ケトエステルの α-位メチル化，加水分解，および脱炭酸反応．

A: 2-(エトキシカルボニル)シクロヘキサノン (CO$_2$C$_2$H$_5$)
B: 2-メチル-2-(エトキシカルボニル)シクロヘキサノン (CH$_3$, CO$_2$C$_2$H$_5$)
C: 2-メチルシクロヘキサノン (CH$_3$)

答 7.8

大量の水を用いており，しかも，最後に生じたアンモニアは硫酸塩となるため，不可逆反応である．

$$CH_3CH_2C\equiv N \underset{}{\overset{H^\oplus}{\rightleftharpoons}} CH_3CH_2-\overset{\oplus}{C}\equiv NH \xrightarrow{H_2\ddot{O}} CH_3CH_2-C\overset{NH}{\underset{\overset{\oplus}{O}H_2}{=}} \rightleftharpoons$$

$$\rightleftharpoons CH_3CH_2-C\overset{\overset{\oplus}{N}H_2}{\underset{\underset{H}{O}}{=}} \rightleftharpoons CH_3CH_2-\overset{\oplus}{C}\overset{NH_2}{\underset{OH}{}} \overset{H_2O}{\rightleftharpoons} CH_3CH_2-\underset{OH}{\overset{\overset{\oplus}{O}H_2}{C}}-NH_2$$

$$\rightleftharpoons CH_3CH_2-\underset{OH}{\overset{OH}{C}}-\overset{\oplus}{N}H_3 \rightleftharpoons CH_3CH_2-\overset{\overset{\oplus}{O}H}{C}\underset{OH}{} + NH_3 \rightarrow CH_3CH_2-\underset{NH_4^\oplus}{\overset{O}{C}}-OH$$

答 7.9

(a) 交差 **Claisen** 縮合反応．(b) **Claisen** 縮合反応と，生じた β-ケトエステルの酸加水分解，および脱炭酸反応．(c) **Claisen** 縮合反応と，生じた β-ケトエステルの α-位エチル化，酸加水分解，および脱炭酸反応．(d) **マロン酸エステル合成反応**によるカルボン酸の合成反応．

(a) C$_6$H$_5$-CO-CH(CH$_3$)-CO$_2$C$_2$H$_5$
(b) C$_6$H$_5$-CH$_2$-CO-CH$_2$-C$_6$H$_5$
(c) C$_6$H$_5$-CH$_2$-CO-CH(C$_2$H$_5$)-C$_6$H$_5$
(d) (CH$_3$)(C$_2$H$_5$)CH-CO$_2$H

答 7.10

$$CH_3-\underset{Cl}{\overset{O}{C}} > CH_3-\underset{}{\overset{O}{C}}-O-\overset{O}{\underset{}{C}}-CH_3 > CH_3-\underset{OCH_3}{\overset{O}{C}} > CH_3-\underset{N(CH_3)_3}{\overset{O}{C}}$$

B   **D**   **C**   **A**

カルボン酸誘導体のなかで，カルボン酸塩化物は一番反応性が高いので，カルボン酸塩，アルコール，アミンと反応してカルボン酸無水物，エステル，アミドに変換できる．

答 7.11

(1) 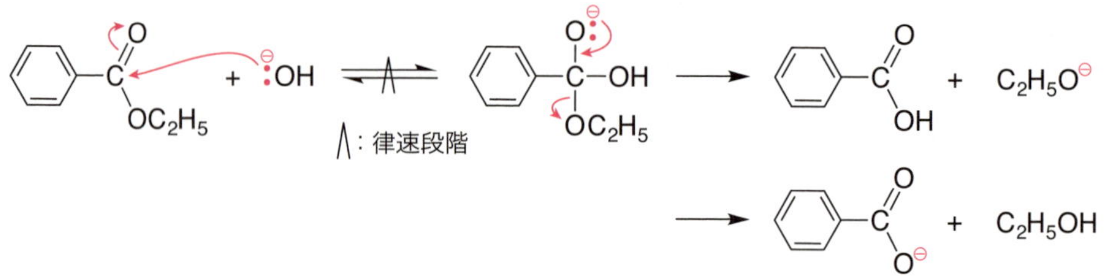 [反応機構: 安息香酸エチル + ⁻:OH ⇌ 四面体中間体 (律速段階) → 安息香酸 + C₂H₅O⁻ → 安息香酸イオン + C₂H₅OH]

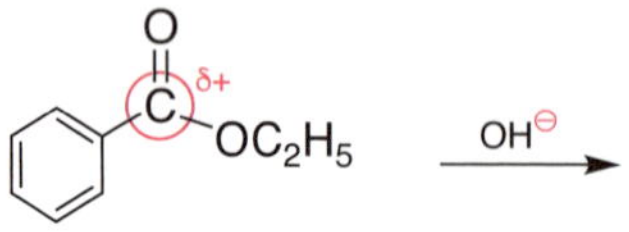

(2) ① 安息香酸エチル + OH⁻ →
② 4-クロロ安息香酸エチル + OH⁻ →

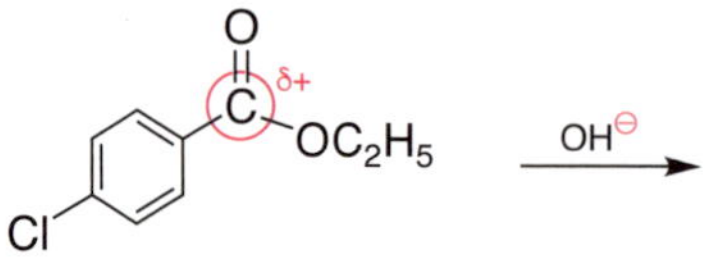

塩素原子の電子求引効果で，カルボニル炭素の陽性度が大きい②のほうが OH^- の求核攻撃を受けやすい．

答 7.12

(1) 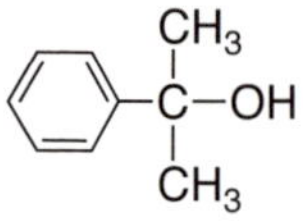 2-フェニル-2-プロパノール (PhC(CH₃)₂OH)

(2) 脱水反応 — 2-メチルヘキサンニトリル

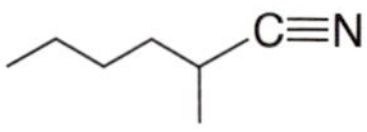

(3) 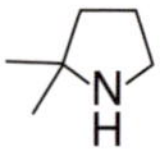 2,2-ジメチルピロリジン

第 8 章

答 8.1

$(4n+2)\pi$ 電子（Hückel 則，$n = 0, 1, 2, \cdots$）をもつ環状に共役した平面状化合物は芳香族性がある．

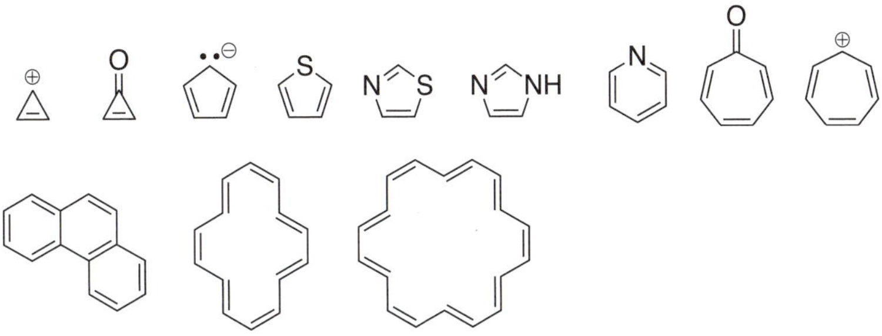

答 8.2

芳香族求電子置換反応（S_EAr）である．共役系においてヒドロキシ基は強力な電子供与基，メチル基は穏やかな電子供与基，ハロゲンは穏やかな電子求引基，エステルは強い電子求引基，ニトロ基は強力な電子求引基．

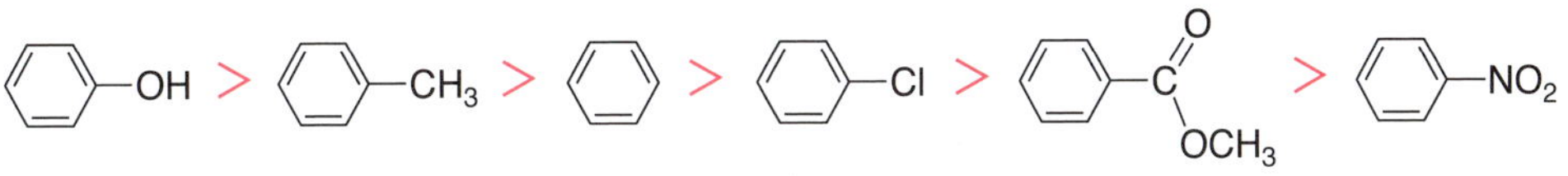

答 8.3

芳香族求電子置換反応（S_EAr）である．ベンゼン環に結合したヒドロキシ基やアルキル基は *o*- または *p*-配向，ハロゲンでは反応は遅いが *o*- または *p*-配向，エステルやニトロ基は反応が非常に遅く *m*-配向．

(a) 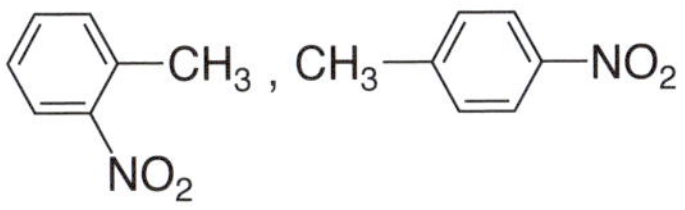

(b) 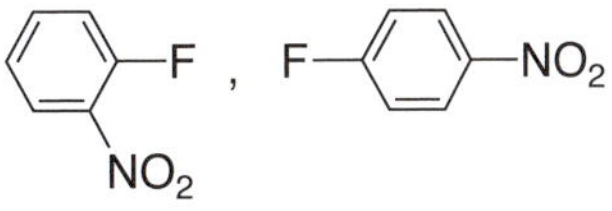

(c) 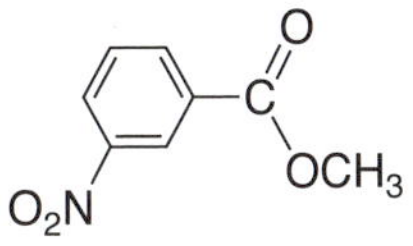

(d) 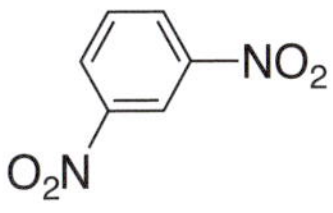

(e) 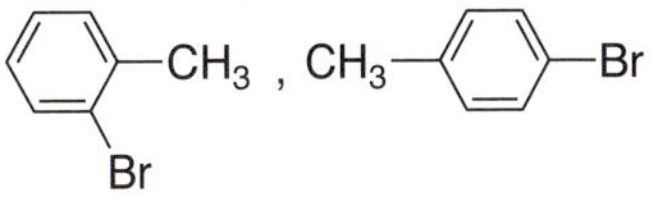

(f) 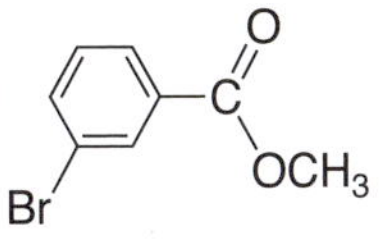

(g) 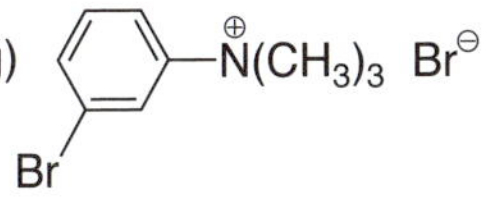

(h) 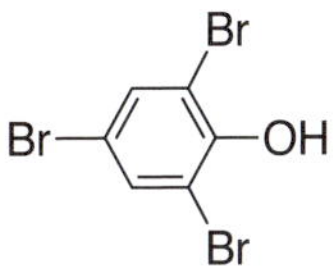

(i) 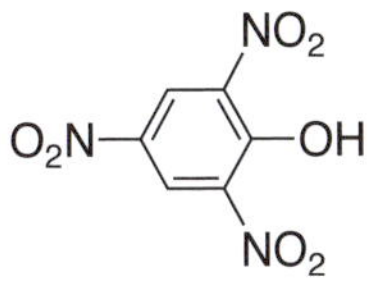

(j) 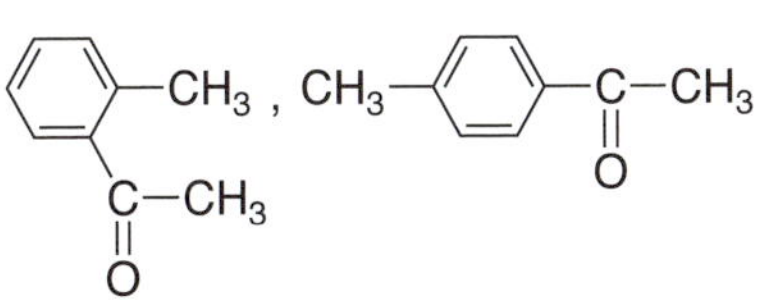

(k) 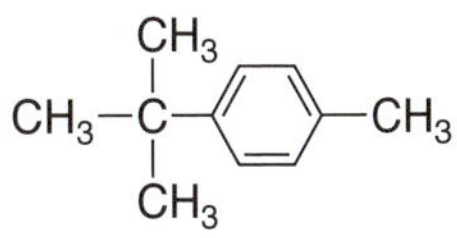

答 8.4

ベンジル位の水素は酸化されやすく，ベンジルアルコールやベンズアルデヒド，あるいはメチルフェニルケトン（アセトフェノン）を経て安息香酸まで酸化される．ベンジル位の水素がないと酸化されない．

(a, b, c) 安息香酸（C₆H₅COOH） (d) 反応しない

答 8.5

芳香族求核置換反応（S$_N$Ar）は，芳香環が電子欠損状態になると，生じやすい．

(a) 反応しない (b) O_2N–C₆H₄–OCH_3 (NaCl) (c) 4-メトキシピリジン (NaCl)

答 8.6

Birch 還元反応で，1,4-シクロヘキサジエンを生じる．アニオンが生じるため，電子供与基の付け根には二重結合が残り，電子求引基の付け根はアニオンを経て還元される．

(a) 1,4-シクロヘキサジエン (b) 1-メトキシ-2,5-シクロヘキサジエン (c) 3,6-ジヒドロ安息香酸リチウム (CO_2Li)

答 8.7

芳香環に直結したハロゲンは Friedel-Crafts アルキル化反応しない．また，ニトロベンゼンは電子欠損した芳香環なので，Friedel-Crafts アルキル化反応は生じない．

(a) Cl–C₆H₄–CH_2–C₆H₅ (b) ニトロベンゼンと反応しない

答 8.8

OCH_3-C₆H₅ > CH_3-C₆H₅ > Cl-C₆H₅ > NO_2-C₆H₅

C　　　A　　　D　　　B

← S$_E$Ar の反応性が高い

答 8.9

芳香環上に強い電子求引基を有する化合物は S$_E$Ar 反応でメタ配向性を示す．

CF_3 基の強い誘起効果でメタ配向性：CF_3-C₆H₅　**b**

COOH 基の誘起効果と共鳴効果でメタ配向性： [構造式: ベンゼン環にCOOH] c

答 8.10

[構造式: フェノール(OH)] > [構造式: トルエン(CH₃)] > [構造式: ベンゼン] > [構造式: 安息香酸(COOH)]
　（イ）　　　　　　（エ）　　　　　　（ウ）　　　　　（ア）

答 8.11

[構造式: フェナントレン] **a**　　[構造式: トロピリウムカチオン] **c**　　[構造式: ピロール] **f**

答 8.12

(1) [構造式: 1-ブロモ-3-ニトロベンゼン]

(2) 主生成物: [構造式: 4-メチルフェニル エチルケトン]　　副生成物: [構造式: 2-メチルフェニル エチルケトン]

(3) [構造式: 1-メトキシ-1,3-シクロヘキサジエン]

第 9 章

答 9.1

(a), (c), (d), (e), (f), (g), (i), (k)

(k) の構造:
H,CH₃C=C=C=CH,CH₃ および H,CH₃C=C=C=CH₃,H

答 9.2

(a) E, (b) Z, (c) E, (d) E, (e) Z, (f) E, (g) E, (h) Z, (i) Z, (j) Z

答 9.3

炭素原子上の 4 つの置換基がすべて異なるアルコール．

HO–CH₂–CH(CH₃)(CH₂CH₃)   CH₃–CH(OH)–CH₂CH₂CH₃   CH₃–CH(OH)–CH(CH₃)(CH₃)

答 9.4

炭素原子上の 4 つの置換基がすべて異なる，あるいは対称面をもたない化合物．なお，第三級アミンやホスフィンは室温で反転しているため，光学異性体は生じない．第三級アミン N-オキシドやホスフィンオキシドは正四面体状の 4 配位のため，光学異性体が存在する．(n) は**「Tröger の塩基」**といい，かご型の第三級アミンのため，反転できずに光学異性体が生じる．よって，鏡像異性体をもつ化合物は以下のとおり．
(c), (e), (f), (h)（スルホキシドは硫黄原子上で反転しない），(k), (m), (n)（Tröger の塩基），(o), (q)

答 9.5

(a) S, (b) R, (c) R, (d) R（乳酸），(e) S（セリン），(f) S, (g) R, (h) R, (i) S, (j) $1R, 2R$, (k) $1S, 2S$, (l) S

答 9.6

酒石酸は 2 つの不斉炭素があるため，$2^2 = 4$ つの立体異性体を考えられるが，メソ酒石酸は分子に対称面をもつため，鏡像異性体は存在しないことから，3 つの立体異性体がある．これらの Fischer 投影式を以下に示した．L-酒石酸と D-酒石酸は互いに鏡像異性体の関係にあり，融点（168〜170 ℃）や化学的性質は同じである．旋光計を回す絶対値は同じで，符号（方向）が異なるだけである（L-酒石酸は +12° と D-酒石酸は −12°）．一方，メソ酒石酸（融点 146〜148 ℃）は L-酒石酸や D-酒石酸と互いにジアステレオマーの関係にあり，融点などの物理的性質や化学的性質はまったく異なる．

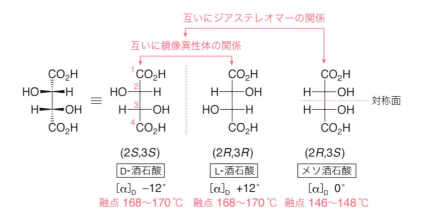

答 9.7

2*R*, 3*R* 体と 2*S*, 3*S* 体は互いに鏡像異性体であり，2*R*, 3*S* 体と 2*S*, 3*R* 体は互いに鏡像異性体である．2*R*, 3*R* 体あるいは 2*S*, 3*S* 体と，2*R*, 3*S* 体あるいは 2*S*, 3*R* 体は互いにジアステレオマーである．

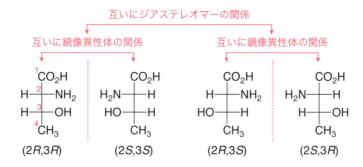

答 9.8

ラセミ体の 1-フェニルプロピルアミンのアルコール溶液に (*R*)-カンファースルホン酸を当量加えて，塩とする．これらの塩はジアステレオマーなので，溶解度が異なる．一方の塩の結晶を優先的に析出させ，溶液と分離する．得られた結晶はアルカリ水溶液で中和すると，光学活性な 1-フェニルプロピルアミンが得られる．先の溶液を中和すると，この鏡像異性体である光学活性な 1-フェニルプロピルアミンが得られる．

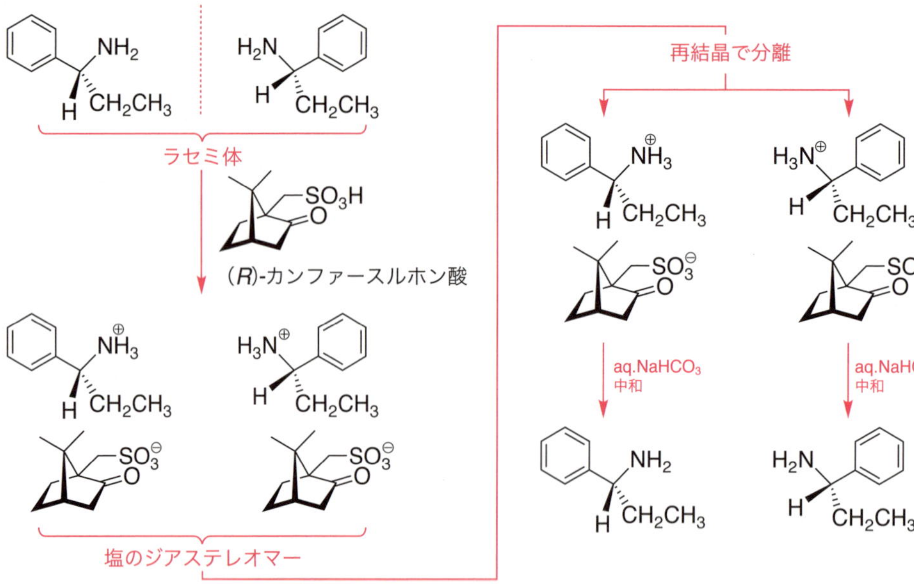

答 9.9

1. 第三級アミンは N 上で反転しているため，光学活性はない．

2. 光学活性がある．

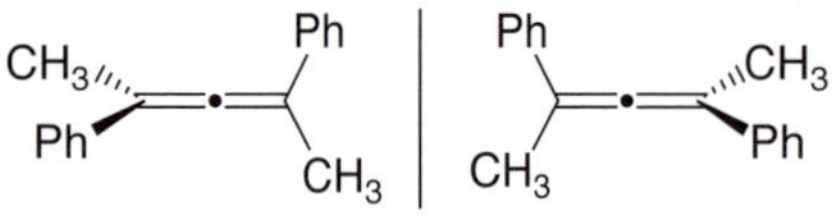

3. 対称面をもち，光学活性はない．

答 9.10

ビアリールの化合物が代表的．

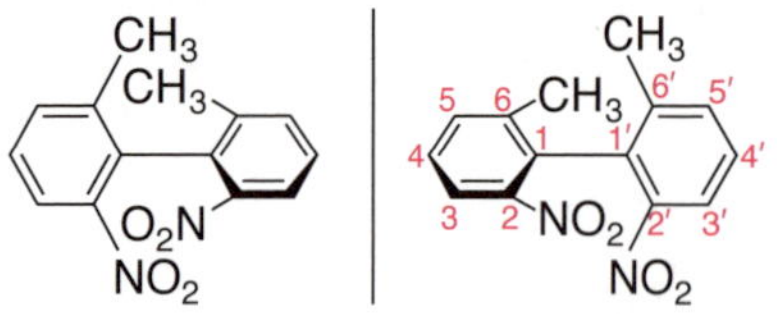

これは 2 つのフェニル基が，2,6-位と 2′,6′-位の置換基により，C–C 単結合（1–1′ 結合間）で自由回転できないためである．

答 9.11

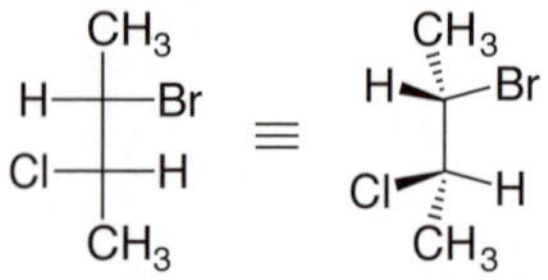

(1) (2S,3S)-2-ブロモ-3-クロロブタン

(2) 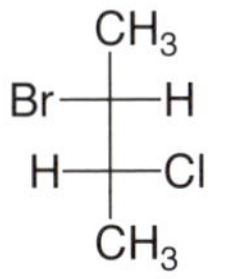 構造式 (2R,3R)-2-ブロモ-3-クロロブタン
　　エナンチオマー

(3) 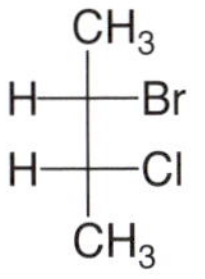 構造式（あるいは 構造式）
　　ジアステレオマー

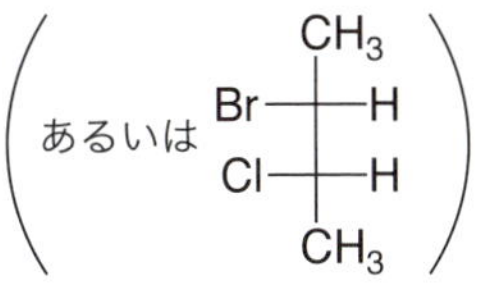

答 9.12

S（L-アミノ酸は S）

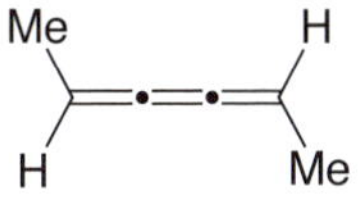

答 9.13

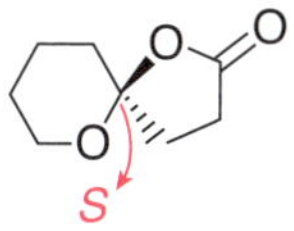

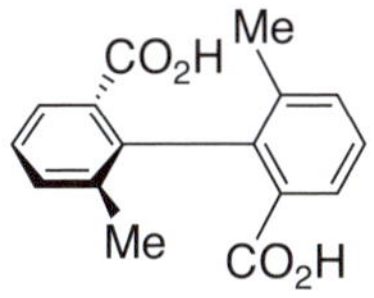

1, 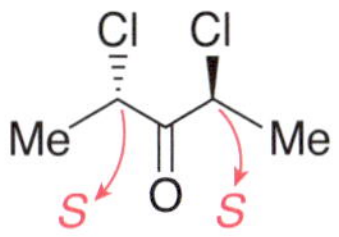 2, 5 は光学活性．3 はメソ体．4 は平面状（トランス）．

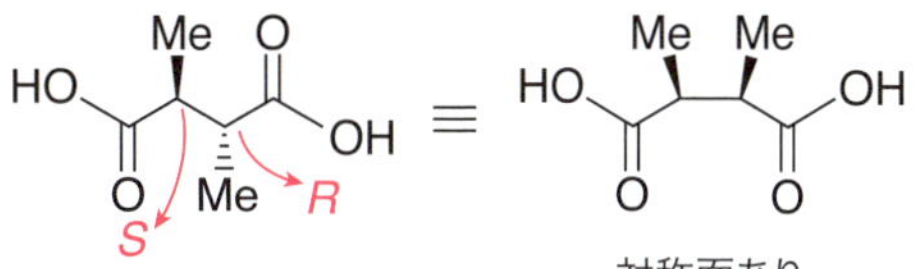

第10章

答 10.1

S_N2 反応である．

(a) CH₃CH₂CH₂CH₂Br (b) CH₃CH₂CH₂CH₂Cl (c) CH₂=CHCH₂CH₂Cl

(d) CH₃CH₂CH₂CH₂CN (e) CH₃-C₆H₄-O-CH₂CH=CH₂ (f) CH₃O-C₆H₄-S-CH₂CH=CH₂

(g) CH₂=CHCH₂CH₂-O-C₂H₅ (h) CH₂=CHCH₂CH₂-S-C₂H₅ (i) CH₂=CHCH₂CH₂CH₂-NH₂

(j) CH₂=CHCH₂CH₂CH₂-N(CH₃)₂ (k) CH₂=CHCH₂CH₂CH₂-N(CH₃)₂

答 10.2

(a)〜(c) は **Williamson エーテル合成反応**，(d)〜(g) は **Ullmann カップリング反応**．

(a) 3-OCH₃ 置換 フェネチルアルコール (b) 3-SCH₃ 置換 フェネチルアルコール (c) 3-OC₂H₅ 置換 (2-エトキシエチル)ベンゼン (d) 4-CH₃-C₆H₄-O-C₆H₅

(e) 4-CH₃-C₆H₄-S-C₆H₅ (f) 4-CH₃-C₆H₄-C₆H₄-4-CH₃ (g) 4-CH₃-C₆H₄-N(ピペリジン)

> Ullmann カップリング反応は，本来 C–C 形成のことであるが，「C–O–C：Ullmann 芳香族エーテル合成（p.27 参照）」「C–N–C：Ullmann 芳香族アミン合成」「C–S–C：Ullmann 芳香族チオール合成」と，O，N，S に対しては細分化し，それらは広義で Ullmann 反応に含まれる．

答 10.3

(a) および (c) は S_N1 反応，(b)，(d) および (e) は S_N2 反応．

(a) (CH₃)₃C—OH (HBr) (b) (S)-CH₃CH₂CH(CH₃)—O—C₆H₄—CH₃

(c) (R)-HO—C(C₆H₅)(CH₃)—CH₂CH₃ および (S)-CH₃—C(C₆H₅)(OH)—CH₂CH₃ (d) CH₃CH₂CH(CH₃)—O—C(=O)—CH₃ (e) (R)-C₆H₅—CH(SC₂H₅)—CH₂CH₃

答 10.4

(a) および (b) で，sp³ 混成炭素原子に結合したエーテル結合は HI で切断できる．しかし，ベンゼンのような sp² 混成炭素原子に結合したエーテル結合は HI で切断できない．(c) は **Gabriel アミン合成反応**．(d)，(e) および (f) では，sp³ 混成炭素原子上で求核置換反応は生じるが，sp² 混成炭素原子上で求核置換反応は生じない．(g) および (h) では，五員環や六員環を形成しやすい．(h) で，ニトロアルカンの pK_a はフェノールと同程度である．

(a) [cyclohexyl]–I, C_2H_5I (b) [phenyl]–OH, C_2H_5I

(c) $CH_2=CHCH_2CH_2NH_2$, [phthalate di-Na] （NH_2NH_2 では [phthalazine-1,4-diol] ）

(d) Br–CH=CH–CH_2CH_2–CN   (e) Br–[p-C_6H_4]–CH_2CH_2CH_2–OC_2H_5

(f) Ph–CH_2CH_2CH_2–NH_2 (g) [tetrahydropyran]   (h) [cyclopentyl]–NO_2

答 10.5

アルコールを O-Ts 化し，さらに，AcOK や AcONa による S_N2 反応を行い，生じた酢酸エステルをアルカリ加水分解する．あるいは，アルコール，p-ニトロ安息香酸，Ph_3P，および $EtO_2C–N=N–CO_2Et$ を用いた Mitsunobu 反応を行い，生じたエステルをアルカリ加水分解する．

第一法

HO–C(H)(CH_3)–CH_2CH_2Ph $\xrightarrow[\text{ピリジン}]{\text{TsCl}}$ TsO–C(H)(CH_3)–CH_2CH_2Ph $\xrightarrow[S_N2]{CH_3CO_2K}$

PhCH_2CH_2–C(H)(CH_3)–O–C(=O)–CH_3 $\xrightarrow{\text{aq.NaOH}}$ PhCH_2CH_2–C(H)(CH_3)–OH

第二法

HO–C(H)(CH_3)–CH_2CH_2Ph $\xrightarrow{Ph_3P,\ EtO_2C–N=N–CO_2C_2H_5,\ NO_2–C_6H_4–CO_2H}$ PhCH_2CH_2–C(H)(CH_3)–O–C(=O)–C_6H_4–NO_2

$\xrightarrow{\text{aq.NaOH}}$ PhCH_2CH_2–C(H)(CH_3)–OH

Mitsunobu 反応：アルコールとカルボン酸に Ph_3P と $EtO_2C–N=N–CO_2Et$ を作用させて，エステルを合成する反応．アルコールのヒドロキシ基付け根の炭素原子上で Walden 反転したエステルを生じる．副生成物は $Ph_3P=O$ と $EtO_2C–NH–NH–CO_2Et$．

答 10.6

CH_3CH_2–Br + $I^{\ominus}$ $\xrightarrow{k_1}$ CH_3CH_2–I + $Br^{\ominus}$

$(CH_3)_3C$–CH_2–Br + $I^{\ominus}$ $\xrightarrow{k_2}$ $(CH_3)_3C$–CH_2–I + $Br^{\ominus}$

$k_1 : k_2 = 1 : 1.3 \times 10^{-5}$

S$_N$2反応であり，三方両錐形の遷移状態を経る必要がある．1-ブロモ-2,2-ジメチルプロパンでは左図のように，立体障害のため，この遷移状態を形成しにくく，反応が非常に遅い．

答 10.7

S$_N$1反応は中間体のカルボカチオンの安定性と，脱離基のアニオンとしての脱離能力が効く．

$$(CH_3)_3C-I \;>\; (CH_3)_3C-Br \;>\; (CH_3)_2CH-Br \;>\; CH_3CH_2CH_2-Br$$

エ　　　　　　ウ　　　　　　　イ　　　　　　　　ア

← S$_N$1反応性が高い

答 10.8

S$_N$1反応はプロトン性極性溶媒がよい．

(ア) 40%水/60%エタノール ＞ (イ) エタノール ＞ (ウ) エタノール

(t-BuCl構造) ＞ (t-BuCl構造) ＞ (i-PrCl構造)

← S$_N$1反応性が高い

答 10.9

(a) S$_N$1反応で，比較的安定なベンジル位の平面状カルボカチオン中間体を生じ，水が裏と表から均等に求核攻撃するので，ラセミ体のアルコールを生じる．

(b) S$_N$1反応は水のようなプロトン性極性溶媒で効果的に進行する．アセトンはプロトン性極性溶媒ではないので，アセトンを添加すると中間体が溶媒和されにくくなり，反応は遅くなる．

答 10.10

S_N1 反応

(イ) $CH_2=CH-CH(Br)-CH_3$ > (エ) $CH_3CH_2-CH(Br)-CH_3$ > (ア) CH_3CH_2-Br > (ウ) $CH_2=C(Br)-CH_2CH_3$

← S_N1 反応性が高い

答 10.11

(a) (R)-6 →[S_N1, エタノール/H_2O] ベンジル位の平面状カルボカチオン中間体（水が裏から・表から攻撃）→ (R)-7 + (S)-7 （ラセミ体）

(a) は S_N1 反応で進行し，比較的安定なベンジル位のカルボカチオン中間体を生じ，水が紙面の裏と表から均等に求核攻撃するので，ラセミ体のアルコールを生じる．

(b) →[S_N2, エタノール/H_2O] HO–(Me,H)... （主生成物）+ HBr

(b) が S_N1 反応を生じると，第二級のカルボカチオン中間体となり，(a) で生じたベンジル位のカルボカチオン中間体に比べ，安定化が十分に得られない．そこで，H_2O による S_N2 反応が主に生じ，**Walden 反転**したアルコールが主生成物となる．

答 10.12

(1) シクロペンタン+S（エピスルフィド）　(2) PhCH(N_3)CH$_3$

答 10.13

CH$_3$-N tropane環-Cl → 反転 → CH$_3$-N$^+$ 中間体 + Cl$^-$（CH$_3$CH$_2$OH が攻撃）→ 反転（–HCl）→ CH$_3$-N tropane-OCH$_2$CH$_3$

⇌ CH$_3$-N tropane 環-OCH$_2$CH$_3$（立体異性体）

第11章

答 11.1

Markovnikov 則に従い，安定なカルボカチオン中間体を経た二段階反応で進行する．

(a) CH$_3$CH$_2$CHCH$_3$
      |
      OH

(b) 1-メチルシクロヘキサン-1-オール

(c) 1-ブロモ-1-メチルシクロヘキサン

(d) (CH$_3$)$_3$C–Cl

(e) 1-ブロモ-1,2,3,4-テトラヒドロナフタレン

(f) CH$_3$CH$_2$C(Br)=CH$_2$

(g) CH$_3$CH$_2$C(Br)$_2$CH$_3$

(h) CH$_3$CH$_2$–C(OH)=CH$_2$ → CH$_3$CH$_2$–C(=O)–CH$_3$

(i) CH$_3$CH$_2$C(OH)=CHCH$_3$ → CH$_3$CH$_2$C(=O)CH$_2$CH$_3$

   CH$_3$CH$_2$CH=C(OH)CH$_3$ → CH$_3$CH$_2$CH$_2$C(=O)CH$_3$

答 11.2

アルケンへの求電子的付加反応で，三員環ハロニウムイオン中間体を経てトランス付加体を生じる．

[シクロヘキサン環に⊕X架橋] 三員環ハロニウムイオン中間体 (X : Br, Cl)

(a) trans-1,2-ジブロモシクロヘキサン（ラセミ体）

(b) trans-2-ブロモシクロヘキサン-1-オール（ラセミ体）

(c) trans-1-ブロモ-2-メトキシシクロヘキサン（ラセミ体）

(d) trans-2-クロロシクロヘキサン-1-オール（ラセミ体）

答 11.3

カルベンには Singlet-カルベン（:CX$_2$）と Triplet-カルベン（·CX$_2$·）（ビラジカル）がある．(a)～(d) は塩基を用いたイオン反応で，生じたアニオン（$^{\ominus}$:CX$_3$）の α-脱離を経て求電子的な Singlet-カルベンが発生し，アルケンと協奏的に付加環化して立体保持したシクロプロパン誘導体を生じる．(e) の光照射下では，Triplet-カルベンが生じて，アルケンとの多段階反応でシクロプロパン誘導体を生じる．この場合は立体保持ではない．

(a) 1,1-ジクロロ-2,2-ジメチルシクロプロパン

(b) 7,7-ジクロロビシクロ[4.1.0]ヘプタン

(c) 7-クロロ-7-フルオロビシクロ[4.1.0]ヘプタン（混合物）

(d) 7,7-ジフルオロビシクロ[4.1.0]ヘプタン

(e) 構造: CH₃, CO₂CH₃ が置換したシクロプロパン2種（混合物）

ジアゾ化合物の光照射下の反応

$$N_2CX_2 \xrightarrow{h\nu} \cdot CX_2\cdot + N_2\uparrow$$

$\cdot CX_2\cdot$ + アルケン(R, R) → ビラジカル中間体 ⇌ 回転異性体 → シクロプロパン(シス/トランス)

答 11.4

(a) $CH_2=CH-CH=CH_2 \xrightarrow[0\,°C]{HCl}$

$CH_3-\overset{\oplus}{CH}-CH=CH_2$ / $Cl^{\ominus}$ ⟷ $CH_3-CH=CH-\overset{\oplus}{CH_2}$ / $Cl^{\ominus}$

↓ ↓

$CH_3-CH(Cl)-CH=CH_2$ （**1**：80%） 　$CH_3-CH=CH-CH_2Cl$ （**2**：20%）

0 °C では速度論支配で反応が進行し，活性化エネルギーの少ない化合物 **1** を主に生じた．

(b) 0 °C より高い温度で反応を行う．つまり，化合物 **2** の形成に必要な活性化エネルギーを超えられる熱を加えて，反応が熱力学支配で進行し，熱力学的に安定な化合物 **2** を生じるようにする．

答 11.5

(1) 3-メチルシクロヘキサノン
(2) 6,6-ジクロロビシクロ[3.1.0]ヘキサン (gem-ジクロロシクロプロパン縮合)
(3) PhCH₂-NH-CH₂CH₂-C(=O)-OEt
(4) 1,2-ジブロモシクロブタン

第 12 章

答 12.1

(a)～(c)および(e)は，アルコールの濃硫酸による脱水反応でZaitsev則に従う．(d)および(f)はE2反応．

答 12.2

(a)および(b)は，強塩基を用いたE2反応で，*anti*-periplanarで進行する．(c)は第一級アミドの脱水反応．(d)および(e)はHofmann分解反応で，より置換基の少ないアルケンを生成する(Hofmann則)．

答 12.3

(a)および(f)は第三級アミン*N*-オキシドの脱離反応で，**Cope脱離反応**．(b)はスルホキシドの脱離反応, (c)もスルホキシドの脱離反応, (e)はセレノキシドの脱離反応で，いずれもEi反応．(d)および(g)はメチルキサンテートエステルの脱離反応で，**Chugaev反応**であり，同様にEi反応．Ei反応は*syn*-periplanar脱離反応である．(h)はギ酸アミドの脱水反応によるイソニトリル合成反応．

答 12.4

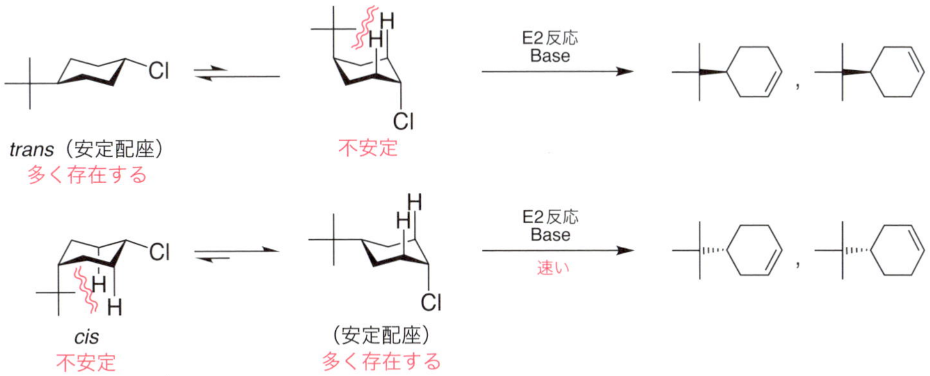

Cl
H
H
Cl
E2 反応
Base
trans（安定配座）
多く存在する
不安定
Cl
H
H
H
H
Cl
E2 反応
Base
速い
cis
不安定
（安定配座）
多く存在する

立体障害が少ないため，*cis* 体のほうが速く E2 反応は進む．

答 12.5

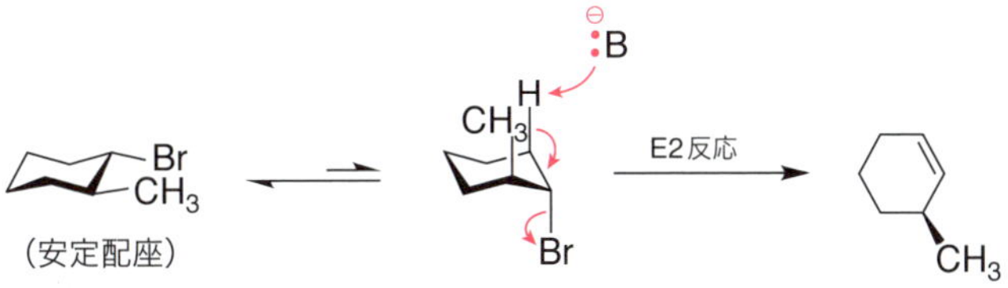

Br
CH_3
（安定配座）
B
H
CH_3
Br
E2 反応
CH_3

E2 反応は *anti*-periplanar 脱離反応

E2 反応は *anti*-periplanar の条件を満たした水素原子が引き抜かれるため，この条件を満たす水素原子は，上の式で示したように 1 つしかなく，生成物は 3-メチルシクロヘキセンとなる．

答 12.6

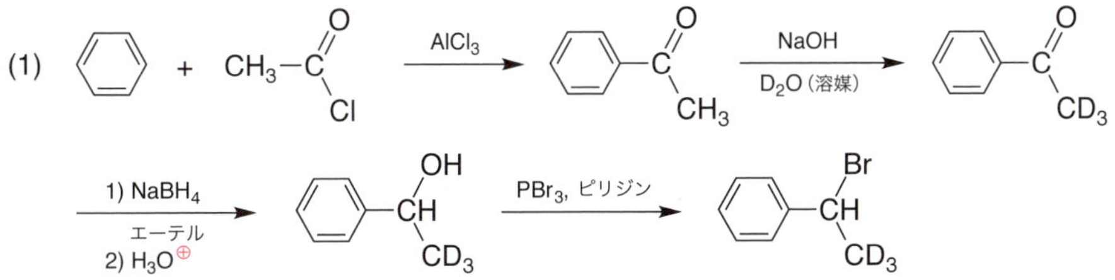

(1)
O
CH_3-C
Cl
$AlCl_3$
O
C
CH_3
NaOH
D_2O（溶媒）
O
C
CD_3
1) $NaBH_4$
エーテル
2) $H_3O^{\oplus}$
OH
CH
CD_3
PBr_3, ピリジン
Br
CH
CD_3

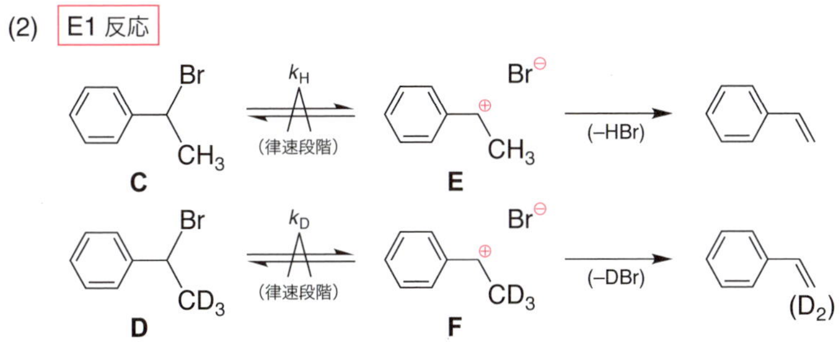

(2)
E1 反応
Br
CH_3
C
k_H
（律速段階）
$Br^{\ominus}$
CH_3
E
(–HBr)
Br
CD_3
D
k_D
（律速段階）
$Br^{\ominus}$
CD_3
F
(–DBr)
(D_2)

E1 反応は，ベンジル位のカルボカチオン **E** および **F** の生成が律速段階である．k_H/k_D は小さく，**E** と **F** の相対安定性が反応速度に反映するので，$1 \leq k_H/k_D < 2$ である．よって (a) となる．これは，**F** に比べて，**E** のほうがやや安定であるためである．

答 12.7

① **Hofmann 分解反応**を用いる.

[structure: 2-iodopentane] →(aq.NH₃)→ [2-aminopentane] →(CH₃I 過剰)→ [N⁺(CH₃)₃ I⁻ ammonium salt] →(Ag₂O (KOH) 加熱)→ [pent-1-ene]

② 立体的にかさばった $(CH_3)_3COK$ や $(C_2H_5)_3COK$ を塩基として用いる.

[mechanism: 2-iodopentane with bulky ethoxide base abstracting terminal H → pent-1-ene + (HO-CEt₂, I⁻)]

答 12.8

[上段: trans-2-bromo-4-phenylcyclohexanol (安定配座) →NaOH→ alkoxide intermediate with anti-periplanar Br → 4-phenyl-cyclohexene epoxide (Ph–epoxide)]

[下段: cis isomer (安定配座) →NaOH→ intermediate →E2反応→ 4-phenylcyclohex-1-en-1-olate →H₃O⁺→ 4-phenylcyclohexanone]

答 12.9

(1) [(Z)- or (E)-1,2-diphenylpropene: Ph–CH=C(Me)–Ph] (E2 反応)

(2) [1-isopropyl-5-methylcyclohex-2-ene, trans] (E2 反応)

(3) [CH₂=CH–CH₂CH₂CH₂–N(CH₃)₂] , [CH₂=CH–CH₂–CH₂–CH=CH₂] (Hofmann 分解反応)

第13章

答 13.1

(a)および(b)は含水系の二クロム酸酸化反応．(c)および(d)は含水系のCrO_3によるJones酸化反応．(e)は非水系のCrO_3・ピリジンによるSarett酸化反応．(f)は非水系のPCC酸化反応．(g)，(h)および(i)はベンジルアルコールやアリルアルコールの共役アルデヒドへの酸化反応．(j)および(k)は1,2-ジオールのジアルデヒドへのMalaprade酸化反応．

答 13.2

(a)および(b)はHarriesオゾン酸化反応と生じたオゾニドの還元処理．(c)はオゾン酸化反応と生じたオゾニドの酸化処理．(d)および(e)はアルケンの cis-1,2-ジオール化反応．(f)および(g)はアルケンのエポキシド化反応．(h)，(i)および(j)はアルケンのエポキシドを経た trans-1,2-ジオール化反応．

答 13.3

(a)および(b)は1,2-ジオールの有機溶媒中でのジケトンへの酸化反応．(c)は1,2-ジオールの水中でのジケトンへの酸化反応．(d)はチオールのジスルフィドへの酸化反応．(e) α-水素のあるベンジル位は酸化されやすい．(f)はアルコールのSwern酸化反応．(g)はアルコールのDess-Martin酸化反応．(h)はアルコールのTEMPO触媒によるDIB[PhI(OAc)$_2$]酸化反応．これら(f)〜(h)は非水系の反応．(i)は1,4-ジメトキシベンゼンのCe^{4+}によるキノン骨格への酸化反応．

答 13.4

答 13.5

(2) $k_H/k_D = 7.7$ は，大きな一次速度論的同位体効果であり，C–H 結合開裂が律速段階であることを示している．

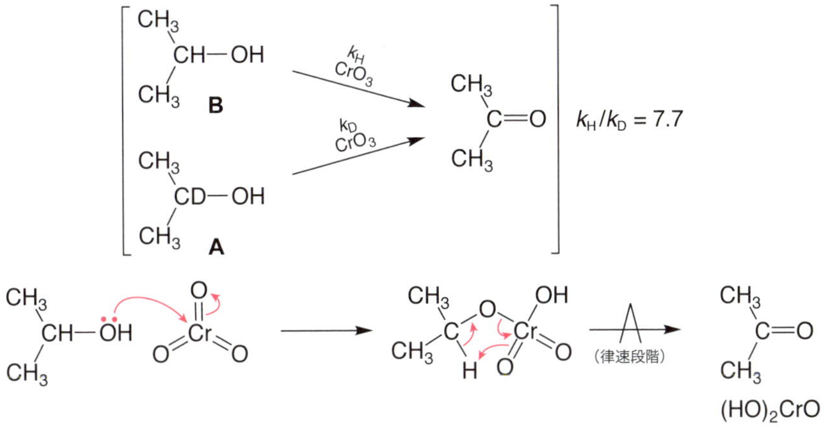

$$\left[\begin{array}{c}\text{CH}_3\text{-CH-OH (B)} \\ \text{CH}_3 \\ \text{CH}_3\text{-CD-OH (A)} \\ \text{CH}_3\end{array}\right] \xrightarrow[\text{CrO}_3]{k_H, k_D} \text{CH}_3\text{-C(=O)-CH}_3 \quad k_H/k_D = 7.7$$

(反応機構図：イソプロパノールと CrO₃ からクロム酸エステル中間体を経て，律速段階で C–H 結合が開裂しアセトンと (HO)₂CrO を生成)

答 13.6

(1) 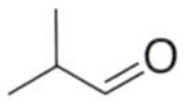 イソブチルアルデヒド (2 当量)

(2)  $\text{O=}\overset{\oplus}{\text{O}}\text{-O}^{\ominus} \longleftrightarrow {}^{\ominus}\text{O-}\overset{\oplus}{\text{O}}\text{=O}$

(3)  モルオゾニド，オゾニド（構造式）

(4) 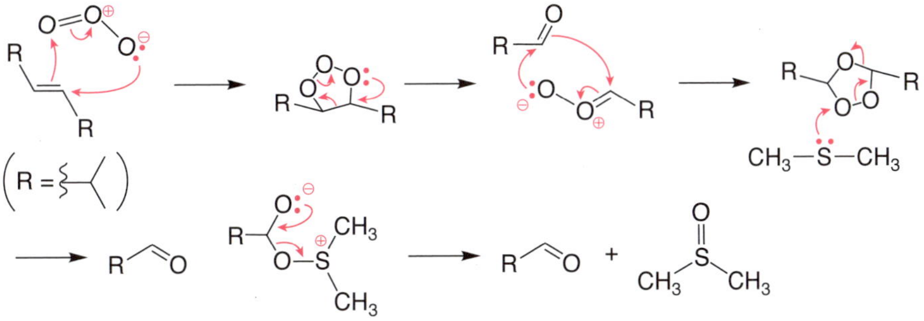 （$R = i\text{-Pr}$）オレフィンとオゾンから1,2,3-トリオキソランを経て，カルボニルオキシドとアルデヒドに開裂，再結合して オゾニドを生成．ジメチルスルフィドによる還元でアルデヒド 2 分子とジメチルスルホキシドを生成．

第14章

答 14.1

NaBH$_4$ は穏やかな還元剤で，アルデヒドやケトンをアルコールに還元するが，エステルは還元しない．LiAlH$_4$ は，アルデヒド，ケトン，エステルをアルコールに還元する．

(a) シクロヘキサノール (b) シクロヘキサノール (c) 反応しない (d) ベンジルアルコール (PhCH$_2$OH), (CH$_3$OH)

(e) CH$_2$=CHCH$_2$CH$_2$OH (f) CH$_2$=CHCH$_2$CH$_2$OH (g) メチルシクロヘキサン

答 14.2

NaBD$_4$ はアルデヒドやケトンをアルコールに還元するが，エステルは還元しない．LiAlD$_4$ は，アルデヒド，ケトン，エステルをアルコールに還元する．NaBD$_4$ や LiAlD$_4$ 還元により，ヒドロキシ基付け根の炭素原子を D-化したアルコールとなる．

(a) 1-D-シクロヘキサノール (b) CH$_2$=CHCH$_2$CHD-OH (c) CH$_2$=CHCH$_2$CHD-OH (d) PhCD$_2$-OH (CH$_3$OH)

(e) CH$_3$OOC-(CH$_2$)$_6$-CHD(OH)-CH=CH$_2$ 型構造（メチルエステル部分は還元されず，ケトン部分が D 化されたアルコールとなる）

答 14.3

(a)および(b)で，NaBH$_4$ や LiAlH$_4$ は α,β-不飽和ケトンを 1,2-還元する．(c)は D$_2$/Pd-C による接触還元は一段階反応で，cis-還元反応．(d) および (g) は接触還元反応で，パラジウム活性を下げた Pd-CaCO$_3$-PbO (Lindlar 触媒) や Pd-BaSO$_4$ はアルキンを cis-アルケンに還元する．(e)，(f) および (h) で，金属 Li や LiAlH$_4$ は，アルキンを多段階反応で trans-アルケンに還元する．(i)，(j) および (k) で LiAlH$_4$ は，第一級アミドを第一級アミンに，第二級アミドを第二級アミンに，第三級アミドを第三級アミンに還元する．(l)で LiAlH$_4$ はニトリルを第一級アミンに還元する．

(a) 2-シクロヘキセノール (b) 2-シクロヘキセノール (c) 1,1-ジメチル-2,2-D$_2$-シクロヘキサン

(d) cis-3-ヘキセン (C$_2$H$_5$とC$_2$H$_5$が同じ側) (e) cis-1-ペンテン型 (C$_2$H$_5$とC$_2$H$_5$が同じ側) (f) cis-2-ペンテン (CH$_3$とC$_2$H$_5$同じ側) (g) cis-2-ブテン (CH$_3$とC$_2$H$_5$)

(h) trans-3-ヘキセン (C$_2$H$_5$とC$_2$H$_5$反対側) (i) CH$_3$CH$_2$CH$_2$NH$_2$ (j) CH$_3$CH$_2$CH$_2$NHCH$_3$

(k) CH$_3$CH$_2$CH$_2$N(CH$_3$)$_2$ (l) CH$_3$CH$_2$CH$_2$NH$_2$

答 14.4

(a)および(b)で，^{i}Bu$_2$AlH はアルデヒドやケトンをアルコールに還元する．(c)および(d)で，エステルに低温で1当量の ^{i}Bu$_2$AlH を作用させるとアルデヒドが，2当量の ^{i}Bu$_2$AlH を作用させると第一級アルコールが生じる．(e)および(f)は **Cannizzaro 反応**で，後者はホルムアルデヒドが還元剤として作用している．(g)〜(j)は **Birch 還元反応**で，相対的に電子密度の低いベンゼン環が 1,4-シクロヘキサジエン環に還元される．電子供与基の付け根炭素は還元されず，電子求引基の付け根炭素は還元される．(k)は **Wolff-Kishner 還元反応**（塩基性），(l)ジチオアセタールの Raney-Ni による還元反応，(m) **Clemmensen 還元反応**（酸性）で，これらはケトン基をメチレン基に還元する．

(a) CH$_2$=CH-CH$_2$-CH$_2$-OH
(b) CH$_2$=CH-CH$_2$-CH(OH)-CH$_3$
(c) CH$_2$=CH-CH$_2$-CH$_2$-CHO
(d) CH$_2$=CH-CH$_2$-CH$_2$-CH$_2$-OH (CH$_3$OH)
(e) CH$_3$-C$_6$H$_4$-CH$_2$OH ， CH$_3$-C$_6$H$_4$-CO$_2$H
(f) C$_6$H$_5$-CH$_2$OH (HCO$_2$H)
(g) 1-メトキシ-2,5-シクロヘキサジエン
(h) 2,5-シクロヘキサジエン-1-カルボン酸
(i) 1-メトキシ-5,8-ジヒドロナフタレン
(j) 1,4-ジヒドロナフタレン-1-カルボン酸
(k) C$_6$H$_5$-CH$_2$CH$_3$
(l) PhC(SC$_2$H$_5$)$_2$CH$_3$ → (Raney-Ni) → C$_6$H$_5$-CH$_2$CH$_3$
(m) 1,2,3,4-テトラヒドロナフタレン

答 14.5

(a) はギ酸による還元で，**Eschweiler-Clarke 反応**．(b)〜(f) は弱酸中の NaBH$_3$CN による還元反応で，**Borch 反応**．

(a) CH$_3$CH$_2$CH$_2$CH$_2$-N(CH$_3$)$_2$
(b) CH$_3$CH$_2$CH$_2$CH$_2$-NH-CH$_2$-C$_6$H$_5$
(c) CH$_3$CH$_2$CH$_2$-NH-CH$_2$CH$_3$
(d) CH$_3$CH$_2$CH$_2$-NH-CH(CH$_3$)$_2$
(e) (CH$_3$CH$_2$CH$_2$CH$_2$)$_2$NH-CH$_2$CH$_2$CH$_3$
(f) CH$_3$CH$_2$CH$_2$CH$_2$-NH$_2$

Eschweiler-Clarke 反応：第一級アミンや第二級アミンに CH$_2$=O と HCO$_2$H を作用させて，N-メチル化した第三級アミンを生じる．ギ酸が還元剤．

$$R-NH_2 \xrightarrow{CH_2=O} R-\overset{\oplus}{N}H(CH_2)H \xrightarrow[(-CO_2)]{HCO_2H} R-NH-CH_3 \xrightarrow{CH_2=O} R-\overset{\oplus}{N}(CH_3)=CH_2 \xrightarrow[(-CO_2)]{HCO_2H} R-N(CH_3)_2$$

Borch 反応：弱酸存在下で，第一級アミンや第二級アミンにアルデヒドあるいはケトンと NaBH$_3$CN を作用させて，第二級アミンや第三級アミンを生じる．

$$R-NH_2 + R'-CH=O \xrightarrow[(-H_2O)]{H^{\oplus}} R-\overset{\oplus}{N}H=CH-R' \xrightarrow{NaBH_3CN} R-NH-CH_2-R'$$

いずれも N–C 結合形成反応である．

答 14.6

(1) [cis-1,2-dideuteriocyclohexane structure] (2) Ph-CH₂CH₂CH₂CH₃ (butylbenzene) (3) trans-pentene structure (4) Ph—CH₂—NH—Me

(5) [bicyclic acetal with CO₂CH₃ group] , [2-(hydroxymethyl)cyclohexanone] (6) Ph-CH₂CH₂-N₃ , Ph-CH₂CH₂-NH₂

(7) Lindlar 触媒(Pd-CaCO₃-PbO) と H₂ (8) [1-methoxy-1,4-cyclohexadiene structure] (9) [cyclohexyl-C(OH)(CH₃)-CN] , [cyclohexyl-C(OH)(CH₃)-CH₂NH₂]

(1) 接触水素化反応は *cis*-還元体を生じる．
(2) Clemmensen 還元反応で，カルボニル基をメチレン基に還元する．
(3) 金属 Na による還元は *trans*-体を生じる．
(4) 第二級アミドの還元で，第二級アミンとなる．
(5) ケトンをアセタール保護して，エステルのみを還元する．
(6) アジドアニオンによる S_N2 反応と，生じたアジド基の還元反応．
(7) Lindlar 触媒を用いて，アルキンを *cis*-アルケンに還元する．
(8) Birch 還元反応で，1,4-シクロヘキサジエンに還元する．
(9) シアンヒドリンの形成と，シアノ基の還元反応．

第 15 章

答 15.1

(a) **交差アルドール縮合反応**で，Claisen-Schmidt 縮合反応ともいう．(b) 交差アルドール反応．(c) Dieckmann 縮合反応と α-位のメチル化反応．(d) **Knoevenagel 縮合反応**．(e) **Knoevenagel 縮合反応**．(f) 分子内アルドール縮合反応．(g) **交差アルドール縮合反応**．(h) **Wittig 反応**．(i) α,β-不飽和エステル合成は **Horner-Wadsworth-Emmons 反応**がよい．(j) アシロイン縮合反応．

答 15.2

α,β-不飽和ケトンに対し，RLi や RMgX のようなハードな求核剤は 1,2-付加反応し，R_2CuX のようなソフトな求核剤は 1,4-付加反応する．

答 15.3

A は **Baeyer-Villiger 酸化反応**．**B** および **C** はエナミン合成とメチル化反応，そしてケトンへの加水分解反応．**D** および **E** は **Grignard 反応**と生じたアルコールの脱水反応．**F** および **G** はアルコールへの還元反応と臭素化反応．**H** および **I** はオキシム化反応と，その **Beckmann 転位反応**．**J** および **K** はピナコール形成反応と，ピナコール-ピナコロン転位反応．**L** は交差アルドール縮合反応．**M**, **N** および **O** は **Wittig 反応**と，生じたアルケンの hydroboration-oxidation (*anti*-Markovnikov 型の水の付加反応)と，アルケンへの酸触媒による水の付加反応(Markovnikov 型の水の付加反応)．

A〜O: 構造式（図）

答 15.4

反応性の高いカルボン酸塩化物にすれば，さまざまなカルボン酸誘導体に誘導できる．**A** はカルボン酸のエタノール溶液に濃硫酸を用いた Fischer エステル合成反応，あるいは $SOCl_2$ でカルボン酸塩化物にしてから，エタノールとピリジンを作用させる．**B** はカルボン酸塩化物に過剰のアンモニア水を作用させる．**C** はカルボン酸塩化物に過剰のメチルアミン水溶液を作用させる．**D** はカルボン酸塩化物に過剰のジエチルアミンを作用させる．**E** はカルボン酸塩化物に酢酸ナトリウム塩を作用させる．**F** はカルボン酸塩化物に過剰のアンモニア水を作用させ，生じた第一級アミドを五酸化リンで脱水する．

- **A** 濃 H_2SO_4, CH_3CH_2OH
  あるいは 1) $SOCl_2$, 2) C_2H_5OH, ピリジン
- **B** 1) $SOCl_2$, 2) aq.NH_3（過剰） **C** 1) $SOCl_2$, 2) aq.CH_3NH_2（過剰）
- **D** 1) $SOCl_2$, 2) $(C_2H_5)_2NH$（過剰） **E** 1) $SOCl_2$, 2) CH_3CO_2Na
- **F** 1) $SOCl_2$ あるいは $(COCl)_2$, 2) aq.NH_3（過剰），3) P_2O_5

答 15.5

塩基性条件ではケトンの α-水素原子が引抜かれて，カルボアニオンを生じてエノラート（sp^2 混成炭素）となり，光学活性が失われる．また，酸性条件では，ケトンのエノール体（sp^2 混成炭素）を生じて，光学活性が失われる．

塩基性条件の反応機構（図）: 出発物 → カルボアニオン ↔ エノラート → ラセミ体生成物 (1 : 1)

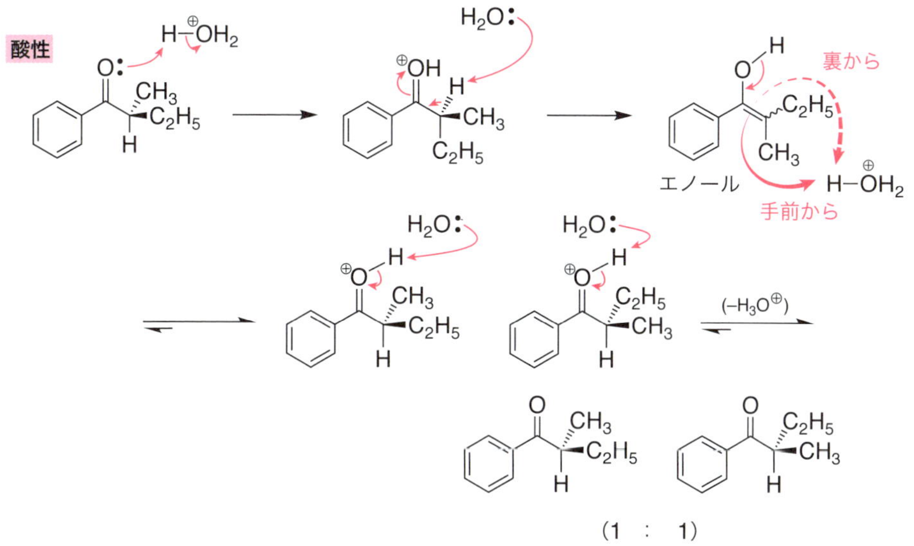

第 15 章

(1 : 1)

答 15.6

A は 1-ブタノールを Jones 酸化する.

B は 1-ブタノールを臭素化し，次に Grignard 試薬に調整して CO_2 と反応させて，酸処理する.

C はカルボン酸 **A** に Hunsdiecker 反応を行い，生じた臭化物をアルコールにアルカリ加水分解してから，Jones 酸化する.

D はカルボン酸 **A** に低温で 2 当量の LDA を作用させて，α-カルボアニオンを調整し，エチル化して，酸処理する.

E はカルボン酸 **A** をカルボン酸塩化物にしてから，アンモニア水を作用させる.

F はカルボン酸 **A** を Fischer エステル合成法でエチルエステルとし，これに EtONa を用いた Claisen 縮合反応で合成する.

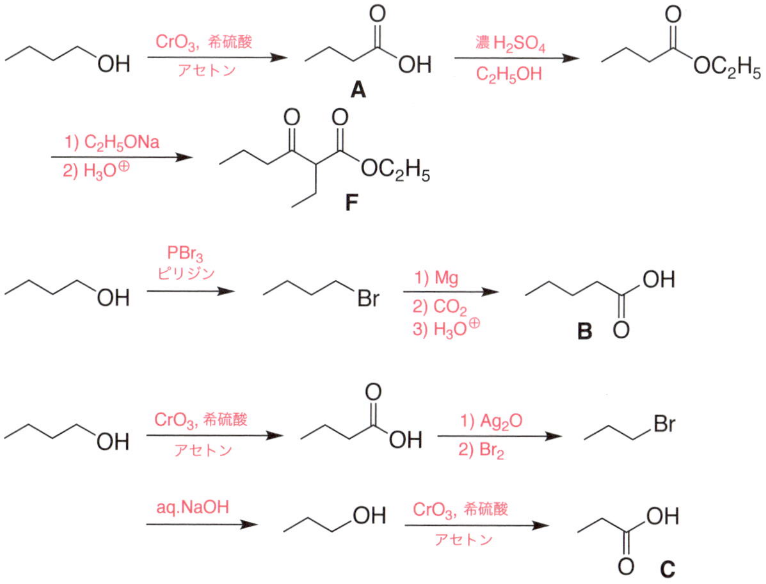

答 15.7

ArMgBr は，sp² 混成したカルボアニオン（Ar:⁻）の性質が強く，陽性を帯びたプロトンを引き抜いたり，陽性を帯びた炭素原子に求核付加反応する．

答 15.8

(a) および (b) は，安息香酸を $H_2^{18}O$ に溶かし，濃硫酸を加えて加温し，2つの酸素を ^{18}O ラベルした安息香酸を得てから，エステルに誘導する．

(c) は $CH_3^{18}OH$ と濃硫酸による Fischer エステル合成反応を用いる．

(d) はブロモベンゼン由来の Grignard 試薬に $^{13}CO_2$ を作用させる．

(c) 反応式: 安息香酸 + 濃H₂SO₄(触媒), CH₃●H あるいは 1) SOCl₂ 2) ピリジン, CH₃●H → 安息香酸メチル(カルボニル酸素が●でラベル)

(d) ベンゼン → [Fe, Br₂] → PhBr → [1) Mg, 2) ¹³CO₂, 3) H₃O⁺] → Ph–¹³COOH → [H₂SO₄(触媒), CH₃OH] → Ph–¹³CO–OCH₃

答 15.9

(a) はアルコールの立体を保持しているので，触媒量の DMAP〔4-(ジメチルアミノ)ピリジン〕と縮合剤 DCC (N,N'-ジシクロヘキシルカルボジイミド) を用いる．あるいは，安息香酸を SOCl₂ で酸塩化物にしてから，アルコールとピリジンを作用させてもよい．(b) はアルコールの立体が反転しているので，Ph₃P と C₂H₅O₂C–N=N–CO₂C₂H₅ による **Mitsunobu 反応** を用いる．

(a) 安息香酸 + (S)-2-ブタノール → [DCC, DMAP, THF] → 安息香酸sec-ブチルエステル(立体保持)

(b) 安息香酸 + (S)-2-ブタノール → [Ph₃P, N=N(CO₂C₂H₅)₂, THF] → 安息香酸sec-ブチルエステル(立体反転)

答 15.10

A はニトリルのアルカリ加水分解でアミド(反応条件を厳しくすると，カルボン酸になる)．
B は濃硫酸を用いた酸加水分解でカルボン酸．
C はニトリルの ^{i}Bu₂AlH によるイミンへの還元と，その加水分解によるアルデヒド．
D は還元された第一級アミン．
E はニトリルにメチルアニオンが付加したイミンとなり，その加水分解でメチルケトン．
F はニトリルに NaN₃ が付加して環化したテトラゾール．

A: 3,5-ジメチルベンズアミド (Ar–CONH₂)
B: 3,5-ジメチル安息香酸 (Ar–CO₂H)
C: 3,5-ジメチルベンズアルデヒド (Ar–CH=O)
D: 3,5-ジメチルベンジルアミン (Ar–CH₂NH₂)
E: 3',5'-ジメチルアセトフェノン (Ar–CO–CH₃)
F: 5-(3,5-ジメチルフェニル)-1H-テトラゾール

答 15.11

(1) PhCO-CH=CH-C₆H₄-NO₂ (p-nitrochalcone)

(2) cyclobutane-1,1-dicarboxylic acid diethyl ester (EtOOC-C(cyclobutyl)-COOEt) , cyclobutanecarboxylic acid

(3) methyl 2-oxocyclopentanecarboxylate

(4) ethyl 5-methyl-2-oxocyclopentanecarboxylate (主生成物)

(5) (ethyl 2-acetyl-5-oxohexanoate) → hexane-2,5-dione (heptane-2,6-dione)

(6) Ph–CH(OH)–CN → Ph–CH(OH)–COOH

(7) PhCO-CH₂-CH₂-N(CH₃)₂

(8) ethyl spiro-epoxide cyclohexane-2-carboxylate

(9) cyclopentenyl-CH=O (C₆H₈O)

(10) PhCH=CH-CO-CH=CH-Ph (C₁₇H₁₄O)

(11) 4-methylcyclohexane-1,3-dione (C₇H₁₀O₂)

(12) 1-methyl-octahydrophenanthrenone derivative

(13) PhCOMe (acetophenone)

答 15.12

(1) Boc-NH-CH(iPr)-CO-NH-CH₂-Ph (Boc-Val-NHBn)

(2) N,N'-dicyclohexylurea (cyclohexyl-NH-CO-NH-cyclohexyl)

第 16 章

答 16.1

(a)(b)(i) ニトロ化反応，(c) 臭素化反応，(d)(e) **Friedel-Crafts アシル化反応**，(f)(j) **Friedel-Crafts アルキル化反応**，および (g)(h) スルホン化反応は芳香族求電子置換反応 (S_EAr) なので，相対的に電子密度の高い位置で反応する．(j) の **Friedel-Crafts アルキル化反応**において，生じた $(CH_3)_2CHCH_2^+$ は，より安定な $(CH_3)_3C^+$ に異性化して反応する．(g) および (i) は速度論的支配の反応生成物，(h) は熱力学的支配の反応生成物．

答 16.2

(a) **Kolbe-Schmitt 反応**，(b) **Reimer-Tiemann 反応**，(c) **Grignard 反応**で，ヨウ化物や臭化物の Grignard 試薬は円滑に生じる．(d)〜(f) **芳香族求核置換反応** (S_NAr)，(g) ヨードホルム反応．

答 16.3

(a)〜(c) はジアゾニウム塩を用いた **Sandmeyer 反応**（シアノ化反応，塩素化反応，臭素化反応）．(d) **Schiemann 反応**（フッ素化反応）．(e) **Griess 反応**（ヨウ素化反応）．(f) **Wohl-Ziegler 反応**（ベンジル位臭素化反応）．(g) **Grignard 反応**でホルミル化反応．(h) ベンザインを経たアミノ化反応．(i) ベンザインの **Diels-Alder 付加環化反応**によるフェノール誘導体合成反応．(j) **Vilsmeier-Haack 反応**．(k) ジアゾニウム

塩を経た脱アミノ化反応．(l) は 9-位の電子密度が高い．(m) および (n) はチオフェンやピロールの 2-位で S_EAr 反応．(o) ピリジンは電子欠損度合いが少ない 3-位で反応．(p) Chichibabin 反応で S_NAr 反応．

(a) A: 3-アセチルベンゾニトリル (O=C(CH3)- と -CN)
(b) B: 4-クロロトルエン
(c) C: 4-ブロモトルエン
(d) D: 4-フルオロトルエン
(e) E: 1-クロロ-4-ヨードベンゼン
(f) F: エチル 4-(ブロモメチル)ベンゾアート
(g) G: 4-ビニルベンズアルデヒド
(h) H: 3-メチルアニリン, 4-メチルアニリン
(i) I: アントラセン-9,10-エンドペルオキシド
    J: 1-ナフトール
(j) K: 2-メトキシ-5-メチルベンズアルデヒド
(k) L: 4-クロロベンゼン (Cl, H)
(l) M: 9-ニトロアントラセン
(m) N: 2-ブロモチオフェン
(n) O: 2-ニトロピロール
(o) P: 3-ブロモピリジン
(p) Q: 2-アミノピリジン

答 16.4

(a) 芳香環上のメチル基は電子供与基で o-, p- 配向である．m-キシレンでは 2 つのメチル基の o-, p- 配向が重なり，反応性が向上する．一方，p-キシレンでは，そのような重なりの効果はない．

(b) メチル基は電子供与基なのでトルエンの芳香環上の電子密度は高く，o-, p- 配向である．他方，フッ素原子は電気陰性度が大きく，誘起効果で電子を求引する．しかし，フルオロベンゼンの o-, p- 位で付加反応した中間体は，フッ素原子の孤立電子対による共鳴効果で幾分安定化されることから，結果として，反応は遅いが o-, p- 配向となる．

(a) ●＞●：電子密度の度合い

(b) [共鳴構造式による o- および p- 位置への NO_2 付加中間体の安定化機構]

答 16.5

(1) 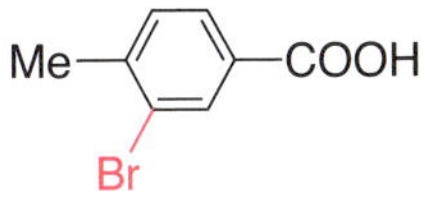 3-ブロモ-4-メチル安息香酸 (Me–C₆H₃(Br)–COOH)

(2) 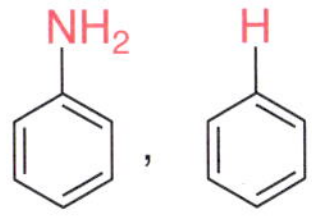 アニリン(NH₂), ベンゼン(H)

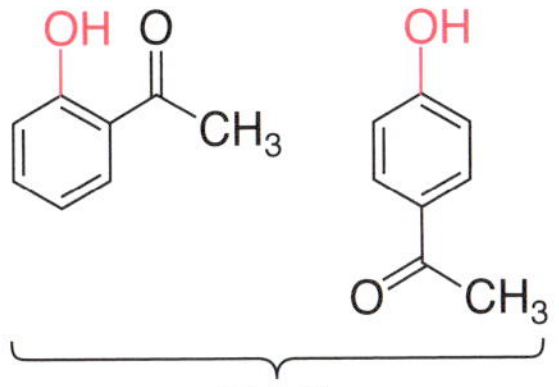

(3) 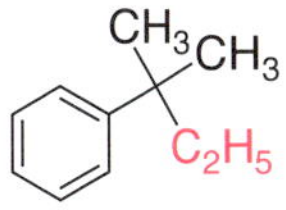 2-フェニルブタン型: C₆H₅–C(CH₃)(CH₃)–C₂H₅ … (PhC(CH₃)₂C₂H₅ に相当)

(4) 2-ヒドロキシアセトフェノン と 4-ヒドロキシアセトフェノン の混合物

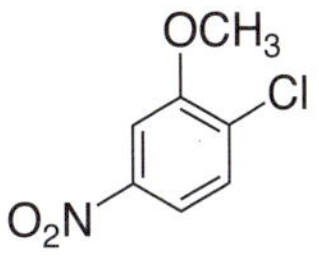

(5) 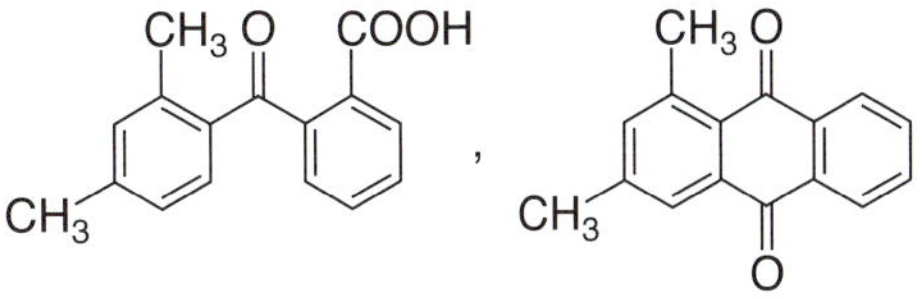 2-(2,4-ジメチルベンゾイル)安息香酸 と 1,3-ジメチルアントラキノン

(6) 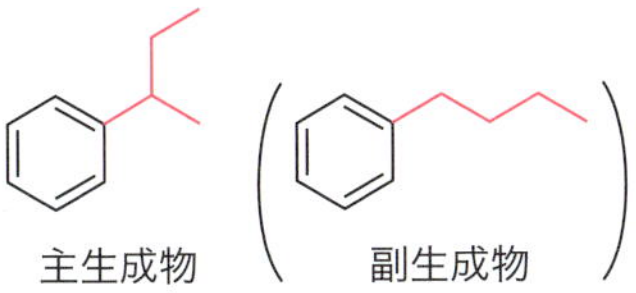 主生成物:sec-ブチルベンゼン, 副生成物:n-ブチルベンゼン

(7) 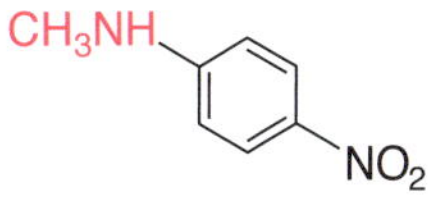 N-メチル-4-ニトロアニリン

答 16.6

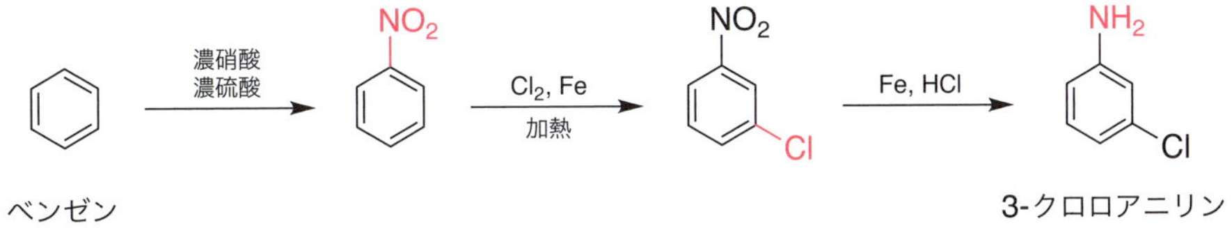

ベンゼン → (濃硝酸, 濃硫酸) → ニトロベンゼン → (Cl₂, Fe, 加熱) → 3-クロロニトロベンゼン → (Fe, HCl) → 3-クロロアニリン

答 16.7

(1) 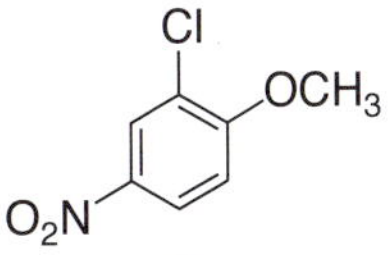 C: 2-クロロ-1-メトキシ-4-ニトロベンゼン

(2) D: 1-メトキシ-2-クロロ-4-ニトロベンゼン は生じない

S_NAr 反応であり,中間体として C′ は比較的安定で形成しやすいが,D′ は不安定で形成しない.つまり,反応部位に対し,ニトロ基は p-位である必要がある.

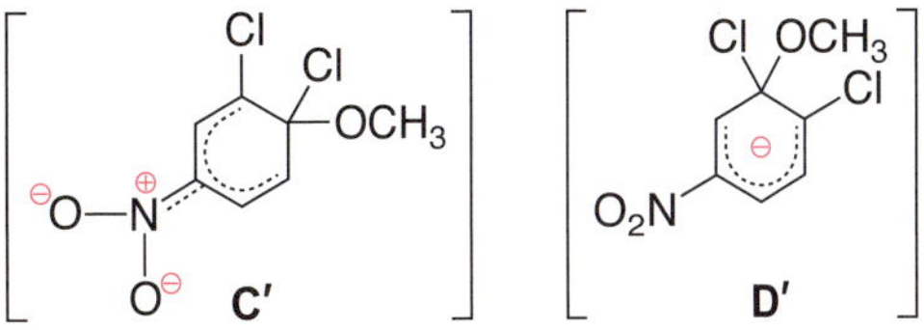

[中間体 C′ と D′ の共鳴構造式]

第 17 章

答 17.1

電子欠損した原子への 1,2-転位反応で，(a) および (b) はピナコール-ピナコロン転位反応，(c) Beckmann 転位反応，(d) Hofmann 転位反応，(e) クメン法によるフェノール合成反応．

(a) および (b) $CH_3-\underset{\underset{CH_3}{|}}{\overset{\overset{O}{\|}}{C}}-\underset{\underset{CH_3}{|}}{\overset{\overset{CH_3}{|}}{C}}-CH_3$ (c) カプロラクタム (d) $CH_3CH_2CH_2-NH_2$ (e) フェノール（アセトン）

答 17.2

電子欠損した原子への 1,2-転位反応で，転位基の立体は保持する．(a) Wagner-Meerwein 転位反応，(b)〜(e) Baeyer-Villiger 酸化反応，(f) Dakin 酸化反応，(g)〜(i) Beckmann 転位反応，(j) Curtius 転位反応，(k) Arndt-Eistert 反応．

(a) $CH_3-\underset{\underset{CH_3}{|}}{\overset{\overset{Cl}{|}}{C}}-C_2H_5$ (b) $CH_3-\overset{\overset{O}{\|}}{C}-O-CH_2-Ph$ (c) $CH_3-\overset{\overset{O}{\|}}{C}-O-Ph$ (d) δ-ラクトン (メチル置換)

(e) ノルボルナノール (f) レゾルシノール (3-HOC_6H_4-O-CHO 経由) (g) $CH_3-\overset{\overset{O}{\|}}{C}-NHCH_2CH_3$

(h) 6-メチルピペリジノン (i) 3-メチルピペリジノン (j) ノルボルネン-CO_2CH_3, NH_2·HCl (k) ノルボルネン-CO_2CH_3, CH_2CO_2H

答 17.3

(a) Sommelet-Hauser 転位反応，(b) ピナコール-ピナコロン転位反応で，電子密度の高い置換基を有する芳香環が転位する．(c) Stevens 転位反応，(d) Pummerer 転位反応．

(a) 2,5-ジメチル-CH_2N(CH_3)_2 ベンゼン (b) (4-ClC_6H_4)_2C(4-CH_3C_6H_4)-C(=O)-(4-CH_3C_6H_4) (c) $CH_3-\underset{\underset{CH_3}{|}}{N}-\overset{\overset{CH_2Ph}{|}}{CH}-\overset{\overset{O}{\|}}{C}-Ph$

(d) $Ph-S-\overset{\overset{OAc}{|}}{CH}-CH_3$

Pummerer 転位反応：スルホキシドと無水酢酸との反応から，α-アセトキシスルフィドを生じる．

$$R-\overset{\overset{O}{\uparrow}}{S}-CH_2R \xrightarrow{Ac_2O} \left[R-\underset{\underset{AcO^{\ominus}}{}}{\overset{\overset{O-Ac}{|}}{S^{\oplus}}}-CH_2R \longrightarrow R-\overset{\oplus}{S}=CHR \underset{AcOH}{\overset{AcO^{\ominus}}{}} \right] \longrightarrow R-S-\overset{\overset{OAc}{|}}{CH}-R$$

第 17 章　245

Sommelet-Hauser 転位反応：ベンジル第四級アンモニウム塩に NaNH$_2$ のような強塩基を作用させると，第三級の o-(アミノメチル)トルエンを生じる．

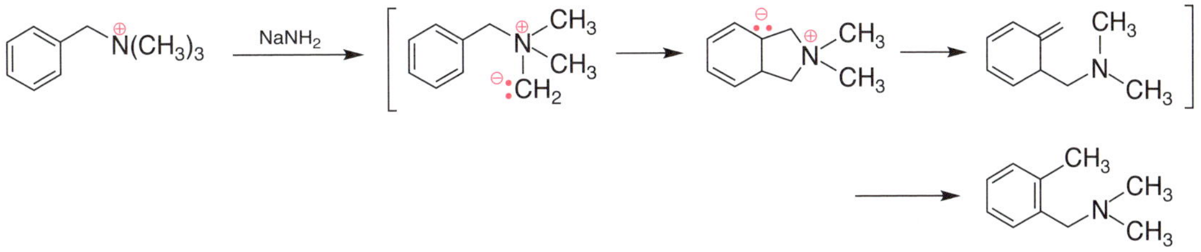

答 17.4

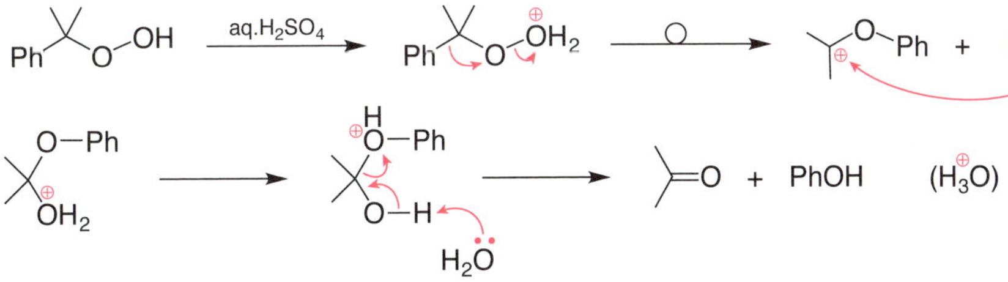

答 17.5

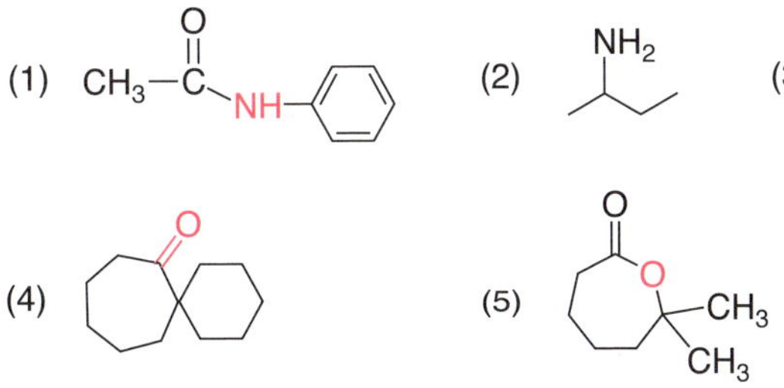

(1) CH_3-C(=O)-NH-Ph　(2) sec-ブチルアミン　(3) Me-C(=O)-C(Me)$_3$

(4) スピロ環状ケトン　(5) ジメチル置換ラクトン

答 17.6

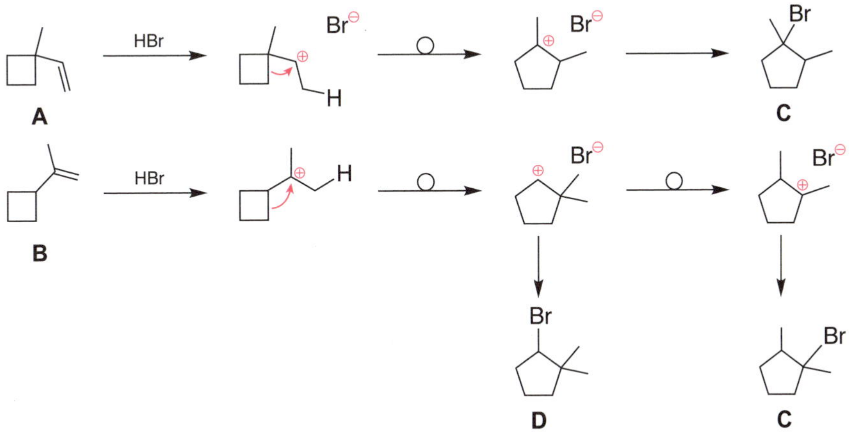

答 17.7

フェニル基は N_2 の放出とともに，協奏的に 1,2-転移する．このとき，*anti*-periplanar で転位するため，転位基を受け入れる炭素原子上で S_N2 様式で反転する．

(1), (2) の反応機構図

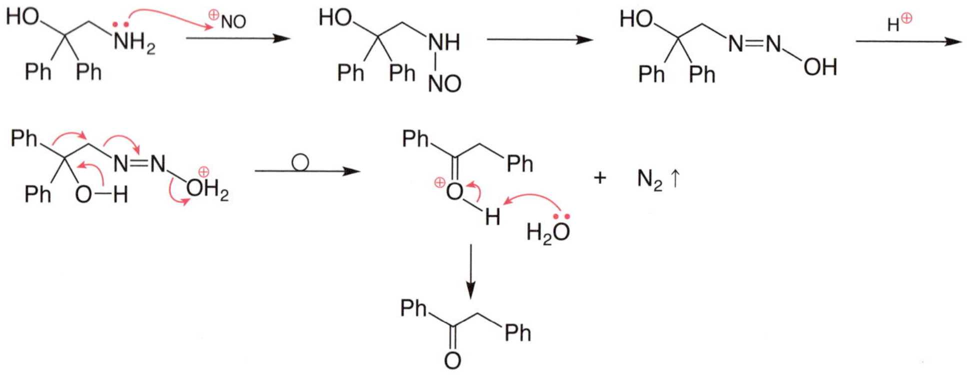

(主生成物)

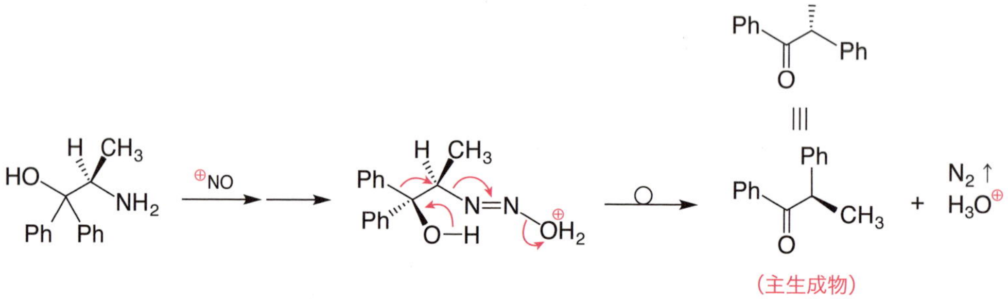

第 18 章

答 18.1

ラジカル連鎖反応で進行する．塩化アルキルや臭化アルキルの工業的製法である．
(a) 塩素原子による炭化水素からの水素原子引き抜きは，反応性が高く，選択性が低い．
(b) 臭素原子による炭化水素からの水素原子引き抜きは，臭素原子の反応性が穏やかなため，より弱い C–H 結合の水素原子を引き抜き，より安定な炭素ラジカルを生じる．
(c) ヨウ素原子は炭化水素から水素原子を引き抜けない．

(a) $CH_3-\underset{Cl}{CH}-CH_3$, $CH_3-CH_2-\underset{Cl}{CH_2}$ (混合物)　(b) $CH_3-\underset{Br}{CH}-CH_3$ (99% 以上)　(c) 反応しない

答 18.2

(a) Hunsdiecker 反応．(b) Wohl-Ziegler 反応によるアリル位臭素化反応．(c) Wohl-Ziegler 反応によるベンジル位臭素化反応．

(a) $CH_3CH_2CH_2CH_2-Br$　(b) アリル位に Br を持つペンテン誘導体　(c) $NC-C_6H_4-CH_2Br$

答 18.3

(a) nitrite (R–O–N=O) からアルコキシルラジカル，1,5-H シフト，炭素ラジカル (R′・) 中間体の生成，および炭素ラジカルの nitrite との連鎖反応によるオキシムの形成であり，**Barton 反応**である．
(b) キサンテートエステル [R–O–C(=S)–SCH$_3$] から炭素ラジカル (R・) 中間体を経る **Barton-McCombie 反応** (アルコールの脱酸素化反応) である．
(c) **Barton-McCombie 反応**で，1,2-ジ (キサンテートエステル) から炭素ラジカル (R・) 中間体，およびそのラジカル 1,2-脱離反応により，アルケンを生成する．
(d) **Barton 脱炭酸反応**で，炭素ラジカルが CBr$_4$ と反応して臭化物を生成する．
(e) **Barton 脱炭酸反応**で，炭素ラジカルが電子欠損型アルケンに付加する．

(a) ステロイド誘導体 (HO–N=CH 基, AcO, OH 置換)
(b) ステロイド誘導体 (AcO, H 置換)
(c) チミジン誘導体 (AcO 置換, 2′,3′-ジデヒドロ)
(d) $CH_2=CHCH_2CH_2Br$ ＋ (2-ピリジル-SCBr$_3$)
(e) メチレンジオキシフェニル-$CH_2CH_2CH_2$-CH=CH-CO$_2$CH$_3$ ＋ (2-ピリジル-S-OH)

答 18.4

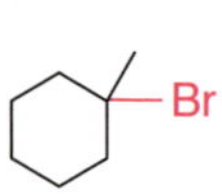

1-ブロモ-1-メチルシクロヘキサン

答 18.5

H 3-ブロモシクロヘキセン（Wohl-Ziegler 反応）

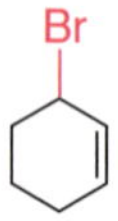

I 最初に生じるラジカル：RO・

第19章

答 19.1

いずれの反応も一段階反応で，立体保持である．
(a) 1,5-ジエンの熱[3,3]シグマトロピー転位反応で，**Cope 転位反応**．
(b) アリールアリルエーテル(1,5-ジエン)の熱[3,3]シグマトロピー転位反応で，**Claisen 転位反応**．
(c) [2π + 2π] 付加環化反応で，加熱では互いの両末端軌道の符号が合わず，反応しないが，光照射では両末端軌道の符号が合い，反応する．
(d) [4π + 2π] 付加環化反応の **Diels-Alder 付加環化反応**であり，加熱では反応し，光照射では反応しない．
(e) 6π系電子環状反応で，加熱では HOMO の両末端軌道の符号が同一方向で，環化は逆旋的であり，光照射では LUMO の両末端軌道の符号が逆対称で，環化は同旋的である．

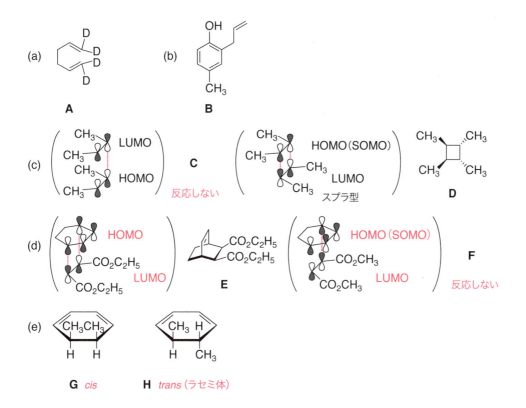

答 19.2

(a), (b) いずれも [4π + 2π] 付加環化反応で，一段階反応のため立体保持である．(c) はフェノール誘導体の合成法である．(d), (e) および (f) のように，オゾン，ニトリルオキシド，およびアゾメチンイリドは，1,3-双極子化合物で，アルケンやアルキンと [4π + 2π] の 1,3-双極子付加環化反応する．

答 19.3

(a) は温和な条件でベンザインを生成し，アントラセンと **Diels-Alder** 付加環化反応する．(b) 1,5-ジエンの **Cope** 転位反応．(c) 熱[1,5]シグマトロピー転位反応はスプラ形，光[1,7]シグマトロピー転位反応もスプラ形．(d) [3,3]シグマトロピー転位反応で，**Cope** 転位反応．(e) 1,5-ジエンの [3,3] シグマトロピー転位反応で，**Fischer** インドール合成反応．(f) 1,5-ジエンの [3,3] シグマトロピー転位反応で，**Claisen** 転位反応．(g) 1,3-ジエンへの熱による開環反応（同旋的）．(h) 1,5-ジエンの [3,3] シグマトロピー転位反応で，**Fischer** インドール合成反応．(i) 1,3-ジエンの光環化反応（逆旋的）．

答 19.4

第20章

答 20.1

(a) **hydroboration-oxidation** は結果的として，*anti*-Markovnikov 型で，アルケンに水が *cis*-付加したものに対応．(b) 末端アルキンに hydroboration-oxidation を行うとアルデヒドになる．(c) **ヨードラクトン化反応**で，二段階反応のため *trans*-付加となる．(d) および (e) は臭化物の **Grignard 反応**．(f) **ベンゾイン縮合反応**．(g) **Perkin 反応**で桂皮酸誘導体の合成反応．(h) **Stobbe 縮合反応**．

答 20.2

(a) **Corey-Fuchs アルキン合成反応**，(b) **Simmons-Smith シクロプロパン化反応**．(c) **Seebach-Corey の 1,3-ジチアンによるケトン合成反応**．(d) S_N2 反応と **Wittig 型反応**．(e) **ピナコール-ピナコロン転位反応**．(f) **Pictet-Spengler 反応**による 1,2,3,4-テトラヒドロイソキノリン合成反応．(g) **Corey-Winter アルケン合成反応**．

(f) [phenethyl ethylidene iminium cation] →(−H⊕) I (ラセミ体) [1-methyl-1,2,3,4-tetrahydroisoquinoline]

(g) J [5′-O-acetyl-2′,3′-didehydro-2′,3′-dideoxythymidine]

第 21 章

答 21.1

C_9H_{12} は不飽和度が 4.

▶ ^{13}C-NMR から 7 種類の炭素があり，141.1, 134.9, 128.9, 127.7 ppm は芳香環の炭素で，28.4, 20.9, 15.7 ppm は飽和脂肪族の炭素である．

▶ ^{1}H-NMR から 2.30 ppm (s, 3H) はメチル基，2.60 ppm (q, 2H) と 1.20 ppm (t, 3H) はエチル基が含まれている．7.07 ppm (s, 4H) は芳香環が 1 本のピークである．

▶ IR の 812 cm^{-1} の強い吸収は p-ジ置換ベンゼン環を示す．IR は主に脂肪族炭化水素と芳香族炭化水素の吸収だけである．

よって，化合物は 1-エチル-4-メチルベンゼン(4-エチルトルエン)である．

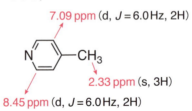

(注)非対称だが環境が似ているためシングレットに見える．

答 21.2

C_6H_7N は不飽和度が 4.

▶ ^{13}C-NMR から 4 種類の炭素があり，149.3, 146.8, 124.4 ppm は芳香環の炭素であり，20.8 ppm は飽和脂肪族の炭素である．

▶ ^{1}H-NMR から 2.33 ppm (s, 3H) はメチル基であり，7.09 ppm (d, 2H) と，より低磁場 8.45 ppm (d, 2H) は芳香環であり，p-置換ピリジンを示す．7.09 ppm (d) は，さらにメチル基と遠隔カップリングしている．

▶ IR は主に脂肪族炭化水素と芳香族炭化水素の吸収だけである．

よって，化合物は 4-メチルピリジンである．

答 21.3

$C_5H_{12}O$ は不飽和度が 0.

▶ ^{13}C-NMR から 5 種類の炭素があり，67.9 (酸素に結合した炭素)，37.3, 25.8, 16.1, 11.3 ppm は飽和脂肪族の炭素である．

▶ ^{1}H-NMR からも脂肪族飽和化合物であることがわかり，2.32 ppm (brs, 1H) と IR の 3335 cm^{-1} の幅広い強い吸収はアルコールのヒドロキシ基であり，1043 cm^{-1} は C–O 伸縮である．低磁場の 3.38〜3.51 ppm はヒドロキシ基付け根のメチレン水素であり，2 つの水素の環境が異なっている．それが，3.40 ppm (dd, J = 10.7, 6.0 Hz, 1H) と 3.50 ppm (dd, J = 10.7, 6.0 Hz, 1H) である．1.08〜1.20 ppm はメチン (m, 1H)，1.40〜1.57 ppm はメチレン (m, 2H) で，0.88〜0.92 ppm 付近の 5 本の吸収はメチル基 2 つが 0.90 ppm (t, J = 7.5 Hz, 3H) と 0.91 ppm (d, J = 6.9 Hz, 3H) で接近している．

> **brs**：broad singlet で，幅広い1本線を示し，ヒドロキシ基などに見られる．
> **dd**：異なった J 値をもつ2つの水素原子との doublet+doublet でのカップリングを示す．
> **m**：異なった J 値をもつ複数の水素原子との複雑なカップリング，multiplet を示す．

よって，化合物は 2-メチル-1-ブタノールである．安定な Newman 投影式からヒドロキシ基付け根のメチレンの2つの水素が異なることがわかる．

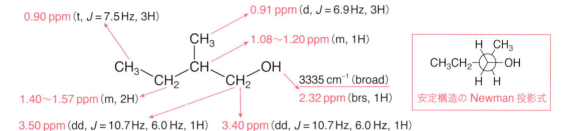

答 21.4

$C_7H_{14}O$ は不飽和度が1．

▶ ^{13}C-NMR から5種類の炭素があり，68.4（酸素に結合した炭素），40.3, 29.5, 26.5, 25.7 ppm は飽和脂肪族の炭素である．

▶ ^{1}H-NMR からも脂肪族飽和化合物で，1.95～2.30 ppm (m, 1H) と IR の 3319 cm^{-1} の幅広い強い吸収はアルコールのヒドロキシ基で，1023 cm^{-1} は C-O 伸縮である．2919 cm^{-1} と 2851 cm^{-1} の吸収は飽和脂肪族 C-H 伸縮である．低磁場の 3.36～3.46 ppm (m, 2H) はヒドロキシ基付け根のメチレン水素である．0.84～1.80 ppm (m, 11H) はシクロヘキシル基である．

よって，化合物はシクロヘキサンメタノールである．

答 21.5

$C_{10}H_{14}O$ は不飽和度が4．

▶ ^{13}C-NMR から7種類の炭素があり，137.7, 137.4, 133.8, 129.2 ppm は芳香環の炭素で，59.1（酸素に結合した炭素），21.0, 19.4 ppm は飽和脂肪族の炭素である．

▶ ^{1}H-NMR から 6.84 ppm (s, 2H) は芳香環水素であり，1.50 ppm (brs, 1H) と IR の 3283 cm^{-1} の幅広い強い吸収はアルコールのヒドロキシ基である．2.25 ppm (s, 3H) はメチル基，2.36 ppm (s, 6H) は2つのメチル基である．低磁場の 4.64 ppm (s, 2H) はヒドロキシ基付け根のメチレン水素である．

よって，化合物は 2,4,6-トリメチルベンジルアルコールである．

答 21.6

C$_8$H$_{10}$O は不飽和度が 4.

- ^{13}C-NMR から 6 種類の炭素があり,153.1, 136.5, 128.8, 115.1 ppm は芳香環の炭素であり,27.9, 15.8 ppm は飽和脂肪族の炭素である.
- ^{1}H-NMR から 5.31 ppm (brs, 1H) と IR の 3245 cm^{-1} の幅広い強い吸収はアルコールあるいはフェノール性のヒドロキシ基である.2.56 ppm (q, 2H) と 1.18 ppm (t, 3H) はエチル基である.6.75 ppm (d, 2H) と 7.05 ppm (d, 2H) は p-ジ置換ベンゼンである.

よって,化合物は 4-エチルフェノールである.

答 21.7

C$_5$H$_{10}$O は不飽和度が 1.

- ^{13}C-NMR から 5 種類の炭素があり,138.1 と 114.7 ppm は sp^2 アルケン炭素で,62.1(酸素に結合した炭素),31.6, 29.9 ppm は飽和脂肪族の炭素である.
- ^{1}H-NMR から 2.15 ~ 2.25 ppm(t あるいは brs, 1H)と IR の 3331 cm^{-1} の幅広い強い吸収はアルコールのヒドロキシ基である.低磁場の 3.64 ppm (t, 2H) はヒドロキシ基付け根のメチレン水素である.4.96 ~ 5.07 ppm (m, 2H) および 5.78 ~ 5.88 ppm (m, 1H) はビニル基である.1.66 ppm (quint, 2H) はメチレン基,2.14 ppm (q, 2H) もメチレン基である.

よって,化合物は 4-ペンテン-1-オールである.

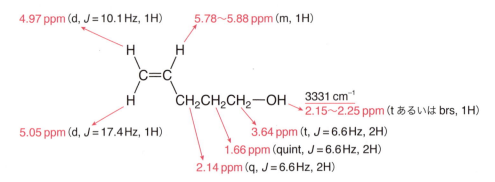

答 21.8

C$_5$H$_{11}$I は不飽和度が 0.

- ^{13}C-NMR から 5 種類の炭素があり,33.2(ヨウ素に結合した炭素),32.5, 21.5, 13.8, 7.1 ppm は飽和脂肪族の炭素である.
- ^{1}H-NMR から 0.92 ppm (t, 3H) は末端メチル基であり,1.28 ~ 1.41 ppm (m, 4H) はエチレン鎖,1.83 ppm (quint, 2H) はメチレン基で,3.18 ppm (t, 2H) はヨウ素の結合したメチレン基である.
- IR で 2957, 2927, 2870 cm^{-1} は脂肪族の C–H 伸縮である.

よって,化合物は 1-ヨードペンタンである.

第 21 章　　257

$$CH_3CH_2CH_2CH_2CH_2-I$$

- 3.18 ppm (t, J = 7.3 Hz, 2H)
- 1.83 ppm (quint, J = 7.3 Hz, 2H)
- 1.28〜1.41 ppm (m, 4H)
- 0.92 ppm (t, J = 7.3 Hz, 3H)

答 21.9

$C_9H_{10}O$ は不飽和度が 5.

▶ ^{13}C-NMR から主に 7 種類の炭素があり，201.5 ppm はカルボニル炭素，140.2, 128.5, 128.1, 126.2 ppm は芳香環の炭素，45.1, 27.9 ppm は飽和脂肪族の炭素である．

▶ ^{1}H-NMR から 9.78 ppm (t, 1H) はメチレン基に結合したアルデヒド水素である．2.75 ppm (t, 2H) と 2.93 ppm (t, 2H) は隣接したエチレンであり，7.15〜7.32 ppm (m, 5H) はフェニル基である．

▶ IR から 1721 cm^{-1} はカルボニル基，698 cm^{-1} と 743 cm^{-1} は一置換ベンゼンの吸収である．

よって，化合物は 3-フェニルプロピオンアルデヒドである．

- 7.15〜7.32 ppm (m, 5H)
- 1721 cm^{-1}
- 9.78 ppm (t, J = 1.4 Hz, 1H)
- 2.75 ppm (t, J = 7.6 Hz, 2H)
- 2.93 ppm (t, J = 7.6 Hz, 2H)

答 21.10

$C_8H_8O_2$ は不飽和度が 5.

▶ ^{13}C-NMR から 6 種類の炭素があり，190.7 ppm はカルボニル炭素，164.4, 131.8, 129.8, 114.1 ppm は芳香環の炭素，55.4 ppm は酸素に結合した炭素である．

▶ ^{1}H-NMR から 9.88 ppm (s, 1H) はアルデヒド水素である．3.88 ppm (s, 3H) は O-メチル基である．7.00 ppm (d, 2H) と 7.83 ppm (d, 2H) は p-ジ置換ベンゼンである．

▶ IR から 1681 cm^{-1} は共役カルボニル基，829 cm^{-1} は p-ジ置換ベンゼンである．

よって，化合物は 4-メトキシベンズアルデヒドである．

- 7.00 ppm (d, J = 8.0 Hz, 2H)
- 9.88 ppm (s, 1H)
- 1681 cm^{-1}
- 3.88 ppm (s, 3H)
- 7.83 ppm (d, J = 8.0 Hz, 2H)

答 21.11

$C_{10}H_{12}O$ は不飽和度が 5.

▶ ^{13}C-NMR から 8 種類の炭素があり，197.7 ppm はカルボニル炭素，149.9, 134.7, 128.4, 127.9 ppm は芳香環の炭素，28.8, 26.4, 15.1 ppm は飽和脂肪族の炭素である．

▶ ^{1}H-NMR から 2.57 ppm (s, 3H) はメチル基，1.25 ppm (t, 3H) と 2.70 ppm (q, 2H) はエチル基であり，7.88 ppm (d, 2H) と 7.27 ppm (d, 2H) は p-ジ置換ベンゼンである．

▶ IR から 1679 cm^{-1} は共役カルボニル基，830 cm^{-1} は p-ジ置換ベンゼンの吸収である．
よって，化合物は 4-エチルアセトフェノンである（4-メチルプロピオフェノンとの区別は難しい）．

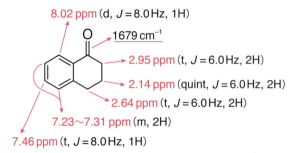

答 21.12

$C_{10}H_{10}O$ は不飽和度が 6．

▶ ^{13}C-NMR から 10 種類の炭素があり，198.3 ppm はカルボニル炭素，144.4, 133.3, 132.4, 128.6, 127.0, 126.5 ppm は芳香環の炭素，39.0, 29.5, 23.1 ppm は飽和脂肪族の炭素である．

▶ ^{1}H-NMR から 2.95 ppm (t, 2H) と 2.64 ppm (t, 2H) は末端メチレン基，2.14 ppm (quint, 2H) は内部メチレン基であり，7.23〜7.31 ppm (m, 2H)，7.46 ppm (t, 1H)，8.02 ppm (d, 1H) は芳香環である．

▶ IR から 1679 cm^{-1} は共役カルボニル基の吸収である．

よって，化合物は α-テトラロンである．

答 21.13

$C_6H_{12}O_2$ は不飽和度が 1．

▶ ^{13}C-NMR から 5 種類の炭素があり，177.1 ppm はカルボニル炭素，60.1（酸素に結合した炭素），33.9, 18.9, 14.1 ppm は飽和脂肪族の炭素である．

▶ ^{1}H-NMR から 1.16 ppm (d, 6H) と 2.52 ppm (septet, 1H) はイソプロピル基，1.25 ppm (t, 3H) と 4.12 ppm (q, 2H) はエチル基である．このエチル基は O-エチル基である．

▶ IR から 1733 cm^{-1} はカルボニル基の吸収で，1192, 1155 cm^{-1} は C−O 伸縮である．

よって化合物はイソ酪酸エチルである．

答 21.14

$C_9H_{10}O_2$ は不飽和度が 5.

▶ ^{13}C-NMR から 7 種類の炭素があり，171.9 ppm はカルボニル炭素，133.9, 129.1, 128.5, 127.0 ppm は芳香環の炭素，51.9（酸素に結合した炭素），41.1 ppm は飽和脂肪族の炭素である.

▶ ^{1}H-NMR から 3.61 ppm (s, 2H) はメチレン基，3.67 ppm (s, 3H) は O-メチル基であり，7.23～7.33 ppm (m, 5H) はフェニル基である.

▶ IR から 1734 cm^{-1} は非共役カルボニル基の吸収で，1252, 1157 cm^{-1} は C-O 伸縮である.

よって化合物はフェニル酪酸メチルである.

答 21.15

$C_6H_{10}O_2$ は不飽和度が 2.

▶ ^{13}C-NMR から 6 種類の炭素があり，176.1 ppm はカルボニル炭素，69.2 ppm（酸素に結合した炭素），34.5, 29.2, 28.9, 22.8 ppm は飽和脂肪族の炭素である.

▶ ^{1}H-NMR から 4.23 ppm (t, 2H) は O-メチレン基，2.64 ppm (t, 2H) は末端メチレン基であり，1.73～1.89 ppm (m, 6H) はプロピレン鎖である.

▶ IR から 1725 cm^{-1} は非共役カルボニル基の吸収で，1163, 1052 cm^{-1} は C-O 伸縮である.

よって化合物は ε-カプロラクトンである.

答 21.16

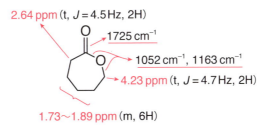

a : 4   b : 2   c : 3

第 22 章

答 22.1

共役ケトンでは共鳴効果が生じるため，C=O 結合はいく分弱まり，低波数で吸収する．

答 22.2

共役エステルでは炭素–炭素二重結合との共鳴効果が生じるため，C=O 結合はいく分弱まり，低波数で吸収する．

答 22.3

アミド **A** はアミド構造部分が平面構造をとれないので，共鳴効果が生じない．一方，N,N-ジメチルアセトアミド **B** は平面構造をとれるので，大きな共鳴効果が生じて，C=O 結合は大きく弱まり，低波数で吸収する．

答 22.4

不飽和度は 1 で，IR の 1740 cm^{-1} はカルボニル基，1210 cm^{-1} は C–O 伸縮で，エステルを示している．^{13}C-NMR から 6 種類の炭素原子があり，170.8 ppm はカルボニル炭素であり，他はアルキル鎖の吸収である．^{1}H-NMR から CH$_3$ と CH$_2$CH$_2$CH(CH$_3$)$_2$ をもつ．よって化合物 **C** は酢酸イソペンチルである．

答 22.5

質量分析から分子量は 178 であり，IR の 1700 cm^{-1} はカルボニル基，1280 cm^{-1} は C–O 伸縮で，エステルを示している．^{1}H-NMR から CH$_3$，O-CH(CH$_3$)$_2$，および m-ジ置換ベンゼンをもつ．よって化合物 **D** は m-メチル安息香酸イソプロピルである．

D

- 2.20 (s) ppm (CH$_3$)
- 7.90 (s) ppm
- 1700 cm^{-1}
- 1280 cm^{-1}
- 1.30 (d) ppm
- 7.35 (d) ppm
- 7.85 (d) ppm
- 7.40 (t) ppm
- 4.10 (septet) ppm

答 22.6

不飽和度は 5 であり，^{13}C-NMR から 10 種類の炭素原子があり，208.0 ppm はカルボニル炭素である．^{1}H-NMR から等価な CH$_3$ が 2 つ，CH(CH$_3$)$_2$，CH$_2$CH$_2$，および 1,3,5-三置換ベンゼンをもつ．よって化合物 **E** はイソプロピル β-(3,5-ジメチルフェニル)エチル ケトンである．

E

- 2.21 (s) ppm (CH$_3$)
- 2.82 (t) ppm
- 1.06 (d) ppm
- 2.72 (t) ppm
- 2.70 (septet) ppm
- 7.17 (s) ppm
- 6.95 (s) ppm
- 208.0 ppm

答 22.7

不飽和度は 6 で，^{13}C-NMR から 7 種類の炭素原子があり，ベンゼン環があり，IR からアセチレン水素がある．^{1}H-NMR から等価な O-CH$_3$ が 2 つ，および 1,3,5-三置換ベンゼンをもつ．よって化合物 **F** は 3,5-ジメトキシフェニルアセチレンである．

F

- 6.47 (s) ppm
- 2100 cm^{-1}
- 3.04 (s) ppm
- 3.78 (s) ppm
- 6.65 (s) ppm

答 22.8

^{13}C-NMR から 9 種類の炭素原子があり，166.7 ppm はカルボニル炭素である．エチル基以外は，ベンゼン環とオレフィン炭素のみである．よって，Wittig 反応による $trans$-p-クロロケイ皮酸エチル **G** の合成反応である．

答 22.9

不飽和度は 6 であり，IR から共役したアルデヒド，^{13}C-NMR から 8 種類の炭素原子があり，190.2 ppm はアルデヒド炭素である．^{1}H-NMR から酸素原子に結合したメチレンと 1,2,4-三置換ベンゼン環をもつ．よって化合物 **H** は 1,2,4-三置換ベンゼンである 3,4-(メチレンジオキシ)ベンズアルデヒドである．
*m*CPBA によるアルデヒド **H** の Baeyer-Villiger 酸化反応によりギ酸エステルを生成する．

答 22.10

O-トシレートの加溶媒分解反応(S_N1)で第二級カルボカチオンから，より安定な第三級カルボカチオンへの 1,2-H シフトをともない，溶媒の酢酸と反応する．よって，化合物 **J** は酢酸 *t*-アミル．

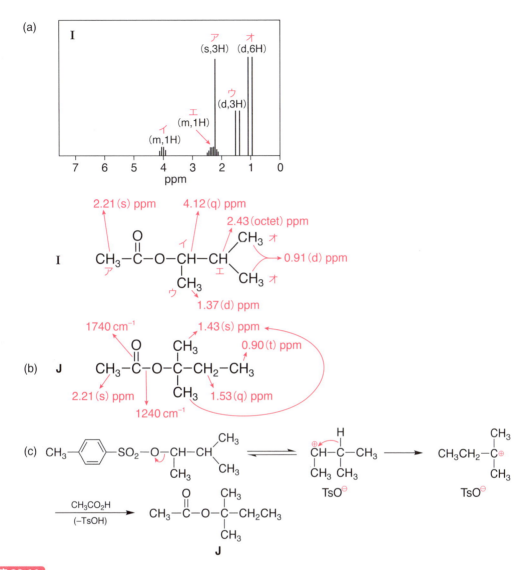

答 22.11

不飽和度は 5 で，IR からヒドロキシ基とカルボニル基がある．^{13}C-NMR から 7 種類の炭素原子があり，173.7 ppm はカルボニル炭素である．^{1}H-NMR から p-ジ置換ベンゼン環，および O-CH$_3$ をもつ．よって，化合物 K は α-(p-クロロフェニル)-α-ヒドロキシ酢酸メチル．

答 22.12

不飽和度は5で，IR (2728, 1697 cm^{-1}) から共役アルデヒドである．^{13}C-NMR から7種類の炭素原子があり，190.8 ppm はカルボニル炭素である．^{1}H-NMR から *m*-ジ置換ベンゼン環である．よって，化合物 **L** は *m*-クロロベンズアルデヒドである．

- 7.61 (dt, *J* = 7.9, 2.0 Hz) ppm
- 7.86 (t, *J* = 2.0 Hz) ppm
- 190.8 ppm
- 1697 cm^{-1}
- 9.98 (s) ppm
- 7.77 (dt, *J* = 7.9, 2.0 Hz) ppm
- 7.49 (t, *J* = 7.9 Hz) ppm

答 22.13

不飽和度は5で，IR (1686 cm^{-1}) から共役アルデヒドである．^{13}C-NMR から9種類の炭素原子があり，219.7 ppm はカルボニル炭素である．^{1}H-NMR から対称な 1,2,3,5-四置換ベンゼン環である．よって，化合物 **M** は *t*-ブチルメシチルケトンあるいは *t*-ブチル 2,4,6-トリメチルフェニルケトンである．

- 2.27 (s) ppm
- 2.17 (s) ppm
- 1686 cm^{-1}
- 1.23 (s) ppm
- 6.82 (s) ppm
- 219.7 (s) ppm

答 22.14

1,5-ヘキサジエン骨格をもつ 1,5-ヘキサジエン-3-オールを加熱すると速やかに熱 [3,3] シグマトロピー転位反応が生じる．

(a) 化合物 **N** は 5-ヘキセナール．

- 5.82 (ddt) ppm
- 1.84 (quint) ppm
- 5.13 (dd) ppm
- 1720 cm^{-1}
- 9.72 (t) ppm
- 2.38 (td) ppm
- 4.88 (dd) ppm
- 2.16 (td) ppm

(b) Cope 転位反応で 1,5-ヘキサジエン-3-オールの熱 [3,3] シグマトロピー転位反応により生じた生成物のビニルアルコール官能基が安定なアルデヒドに互変異性化してしまうため，1,5-ジエン骨格でなくなり，反応の可逆性はない．

第22章

1,5-ヘキサジエン-3-オール → [3,3] → (HO-構造) → N

答 22.15

Diels-Alder 付加環化反応によりエステル基をもつシクロヘキセン骨格をもつ化合物 **O** の構築と，そのオゾン分解反応により，β-位にエステル基をもつ ε-ケトアルデヒド **P** を生成する．

(a) **O**（ラセミ体） **P**（ラセミ体）

(b) 化合物Pの^{1}H NMRシグナル帰属:
- 1.81〜1.95 (m) ppm
- 1.38 (s) ppm
- 2.58 (dd) ppm
- 9.72 (t) ppm
- 2.83 (dd) ppm
- 2.13 (s) ppm
- 2.45 (t) ppm
- 4.21 (q) ppm
- 1.29 (t) ppm

答 22.16

(a) 立体障害の少ないアセトアルデヒドのほうが反応性は高いので，アセトアルデヒドどうしのアルドール縮合反応が優先的に生じてしまう．

$CH_3-CH=O \xrightarrow{NaOH/H_2O} \overset{\ominus}{C}H_2-CH=O \longleftrightarrow CH_2=CH-\overset{\ominus}{\underset{..}{O}}$

$CH_3-CH=O \longrightarrow CH_3-CH-\overset{\ominus}{\underset{..}{O}} / CH_2-CH=O \longrightarrow CH_3-CH-OH / \overset{\ominus}{C}H-CH=O \longrightarrow CH_3-CH=CH-CH=O$

(b) ピバルアルデヒドは α-水素がなく，反応性が低いため，ピバルアルデヒドの NaOH 水溶液に，アセトアルデヒドをゆっくり滴下していき，系内のアセトアルデヒドを低濃度に維持して，交差アルドール縮合反応を進める．

答 22.17

(a) 安息香酸エチルと C_2H_5MgBr の反応からプロピオフェノンを生じる．しかし，生じたプロピオフェノンは原料の安息香酸エチルより速やかに C_2H_5MgBr と反応してしまい，アルコールである3-フェニル-3-ペンタノールを生じてしまう．そのため，1当量の C_2H_5MgBr を用いても，原料の安息香酸エチルとアルコールの等量混合物となる．

[プロピオフェノン合成経路図：メチルベンゾエート + C₂H₅MgBr → 中間体 → プロピオフェノン + C₂H₅MgBr → 付加体 → H₃O⁺ → 3-フェニル-3-ペンタノール]

(b) 1) 安息香酸からの合成法として，安息香酸を N-メトキシ-N-メチルベンズアミド (Weinreb アミド) に誘導してから，等量の C_2H_5MgBr を低温で作用させ，生じた付加体塩を加水分解してプロピオフェノンを得る．

[安息香酸 → (CH₃NHOCH₃·HCl, DCC, Et₃N) → Weinreb アミド → 1) C₂H₅MgBr, THF 2) H₃O⁺ → プロピオフェノン]

2) 安息香酸を塩化ベンゾイルに誘導してから，反応性の低い $(C_2H_5)_2CuLi$ を作用させて，プロピオフェノンにする．

$$2C_2H_5Li + CuI \longrightarrow (C_2H_5)_2CuLi + LiI$$

[安息香酸 → (COCl)₂ あるいは SOCl₂ → 塩化ベンゾイル → (C₂H₅)₂CuLi → プロピオフェノン]

(c) ベンゼンと C_2H_5COCl に $AlCl_3$ を作用させた Friedel-Crafts アシル化反応によってプロピオフェノンを合成する．

[ベンゼン + C₂H₅COCl, AlCl₃ → プロピオフェノン]

答 22.18

A の組成式は $C_{11}H_{11}NO_4$．

[化合物 A の構造：4-ニトロ桂皮酸エチルエステル。化学シフト：8.24 ppm, 7.68 ppm, 7.70 ppm, 6.56 ppm, 4.30 ppm, 1.35 ppm]

- ^{1}H-NMR より
  - p-置換ベンゼン
  - O-CH_2CH_3
  - $trans$-2 置換オレフィン
- IR より，カルボニル基 ($1713\,cm^{-1}$)，ニトロ基 ($1517, 1342\,cm^{-1}$) であることがわかる．

第23章

答 23.1

Fischer エステル合成反応を用いる．これは平衡であるが，メタノール-^{18}O を過剰に用いることで生成物を効率的に生じる(a)．さらに，効率的な手法としては，カルボン酸に $SOCl_2$ を加えて酸塩化物とし，次に等量のメタノール-^{18}O と Et_3N あるいはピリジンを作用させる手法がある(b)．

答 23.2

Wohl-Ziegler 反応であり，加熱あるいは光照射により，ラジカル連鎖反応で進行する．臭素原子がチェーンキャリアとなる．系の中で臭素分子は低濃度が保たれる．

答 23.3

酸触媒ではエノール体(sp^2混成炭素)を，塩基性ではエノラート体(sp^2混成炭素)を経てラセミ化する．

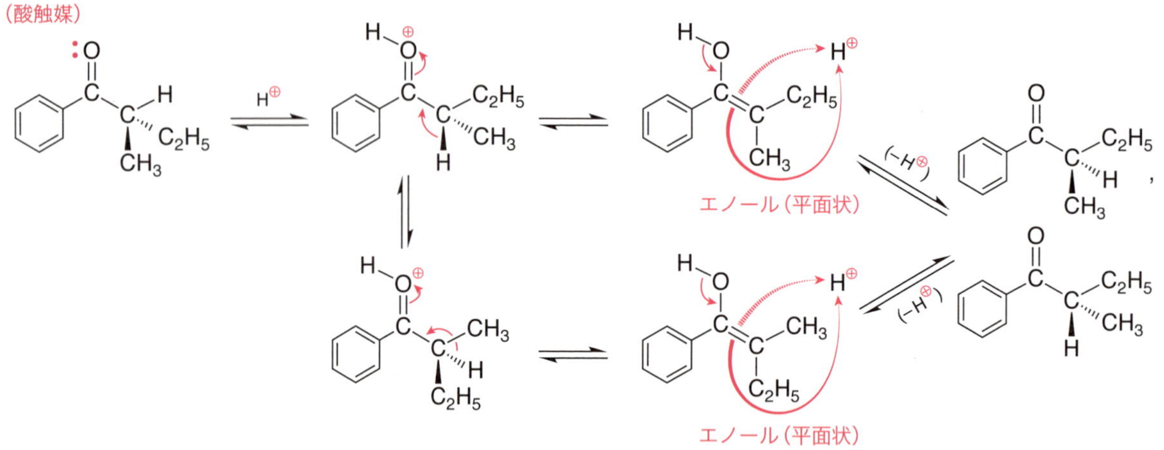

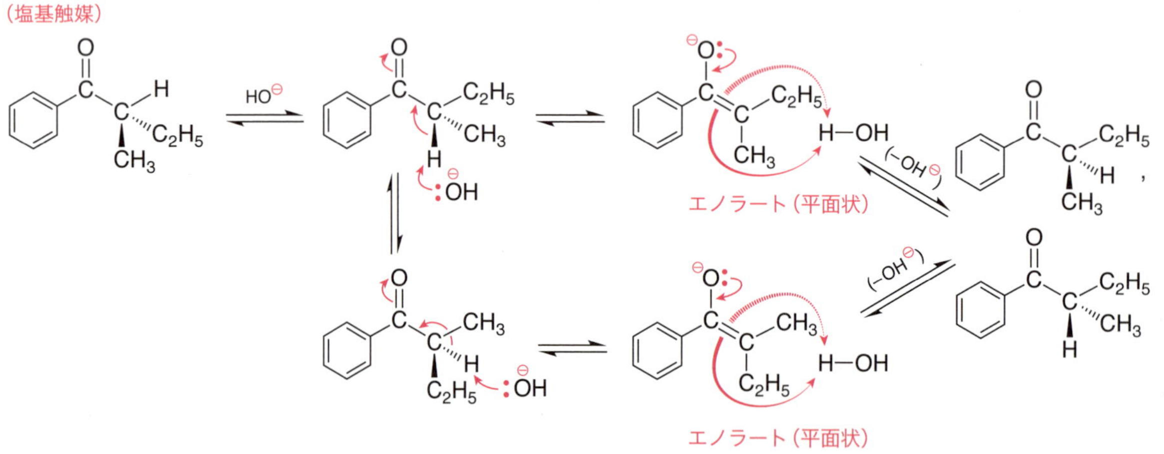

(酸触媒)

(塩基触媒)

答 23.4

Michael 付加反応とアルドール縮合反応からなる環構築反応で，**Robinson 環化反応**である．

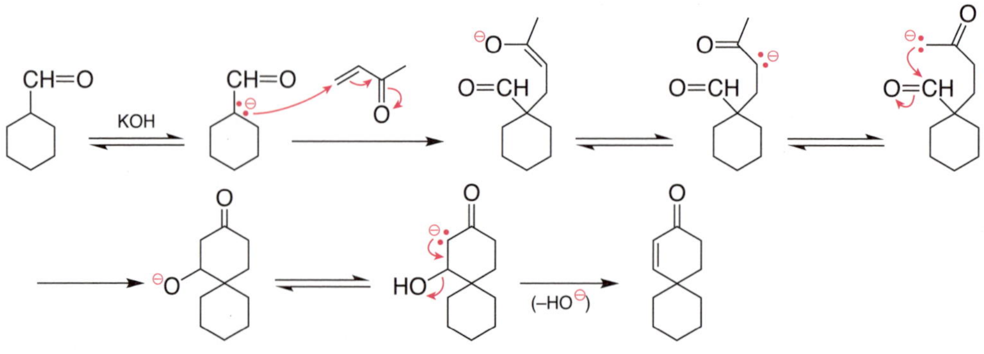

答 23.5

水酸化物イオンの Michael 付加反応と β-開裂反応により生じた，1,3,7-トリケトンの分子内 Knoevenagel 縮合反応が生じて，より安定な共役ケトンへ異性化する．

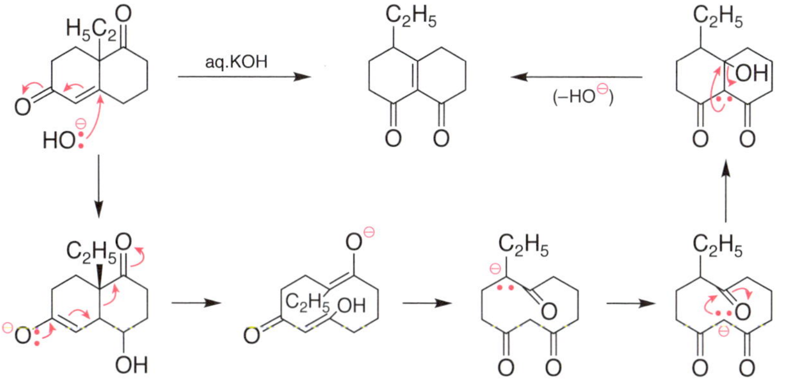

答 23.6

(2R,3S)-3-ブロモ-2-ブタノールは CH_3 や Br のような大きな置換基はゴーシュ（60°）をとるが，それら3つが互いにゴーシュにならないような構造をとる．HBr との反応では，臭素原子による隣接基関与が生じて，三員環ブロモニウムイオン中間体を経て meso-2,3-ジブロモブタンとなる．

安定配座

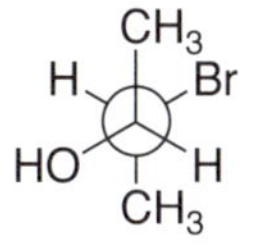

反応機構

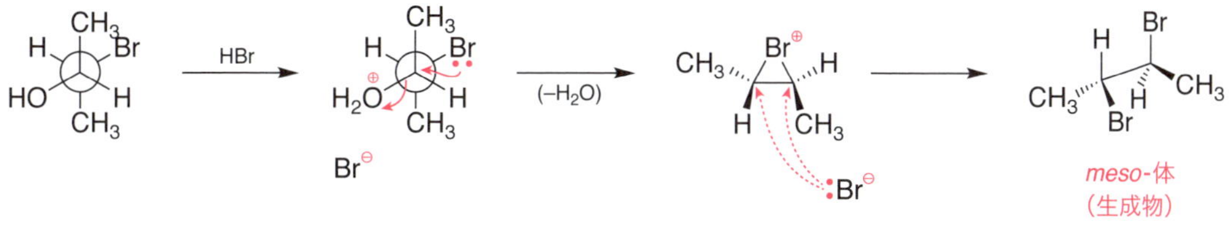

答 23.7

・CCl_3 がチェーンキャリアのラジカル連鎖反応が生じる．求電子的な ・CCl_3 が末端アルケンに付加し，歪みのあるシクロブチルメチルラジカルが β-開裂反応して，シクロヘキセン骨格となる．

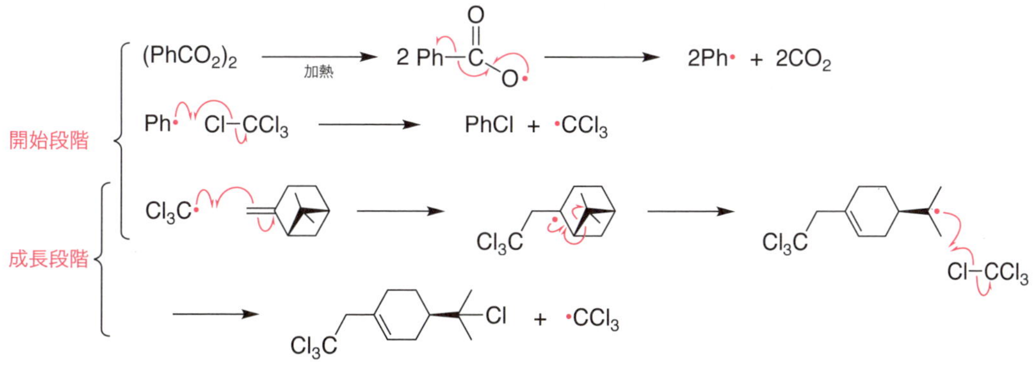

開始段階

成長段階

答 23.8

Michael 付加反応とアルドール縮合反応からなる六員環構築反応で，Robinson 環化反応である．

答 23.9

Perkin 反応で，カルボン酸塩を塩基触媒とし，芳香族アルデヒドと無水カルボン酸からケイ皮酸誘導体を生じる．

答 23.10

Stobbe 縮合反応で，芳香族アルデヒドとコハク酸ジエステルの縮合反応でカルボキシ基をもつ不飽和エステルとなる．

答 23.11

1,3-ジオールに硫酸を作用させると，第三級アルコール側でカルボカチオンが生じ，溶媒のアセトニトリルと Ritter 反応が生じて，環化する．

答 23.12

異性体 **A** は，大きい塩素原子がすべてエカトリアル位の立体配座で存在し，ごく微量にすべての塩素原子がアキシアル位の立体配座も存在しうる．しかし，いずれにおいても，1-位の水素原子と 2-位の塩素原子が互いに anti-periplanar の立体配座にはない．そのため，塩基による E2 反応が生じない．

また，塩素原子のような電気陰性度の大きい原子が置換されているため，炭素カチオンを経由する E1 反応や S_N1 反応も生じない．よって，異性体 **A** の反応性は極めて低く，分解しにくいため，残留農薬の問題が生じる．

答 23.13

水のようなプロトン性極性溶媒を用いているため，加溶媒分解反応（S_N1）により生じたベンジル位の sp^2 混成平面状カルボカチオンが，求核剤の水と平面の上下両サイドから均等に反応するため，ラセミ化する．

答 23.14

ブロモベンゼン誘導体に $NaNH_2$ を作用させて，生じたベンザインへの分子内求核付加反応による環化反応である．

答 23.15

S_N2 反応は，求核剤（HOMO）による臭化アルキル C–Br 炭素原子（LUMO）への反応なので，軌道の符号の一致を考えると，求核剤は臭素原子の 180° 反対側から反応する．S_N2' 反応は同様に，それぞれの軌道の符号の一致を考えると，求核剤は臭素原子と同じ側から反応する．

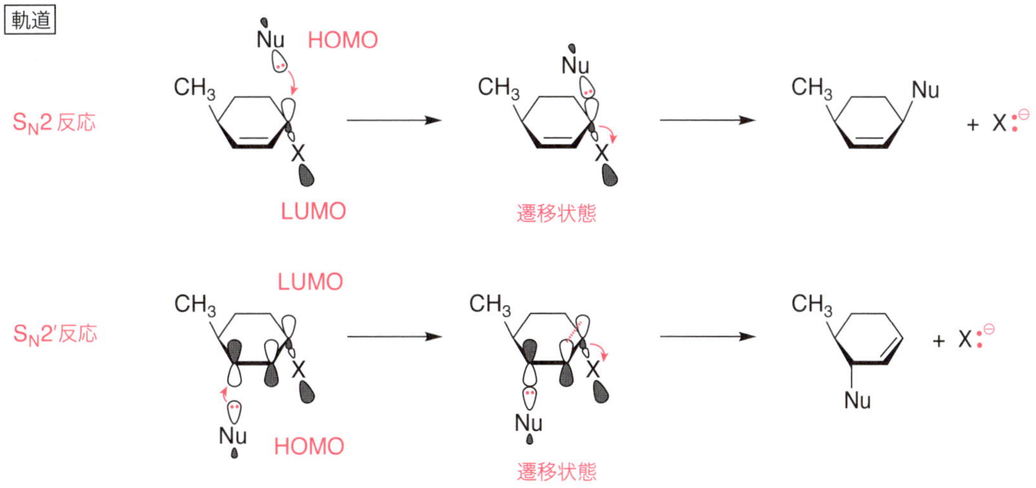

軌道
S_N2 反応
HOMO
LUMO
遷移状態
S_N2′反応
LUMO
HOMO
遷移状態
CH3
Nu
X

答 23.16

酢酸のようなプロトン性極性溶媒を用いているため，加溶媒分解反応（S_N1）が生じる．メチル基のような電子供与基が R^1 および R^2 に置換されていると，中間体カルボカチオン生成が促進される．つまり，この反応は π 電子対による隣接基関与の反応で，非古典的カルボカチオン中間体を経由し，立体は保持される．

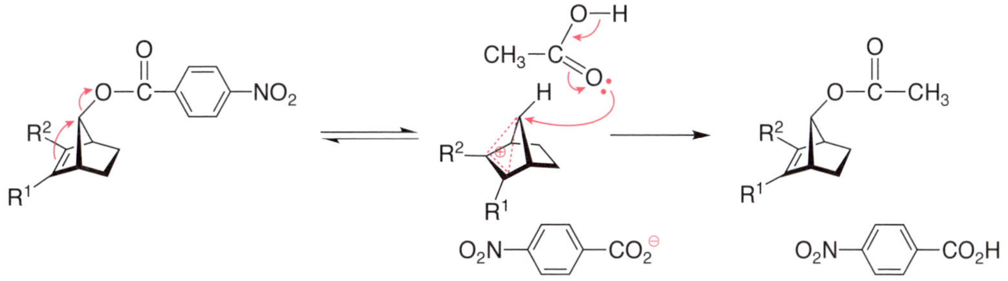

NO2
O2N
CO2
CO2H
CH3
R1
R2

非古典的カルボカチオン

答 23.17

この反応は S_N2 反応である．メタノールと DMF の誘電率はほぼ同程度であり，いずれも極性の高い溶媒である．違いは前者がプロトン性極性溶媒で，後者が非プロトン性極性溶媒ということである．アジ化ナトリウムは Na^+ N_3^- であり，メタノールのようなプロトン性極性溶媒では，左側に図示したように，陽イオンも陰イオンも配位結合や水素結合により安定化される．一方，DMF は共鳴効果により分子の外側に陰性の酸素原子がある．この酸素原子は右側に図示したように，Na^+ N_3^- のナトリウムイオンに配位して安定化させる．しかし，陰イオンの N_3^- を安定化させる効果はなく，逆に裸の陰イオンとなり，求核性が非常に高くなることから，k_{DMF} は劇的に大きくなる．つまり，S_N2 反応は非プロトン性極性溶媒を用いると反応が速くなる．

メタノール溶媒   DMF 溶媒

($\varepsilon = 32.6$)   ($\varepsilon = 36.7$)

答 23.18

L-グルタミン酸のアミノ基が結合したα-炭素上で，側鎖カルボキシ基によるS_N2様式の分子内反応で**Walden 反転**が2回生じ，結果として，α-炭素上で立体保持したγ-ラクトンとなる．

$NaNO_2 + 2HCl \longrightarrow NO^{\oplus}Cl^{\ominus} + H_2O + NaCl$

Walden反転 ($-N_2$) ($-H_2O$) ($-H^{\oplus}$)

Walden反転 → γ-ラクトン

答 23.19

γ-ピコリンが触媒である安息香酸によりプロトン化され，エナミンへ互変異性化してから，重水と反応してメチル基が逐次重水素化される．反応は平衡であるが，重水を溶媒としているため，生成系に偏り，高純度の生成物が得られる．

第 23 章

答 23.20

(1) 化学反応機構図(Baeyer-Villiger 酸化):2-メチルシクロヘキサノン + m-クロロ過安息香酸 → テトラヘドラル中間体 (anti-periplanar) → プロトン移動を経て、3-クロロ安息香酸アニオンと対応するオキソカルベニウム中間体 → ラクトン(7-メチル-ε-カプロラクトン)と 3-クロロ安息香酸。

(2) Arndt-Eistert 合成:
シクロヘキサンカルボニルクロリド + :CH₂–N₂⁺ → 四面体アルコキシド中間体 (C–Cl, CH₂–N₂⁺) → α-ジアゾケトン (シクロヘキシル–CO–CH₂–N₂⁺ Cl⁻)

Ag₂O (−AgCl, −H⁺) → アシルカルベン中間体 (anti-periplanar) → Wolff 転位 (−N₂) → ケテン (シクロヘキシル–CH=C=O) + H₂O

→ エノラート型中間体 (CH=C(O⁻)(OH₂⁺)) → エンジオール (CH=C(OH)₂) → 互変異性化 → シクロヘキシル酢酸

答 23.21

1,1'-ジヒドロキシビシクロペンチル → H⁺ → プロトン化 (H–O⁺, OH₂, anti-periplanar) → ピナコール転位 → スピロ[4.5]デカン-6-オン のプロトン化体 → −H⁺ → スピロ[4.5]デカン-6-オン

答 23.22

E2 脱離:
Ph, Br, CH₃, H, H, Ph 置換のビシナル体に EtO⁻ が anti-periplanar に作用 → (Z)-α-メチルスチルベン型アルケン (Ph, CH₃)C=C(H, Ph) + (EtOH, Br⁻)

答 23.23

3-メチル-2-ブタノール + HBr → プロトン化 (OH₂⁺, Br⁻) → (−H₂O) → 2° カルボカチオン (H 移動) → 3° カルボカチオン (Br⁻) → 2-ブロモ-2-メチルブタン

答 23.24

(1)

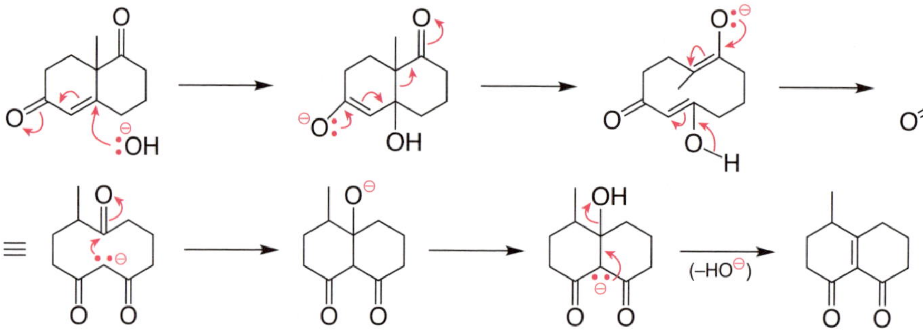

(2)

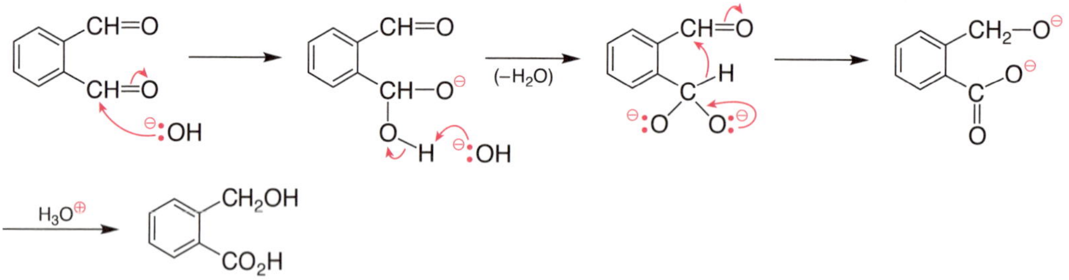

(3)

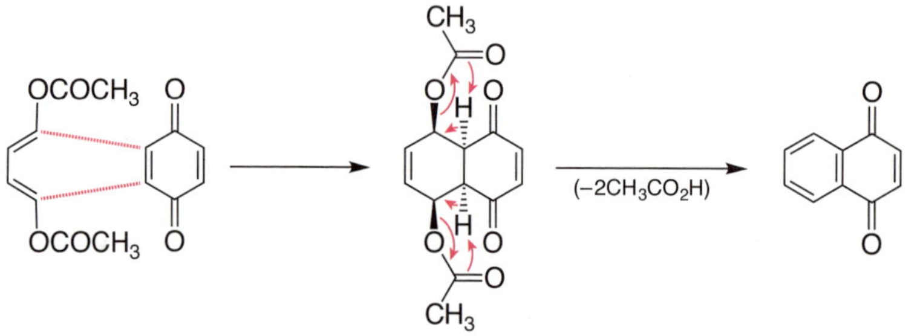

答 23.25

(a) S_NAr 反応

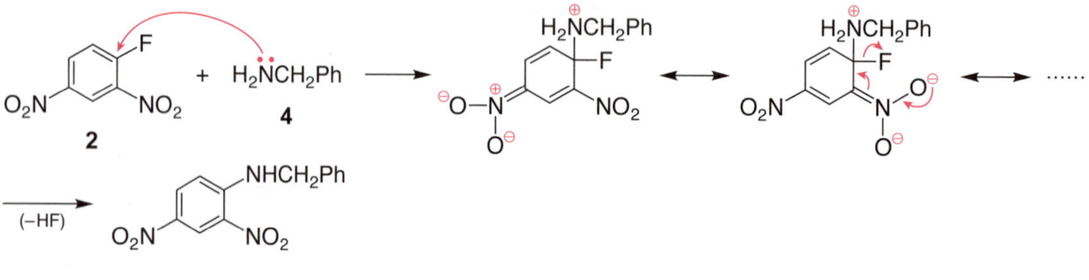

(b)

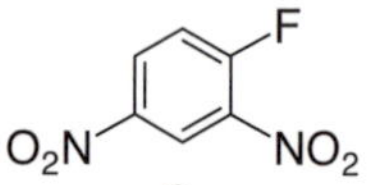

2

のほうが速く反応する.

電気陰性度の大きいF化合物のほうが芳香環上の電子密度は低く，S_NAr 反応が生じやすい．また，F原子の原子半径が小さいことも，反応における立体障害を少なくしている．

第24章

答 24.1

(a) アニリンに誘導し，**ジアゾ化**して，フェノキシド塩と**ジアゾカップリング**させる．
(b) アセトアニリドに誘導してから $ClSO_3H$ との反応で塩化スルホニルとし，**アンモニア水処理**してから，アミドを**アルカリ加水分解**する．

答 24.2

(a) 炭素数は同じなので，カルボン酸を**アミド化**してから還元する．
(b) アセチレンに**エチル基**を導入し，H_2 と Lindlar 触媒（$Pd-CaCO_3-PbO$）あるいは $Pd-BaSO_4$ 触媒を用いて**接触水素化還元**し，生じたアルケンに HBr を **Markovnikov** 則に従い付加反応させる．
(c) 1-ペンチンを**プロピル化**し，$HgSO_4$ および H_2SO_4 触媒存在下で**水和**する．
(d) 2炭素増えたカルボン酸なので，**マロン酸エステル合成法**を用いる．
(e) 3炭素増えたメチルケトンなので，**アセト酢酸エステル合成法**を用いる．
(f) 3炭素増えたニトリルなので，アクリロニトリルに **Michael 付加反応**させる．あるいは，**Grignard 試薬**とエチレンオキシドの反応から生じたアルコールを**臭素化**して，さらに NaCN で**ニトリル基**を導入する．
(g) アジピン酸ジエステルの **Dieckmann 縮合反応**を用いて生じた環状 β-ケトエステルの **α-エチル化**，加水分解，そして**脱炭酸反応**を行う．

(b) $HC\equiv CH$ $\xrightarrow[\text{2) CH}_3\text{CH}_2\text{Br}]{\text{1) NaNH}_2\text{ あるいは }^n\text{BuLi}}$ $CH_3CH_2C\equiv CH$ $\xrightarrow[\text{あるいは}\\ H_2, \text{Pd-BaSO}_4]{H_2\\ \text{Pd-CaCO}_3\text{-PbO}}$ $CH_3CH_2CH=CH_2$

アセチレン

$\xrightarrow{HBr}$ $CH_3CH_2CHBrCH_3$

(c) $CH_3CH_2CH_2C\equiv CH$ $\xrightarrow[\text{2) CH}_3\text{CH}_2\text{Br}]{\text{1) NaNH}_2\text{ あるいは }^n\text{BuLi, THF}}$ $CH_3CH_2CH_2C\equiv CCH_2CH_2CH_3$

1-ペンチン

$\xrightarrow[H_2O]{HgSO_4, H_2SO_4}$ $CH_3CH_2CH_2C(=O)CH_2CH_2CH_3$

(d) $CH_2(CO_2Et)_2$ $\xrightarrow[\text{2) CH}_3\text{CH}_2\text{Br}]{\text{1) NaH, THF}}$ $CH_3CH_2CH_2CH(CO_2Et)_2$ $\xrightarrow[H_2O]{H_2SO_4}$

$CH_3CH_2CH(COOH)(C(=O)O-H)$ $\xrightarrow[(-CO_2)]{\text{加熱}}$ $CH_3CH_2CH=C(OH)_2$ $\rightarrow$ $CH_3CH_2CH_2CO_2H$

別法

$CH_3CH_2CH_2Br$ $\xrightarrow[THF]{Mg}$ $CH_3CH_2CH_2MgBr$ $\xrightarrow[\text{2) H}_3O^\oplus]{\text{1) エポキシド}}$ $CH_3CH_2CH_2CH_2OH$

$\xrightarrow{CrO_3, \text{aq.}H_2SO_4}$ $CH_3CH_2CH_2CO_2H$

(e) $CH_3CCH_2CO_2Et$ (=O) $\xrightarrow[\text{2) CH}_3\text{CH}_2\text{Br}]{\text{1) NaH, THF}}$ $CH_3CH_2CH_2-CH(C(=O)CH_3)(CO_2Et)$ $\xrightarrow[H_2O]{H_2SO_4}$

$CH_3CH_2CH-(C(CH_3)=O)(C(=O)O-H)$ $\rightarrow$ $CH_3CH_2CH_2-CH=C(CH_3)OH$ $\rightarrow$ $CH_3CH_2CH_2CCH_3(=O)$

(f) CH_3CH_2Br $\xrightarrow[THF]{Mg}$ CH_3CH_2MgBr $\xrightarrow{CuI}$ $(CH_3CH_2)_2CuMgBr$

$\xrightarrow[\text{2) H}_3O^\oplus]{\text{1) CH}_2=CHCN}$ $CH_3CH_2CH_2CH_2CN$

別法

CH_3CH_2Br $\xrightarrow[THF]{Mg}$ CH_3CH_2MgBr $\xrightarrow[\text{2) H}_3O^\oplus]{\text{1) エポキシド}}$ $CH_3CH_2CH_2OH$

$\xrightarrow{PBr_3}$ $CH_3CH_2CH_2CH_2Br$ $\xrightarrow{NaCN}$ $CH_3CH_2CH_2CH_2CN$

(g) 図:

HO₂C-(CH₂)₄-CO₂H →(濃H₂SO₄(触媒), C₂H₅OH)→ C₂H₅O₂C-(CH₂)₄-CO₂C₂H₅ →(1) NaH あるいは EtONa, THF 2) H₃O⁺)→ 環状β-ケトエステル（シクロペンタノン-2-カルボン酸エチル）

→(1) NaH, THF 2) C₂H₅Br)→ 2-エチル-2-エトキシカルボニルシクロペンタノン →(1) 希H₂SO₄ 2) 加熱)→ 2-エチルシクロペンタノン

答 24.3

(a) Stork エナミン合成法（モノアルキル化反応）を用いる．
(b) Stork エナミン合成法（Michael 付加反応）を用いる．
(c) Grignard 反応を用いる．
(d) Grignard 反応を用いてアルコールを合成し，塩素化する．
(e) アルコールの臭素化，続く Grignard 反応で生じた第三級アルコールの脱水反応を行う（Zaitsev 則に従う）．別法としてアセトンとの Wittig 反応がある．
(f) 1つのヒドロキシ基を O-テトラヒドロピラン（O-THP）保護し，他方のヒドロキシ基の Sarett 酸化反応を行う．
(g) Claisen 縮合反応で生じたβ-ケトエステルのα-プロピル化，加水分解，そして脱炭酸反応を行う．
(h) ジアゾニウム塩に CuBr を作用させてから（Sandmeyer 反応），Grignard 試薬に誘導して D 化する．あるいは，ジアゾニウム塩を D₃PO₂ でラジカル還元反応する．

(a) シクロヘキサノン →(HN(ピロリジン), -H₂O)→ エナミン →(CH₃CH₂-Br)→ イミニウム塩(Br⁻) →(-HBr)→ α-エチルエナミン →(H₃O⁺, -HN)→ 2-エチルシクロヘキサノン

(b) シクロヘキサノン →(HN, -H₂O)→ エナミン →(CH₂=CH-CO₂CH₃)→ イミニウム中間体 → エナミン-CH₂CH₂CO₂CH₃ →(H₃O⁺, -HN)→ 2-(2-メトキシカルボニルエチル)シクロヘキサノン

(c) CH₃-C₆H₅ →(Br₂, Fe)→ CH₃-C₆H₄-Br (p体, o体も) →(1) Mg, THF 2) D₂O)→ CH₃-C₆H₄-D

(d) 〜 (h) 反応スキーム(図は省略)

答 24.4

(a) 1炭素減った第一級アミンなので，**Curtius 転位反応**を利用する．
(b) カルボン酸なので，**マロン酸エステル合成法**を利用する．
(c) 1炭素増えているので，末端アセチレンをメチル化し，水を付加させて芳香族ケトンとし，さらに，α-ブロモケトンにしてから E2 反応で**ビニルケトン**とする．
(d) 1炭素増えているので，カルボン酸塩化物の **Arndt-Eistert 反応**を用い，生じたエステルを還元する．
(e) メチル基より，o, p-配向の強い**アセトアミド基**を導入してから臭素を導入して，最後にアセトアミド基の加水分解で生じたアミノ基を**ジアゾ化**して還元する．

(f) カルボン酸の1炭素減ったアルコールなので，ケトンに導いてから **Baeyer-Villiger 酸化反応**を行い，生じたエステルを**加水分解**する．

(g) カルボン酸の1炭素減った第一級アミンなので，**Curtius 転位反応**により生じたイソシアナートを**加水分解**する．

答 24.5

(a) ベンゼンジアゾニウム塩を **Sandmeyer** 反応でブロモベンゼンにしてから，**ニトロ化**する．あるいは，アミノ基をアセトアミド基として穏やかな p-配向にしてから，臭素を導入し，最後にアミノ基を過酸でニトロ基に酸化する．

(b) 炭素数は同じである．オゾン分解反応してから，**分子内アルドール縮合反応**を行う．

(c) **Friedel-Crafts** アシル化反応による環化反応を用いた **Haworth** 合成反応を利用する．

答 24.6

(a) ^{13}C 源として $^{13}CO_2$ (*CO_2) を用いる．p-ブロモトルエン由来の Grignard 試薬との反応から p-メチル安息香酸とし，さらに，エステルにしてから還元し，そのヒドロキシ基を臭素化してから **LiAlH$_4$ 還元**する．

(b) ヒドロキシ基を O-Ts にして **NaBD$_4$ 還元**する．あるいは，ヒドロキシ基をキサンテートエステルとし，Bu$_3$SnD を用いた **Barton-McCombie 反応**を用いる．

(c) クロロベンゼンにニトロ基を導入してから，C_2H_5ONa による **S$_N$Ar 反応**を行い，その後，ニトロ基をアミノ基に還元して，ジアゾ化してから CuBr を用いた **Sandmeyer 反応**を行う．

(d) トルエンへの**分子間 Friedel-Crafts アシル化反応**，生じたケトンのメチレンへの還元反応(**Clemmensen 還元反応**)，カルボン酸の**分子内 Friedel-Crafts アシル化反応**，ケトンの **Grignard 反応**，生じた第三級アルコールの脱水および接触水素化反応を行う．

(e) **Sarett 酸化反応**（Swern 酸化反応や Dess-Martin 酸化反応でもよい）によるアルデヒドの形成，その **Wittig 反応**による α,β-不飽和エステルの形成と，アリルアルコールへの ^{i}Bu$_2$AlH (2 当量) を用いた還元反応，および Zn-Cu あるいは Et$_2$Zn と CH$_2$I$_2$ を用いたアルケンのシクロプロパン化反応(**Simmons-Smith 反応**)を行う．α,β-不飽和エステルのアリルアルコールへの還元は，低温で LiAlH$_4$ を用いてもよい．

(f) 1,2-ジオールのアルケン化反応は，チオホスゲンあるいはチオカルボニルジイミダゾールを用いた五員環状チオカーボネートの形成と，その (MeO)$_3$P との反応による **Corey-Winter 反応**を用いる．

(g) **Sarett 酸化反応**（Swern 酸化反応や Dess-Martin 酸化反応でもよい）で生じたアルデヒドを Ph$_3$P と CBr$_4$ を用いて 1,1-ジブロモアルケンとし，過剰の ^{n}BuLi を用いてアセチリドとし，C_2H_5Br を加えて生成物にする(**Corey-Fuchs 反応**)．

別法

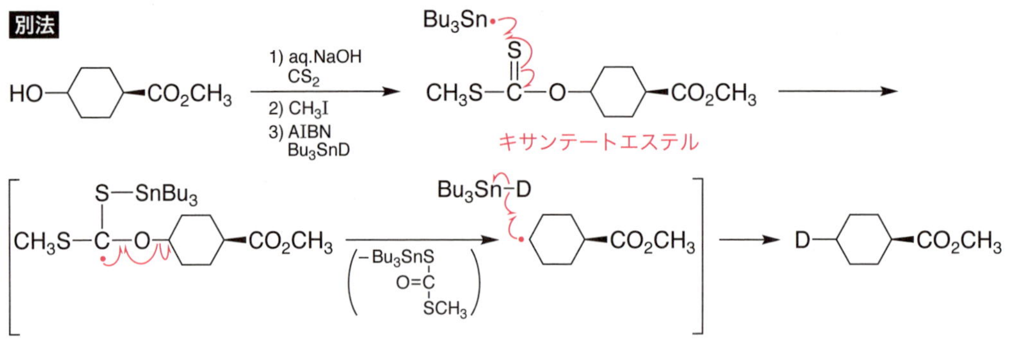
1) aq.NaOH
CS2
2) CH3I
3) AIBN
Bu3SnD
Bu3Sn•
キサンテートエステル
(−Bu3SnS-C(=O)-SCH3)
Bu3Sn−D
D

(c)

濃 HNO3, 濃 H2SO4
C2H5ONa
Fe, aq.HCl
1) NaNO2, HCl
2) CuBr

(d)

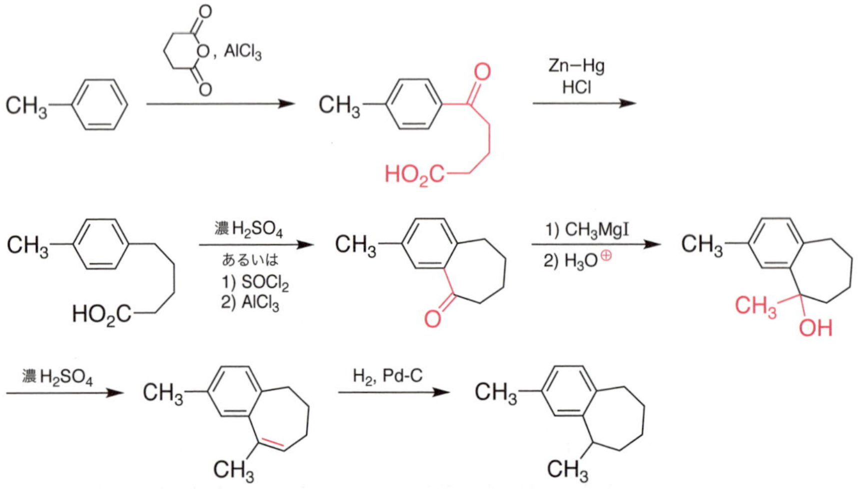
AlCl3
Zn−Hg
HCl
濃 H2SO4
あるいは
1) SOCl2
2) AlCl3
1) CH3MgI
2) H3O⊕
濃 H2SO4
H2, Pd-C

(e)

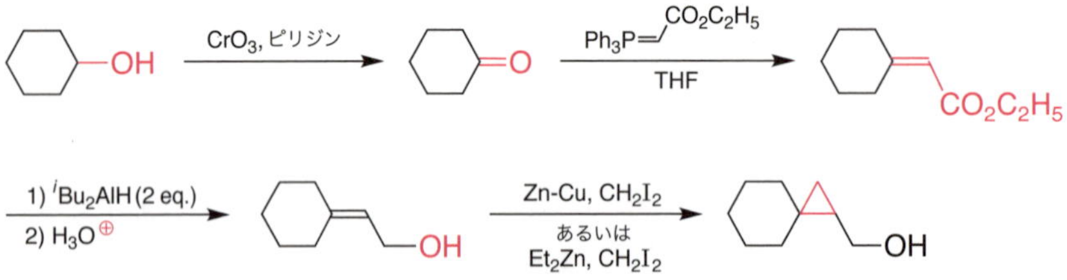
CrO3, ピリジン
Ph3P=CHCO2C2H5
THF
1) iBu2AlH (2 eq.)
2) H3O⊕
Zn-Cu, CH2I2
あるいは
Et2Zn, CH2I2

(f)

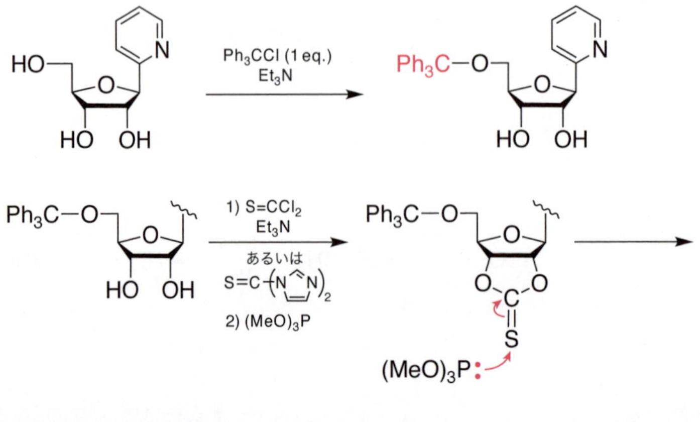
Ph3CCl (1 eq.)
Et3N
1) S=CCl2
Et3N
あるいは
2) (MeO)3P
(MeO)3P:

答 24.7

(a) 第四級炭素をもつネオペンチル型アルコールである．2-フェニルエタノールを臭素化して，Grignard 試薬を調整し，アセトンに付加させて第三級アルコールに変換する．この第三級アルコールを HBr で臭素化して，再び Grignard 試薬を調整し，ドライアイスを加えてから中和する．生じたカルボン酸を LiAlH$_4$ で還元する．調整した Grignard 試薬にホルムアルデヒドを作用させてもよい．

(b) Haworth フェナントレン合成法で，Friedel-Crafts アシル化反応，Clemmensen 還元反応，分子内 Friedel-Crafts アシル化反応，Clemmensen 還元反応，および単体セレンによる芳香化反応（空気酸化されやすい H$_2$Se の生成）と続く．

(c) トルエンを p-トルイジンとし，アクロレインに Michael 付加反応を行い，環化と酸化を行う Skraup キノリン合成反応を用いる．

(d) Friedel-Crafts アシル化反応によりアセトフェノン誘導体とし，この後はフェニルヒドラジンを用いた Fischer インドール合成反応である．

(e) トルエンの Wohl-Ziegler 反応で生じた臭化物の NaCN との反応，2-フェニルエチルアミンへの還元，そしてアセトアミドに誘導してから POCl$_3$ で縮合環化反応，さらに酸化して 1-メチルイソキノリンに誘導する（Bischler-Napieralski 反応）．あるいは，2-フェニルエチルアミンとアセトアルデヒドから生じたイミンを酸触媒で縮合環化反応，さらに酸化して 1-メチルイソキノリンに誘導する（Pictet-Spengler 反応）．

(b), (c), (d) 反応スキーム省略

(e) トルエン →(AIBN, NBS)→ C₆H₅CH₂Br →(NaCN)→ C₆H₅CH₂CN

→(LiAlH₄ / THF)→ C₆H₅CH₂CH₂NH₂ (2-フェニルエチルアミン) →(Ac₂O)→ C₆H₅CH₂NHC(O)CH₃

→(POCl₃)→ 3,4-ジヒドロ-1-メチルイソキノリン →(空気酸化 あるいは HNO₃)→ 1-メチルイソキノリン

別法

2-フェニルエチルアミン →(CH₃CH=O)→ C₆H₅CH₂CH₂N=CH-CH₃ →(濃 H₂SO₄)→

1-メチル-1,2,3,4-テトラヒドロイソキノリン →(Se, 加熱)→ 1-メチルイソキノリン

答 24.8

ベンゼン →(Br₂, FeBr₃)(お)→ ブロモベンゼン →(HNO₃, H₂SO₄)(あ)→ 4-ブロモニトロベンゼン →(Sn, HCl)(か)→ 4-ブロモアニリン →(NaNO₂, HCl)(う)→ 4-ブロモベンゼンジアゾニウム塩 →(CuCN)(き)→ 4-ブロモベンゾニトリル

答 24.9

(a) ベンザイン機構による反応経路 — 3-ブロモトルエンから、2つのベンザイン中間体(3,4-位および2,3-位)を経て、NH₂⁻の付加により o-, m-, p-トルイジンが生成する機構

答 24.10

答 24.11

第 25 章

答 25.1

(1) **a**. 試薬：PhCH$_2$NH$_2$, NaBH(OAc)$_3$ および AcOH
   b. 試薬：ClCH$_2$CH=O, NaBH(OAc)$_3$ および AcOH
   c. 1) 試薬：H$_2$ および Pd-C, 2) 試薬：O(CO$_2$Bu^t)$_2$ および Na$_2$CO$_3$
   d. 1) 試薬：^{i}Bu$_2$AlH, 2) 試薬：H$_3$O$^+$
   e. 試薬：HCl (4M in dioxane)

(2) ケトンと第一級アミンから生じたイミンを弱酸条件下で NaBH$_3$CN や NaBH(OAc)$_3$ を用いて第二級アミンに還元する **Borch 反応**(還元的アミノ化反応).

(3) NaClO$_2$ を用いたアルデヒドのカルボン酸への酸化反応. 2-methyl-2-butene は副生する HOCl や Cl$_2$ の捕捉剤.

答 25.2

(1) **a**. 1) 試薬：aq. NH$_3$, 2) 試薬：ClCO$_2$CH$_2$Ph および NaHCO$_3$
   b. 試薬：Ph$_3$P=CHCO$_2$C$_2$H$_5$
   c. 1) 試薬：PhCH$_2$OCH$_2$CH$_2$CH$_2$MgBr, 2) 試薬：H$_3$O$^⊕$
   d. 1) 試薬：p-TsOH, 2) 試薬：H$_2$ および Pd-C
   e. 試薬：Ph$_3$P および EtO$_2$C−N=N−CO$_2$Et

(2) 化合物 **A** のメタノール溶液に p-TsOH を作用させて，アセタール保護基を除去し，O-CH$_2$Ph カーバメートを接触還元することにより，生じた第一級アミノ基とケトン基が六員環状イミノ体を形成し，再び接触還元することにより化合物 **B** となる．環状イミノ体は立体障害の少ない紙面の手前側から吸着されて還元される．

答 25.3

(1) **a.** 試薬：Pd(OAc)$_2$（触媒），Ph$_3$P，および p-ヨードアニソール（**Sonogashira カップリング反応**）
  b. 試薬：LiAlH$_4$
  c. 試薬：1) BBr$_3$，2) H$_2$O

(2) 炭素–炭素二重結合へのチイルラジカル（RS･）付加-脱離反応による，安定な $trans$-アルケンへの異性化反応．

答 25.4

(1) **a.** 1) 試薬：K$_2$CO$_3$，および CH$_3$I（**Williamson エーテル合成反応**），2) 試薬：NBS（N-bromosuccinimide，1 当量）
  b. 1) 試薬：^{n}BuLi，2) 試薬：B(OPr^i)$_3$，3) 試薬：aq. NaOH
  c. 試薬：Pd(Ph$_3$P)$_4$（触媒）および K$_2$CO$_3$（**Suzuki-Miyaura カップリング反応**）
  d. 試薬：1) BBr$_3$（過剰），2) H$_2$O

(2) 電子密度の高い芳香環へのホルミル基導入反応（**Vilsmeier-Haack ホルミル化反応**，S$_E$Ar 反応）．

答 25.5

(1) **a.** 1) 試薬：Mg，　2) 試薬：CH₃CH=O，　3) 試薬：H₃O⁺ (**Grignard 反応**)
　　b. 1) 試薬：Ph₃P，　2) 試薬：C₂H₅ONa および 2-naphthaldehyde (**Wittig 反応**)
　　c. 1) 試薬：(PhCO₂)₂ (触媒量) および NBS (**Wohl-Ziegler 反応**)，　2) 試薬：NaCN (S_N2 反応)
　　d. 1) 試薬：aq. KOH，　2) 試薬：SOCl₂，3) AlCl₃ (**分子内 Friedel-Crafts アシル化反応**)

(2) ヨウ素を酸化剤として，光照射下，芳香環からヨウ素への 1 電子移動（SET）を経てベンゼン系縮環系化合物となる．

あるいは，共役 1,3,5-トリエンの 6π 系電子環状反応により 1,3-シクロヘキサジエンとなり，そのヨウ素酸化でベンゼン系縮環系化合物となる．

（あるいは，6π 系電子環状反応）

答 25.6

(1) **a.** 1) 試薬：^{i}PrMgCl（1 当量），　2) 試薬：allyl bromide（ハロ・メタル交換反応による sp^2 炭素アニオンの生成とアリル化反応）

b. 1) 試薬：^{n}BuLi，　2) 試薬：CO$_2$，　3) 試薬：H$_3$O$^+$（ハロ・メタル交換反応による sp^2 炭素アニオンの生成と CO$_2$ への付加反応）

c. 試薬：BBr$_3$（過剰）(脱 *O*-メチル化によるラクトン化と，ヘミアセタールの脱水によるフラン環構築反応)

d. 試薬：Grubbs 触媒第二世代および 2-methyl-2-butene

(2) BBr$_3$ による 4 つの *O*-CH$_3$ の脱メチル化反応とラクトン化反応，およびヘミアセタールの脱水反応によるベンゾフラン骨格の構築反応．

答 25.7

(1) **a.** CH$_3$I，Ag$_2$O（強い塩基を用いると，アミノ酸がラセミ化してしまう）

b. 1) 試薬：LiBH$_4$，　2) 試薬：DMSO，(COCl)$_2$，および Et$_3$N（**Swern 酸化反応**）〔あるいは試薬：^{i}Bu$_2$AlH（1 当量，−78 °C）でエステルをアルデヒドに還元する〕

c. 試薬：Ph$_3$PCH$_3^+$ Br$^-$ および ^{t}BuOK（**Wittig 反応**）

d. 1) 試薬：TMS-OTf および 2,6-ルチジン（2,6-ジメチルピリジン）（*N*-Boc 基を外す），2) 試薬：K$_2$CO$_3$ および methyl (α-bromomethyl)acrylate

e. 試薬：Pd(OAc)$_2$（触媒），Ph$_3$P，および K$_2$CO$_3$（**分子内 Heck 反応**）

(2) および (3) 塩基存在下，より安定な炭素アニオンを生じてプロトン化されるため，異性化する．

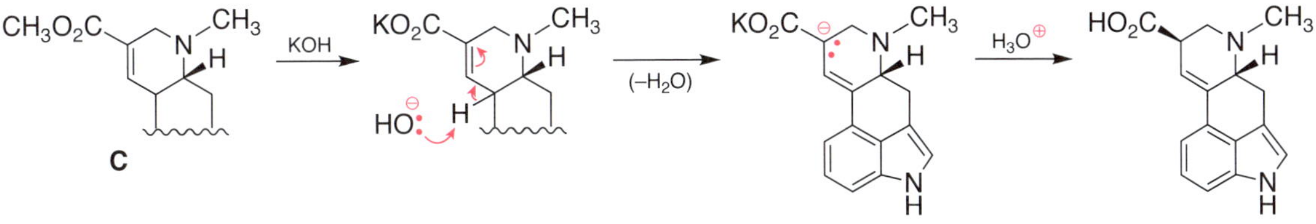

C　lysergic acid

答 25.8

(1) **a**. 1) 試薬：濃硫酸(触媒)とメタノール,　2) 試薬：*p*-TsOH (触媒)とアセトン

b. 試薬：$NaBH_4$

c. 試薬：(*S*)-6-acetoxy-1-heptene および Grubbs 触媒第二世代

d. 1) 試薬：$Ph_3P^{\oplus}-CH_2CO_2C_2H_5\ Br^{\ominus}$ および NaH (**Wittig 反応**),　2) 試薬：aq. NaOH,　3) 試薬：H_3O^+

e. 試薬：*N*,*N′*-dicyclohexylcarbodiimide (DCC) および 4-(dimethylamino)pyridine (DMAP) (触媒)〔あるいは 2,4,6-trichlorobenzoyl chloride および DMAP (触媒)〕

f. 試薬：*p*-TsOH (触媒)と CH_3OH

(2) 5-位ヒドロキシ基のヨウ素化物.

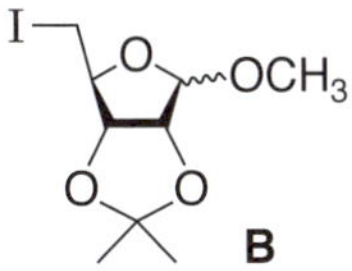

B

(3) 化合物 **A** から化合物 **B** の形成は Appel 反応で，中性条件下でのヒドロキシ基のヨウ素化反応.

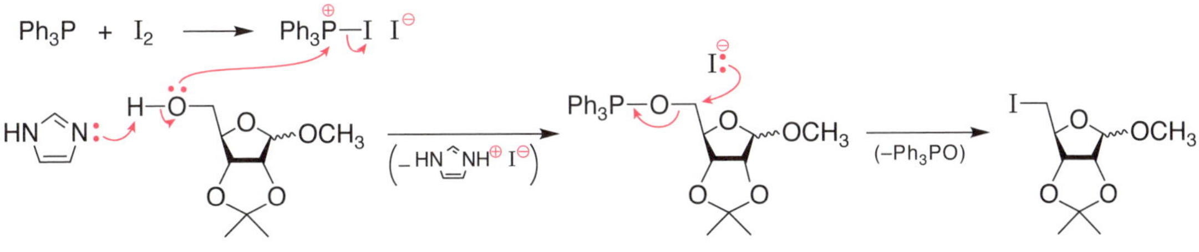

A　**B**

(4) 化合物 **B** から化合物 **C** の形成は 1-アルコキシ-2-ヨウ化物の Zn による極性変換反応と，その炭素アニオン種の β-脱離反応による**開環的オレフィン化反応**.

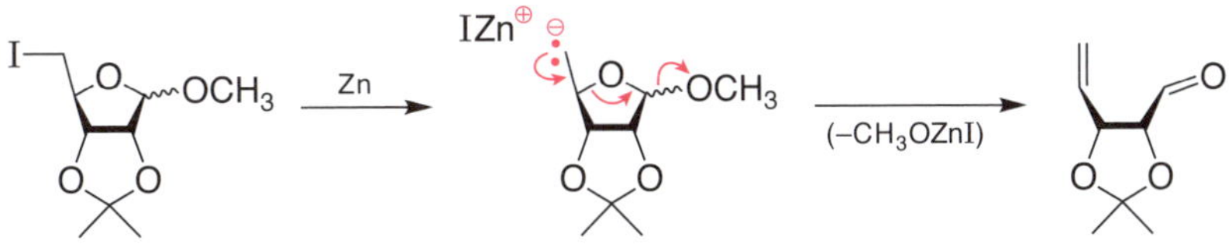

B　**C**

答 25.9

(1) **a.** 試薬：Br_2 および Na_2CO_3
   b. 1) 試薬：H_2 および Pd-C，　2) 試薬：$O(CO_2Bu^t)_2$〔あるいは $O(Boc)_2$〕
   c. 試薬：NH_3
   d. 試薬：3-pentanol および $BF_3·OEt_2$
   e. 1) 試薬：CF_3CO_2H，　2) 試薬：Ac_2O およびピリジン

(2) キラル第二級アミンとアクロレインからキラルイミニウム塩を形成し，1,3-ジエン **A** と不斉 Diels-Alder 付加環化反応を生じて化合物 **B** となる．

(3) 第一級アミド **C** と $PhI(OAc)_2$ が反応してアルキル鎖の 1,2-転位を伴う Hofmann 転位反応が生じてイソシアナートとなる．生じたイソシアナートはアリルアルコールと反応してアリルカーバメート **D** となる．

(4) N-Boc 保護されたアミド **D** のカルボニル炭素に EtONa が求核攻撃して，アミドの C–N 結合開裂と生じた窒素アニオンによる分子内 S_N2 反応で，アジリジン骨格を形成し，さらに，EtONa による β-ブロモエステル部位の脱 HBr で共役エステルをもつ **E** となる．

答 25.10

(1) **a**. 試薬：PhCH$_2$NH$_2$ および NaBH(OAc)$_3$（還元的アミノ化反応）

b. 試薬：ホルマリン（aq. CH$_2$O）

c. 試薬：CHBr$_3$ および aq. NaOH

d. 1) 試薬：^{n}BuLi, 2) 試薬：PhSSPh

e. 試薬：aq. H$_2$O$_2$（あるいは mCPBA）

f. 試薬：Ac$_2$O（**Pummerer** 転位反応）

(2) Diels-Alder 付加環化反応.

(3) アセタールの加水分解と還元的アミノ化反応.

(4) 第二級アミンの CH$_2$=O による架橋型第三級アミン化反応.

(5) 1,1-ジブロモシクロプロパン環の開環と分子内アミノ環化反応.

(6) スルホキシドの O-アシル化を経た Pummerer 転位反応.

(7) ビニルスルフィド部位の加水分解.

(8) 炭素アニオンの Michael 付加反応, 6-*exo-trig* 環化反応, およびスルホキシドの Ei 反応.

(+)-lyconadin

答 25.11

(1) **a**. 試薬：CH$_2$=O と DMAP〔4-(N,N-dimethylamino)pyridine〕あるいは DABCO (1,4-diazabicyclo[2.2.2]octane)（触媒）(**Morita-Baylis-Hillman 反応**)

b. 試薬：PDC (pyridinium dichromate)，あるいは CrO$_3$ とピリジン (**Sarett 酸化反応**)

c. 試薬：Ph$_3$P$^+$CH$_3$ Br$^-$ および ^{n}BuLi (**Wittig 反応**)

d. 試薬：methacrolein〔CH$_2$=C(CH$_3$)CH=O〕(**Diels-Alder 付加環化反応**)

e. 1) 試薬：LDA， 2) 試薬：(EtO)$_2$P(=O)Cl

f. 試薬：CH$_3$C(OCH$_3$)$_3$ および CH$_3$CH$_2$CO$_2$H（触媒）(**Johnson-Claisen 転位反応**)

g. 1) 試薬：LDA， 2) 試薬：α-isopropylacrolein〔CH$_2$=C(CH(CH$_3$)$_2$)CH=O〕

h. 1) 試薬：Grubbs 触媒第二世代， 2) 試薬：TPAP (^{n}Pr$_4$N$^+$RuO$_4^-$)

(2) **Diels-Alder 付加環化反応**.

(3) アルデヒドやケトンのカルボニル基をメチレン基に還元する **Wolff-Kishner 還元反応**.

(4) アリルアルコールにオルト酢酸メチルを作用させて，アリルビニルエーテルとして Claisen 転位反応を行うと，γ,δ-不飽和エステルとなる (**Johnson-Claisen 転位反応**).

(5) 炭素アニオンがオキサアジリジンの酸素原子に求核攻撃して，ヒドロキシ化合物と N-スルホニルイミノ化合物を生じる（Davis オキサアジリジン酸化反応）．

答 25.12

(1) **a.** 試薬：^{i}Bu$_2$AlH（3 当量）
 b. 試薬：CH$_2$=CHCH$_2$CH$_2$MgBr および CuBr・SMe$_2$（Michael 付加反応）
 c. 1) 試薬：MeN(CO$_2$Bu^t)CH$_2$CH$_2$CH=O および Et$_3$N， 2) 試薬：L-プロリン（5-*endo-trig* の Mannich 反応）， 3) 試薬：O(CO$_2$Bu^t)$_2$
 d. 1) 試薬：IBX， 2) 試薬：K$_2$CO$_3$（分子内アルドール反応）
 e. 1) 試薬：OsO$_4$（触媒）および NaIO$_4$， 2) 試薬：CF$_3$CO$_2$H

(2) Ohira-Bestmann アルキン合成反応で末端アルキン構築．

(3) Pauson-Khand 反応で 2-シクロペンテノン骨格構築.

(4) イミンの形成と**不斉分子内 Mannich 反応**.

(5) 分子内アルドール反応.

(6) OsO$_4$ と NaIO$_4$ による末端アルケンのアルデヒドへの酸化と，2つの第二級アミンとの分子内かご形アミナールの形成反応.

答 25.13

(1) **a**. 試薬：CH$_2$=CHCH$_2$Br および K$_2$CO$_3$

 b. 1) 試薬：CeCl$_3$・7H$_2$O および NaBH$_4$ (立体障害の少ない紙面の裏側から還元)， 2) 試薬：^{i}Bu$_2$AlH (2 当量)

 c. 1) 試薬：CH$_3$SO$_2$Cl (2 当量)，pyridine，および DMAP， 2) 試薬：Bu$_4$N$^+$N$_3^-$ (1 当量) (立体障害の少ない第一級アルキル鎖のみのアジド化反応)

 d. 1) 試薬：Ph$_3$P (アジドを第一級アミンに還元して，分子内の S$_N$2 環化反応)， 2) 試薬：O(CO$_2$Bu^t)$_2$

 e. 試薬：^{i}Bu$_2$AlH (1 当量) −78 ℃ 〔あるいは， 1) 試薬：^{i}Bu$_2$AlH (2 当量)， 2) 試薬：DMP〕

 f. 試薬：HC≡CMgBr (acetylide の **Grignard 反応**)， 2) 試薬：DMP

 g. 1) 試薬：HCO$_2$H， 2) 試薬：K$_2$CO$_3$ (**分子内アザ-Michael 付加環化反応**)

 h. 1) 試薬：p-TsOH (あるいは Bu$_4$NF)， 2) 試薬：PCC

 i. 試薬：L-Selectride 〔Li(sec-Bu)$_3$BH〕(α,β-不飽和ケトンのケトンへの還元反応)， 2) 試薬：CH$_3$Li (立体障害の少ない紙面の裏側から求核付加反応)，」 3) 試薬：H$_3$O$^⊕$

 j. 1) 試薬：9-BBN (9-borabicyclo[3.3.1]nonane)， 次に aq. H$_2$O$_2$ および NaOH， 2) 試薬：PCC (アルデヒドへの酸化と，生じたラクトールのラクトンへの酸化)

第 25 章　　　　　　　　　　　　　　　　　　　301

(2) Swern 酸化反応.

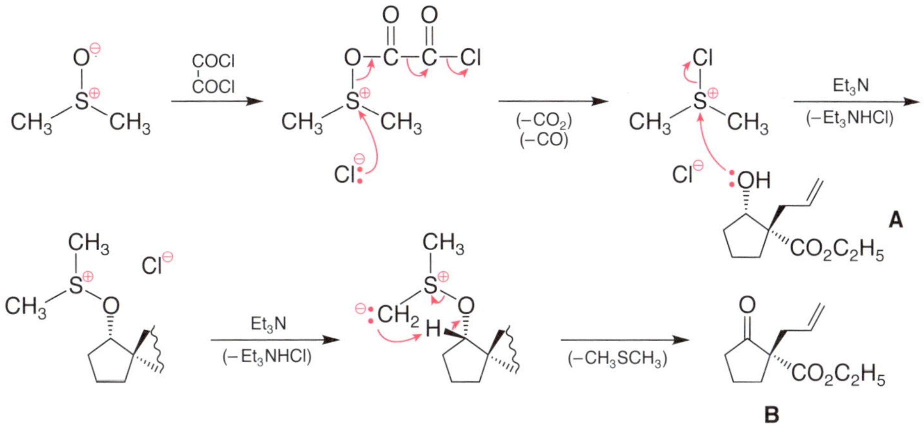

(3) 9-BBN を用いた hydroboration-oxidation と，生じた第一級アルコールのアルデヒドへの酸化反応，続くラクトールの形成と，ラクトールのラクトンへの酸化反応.

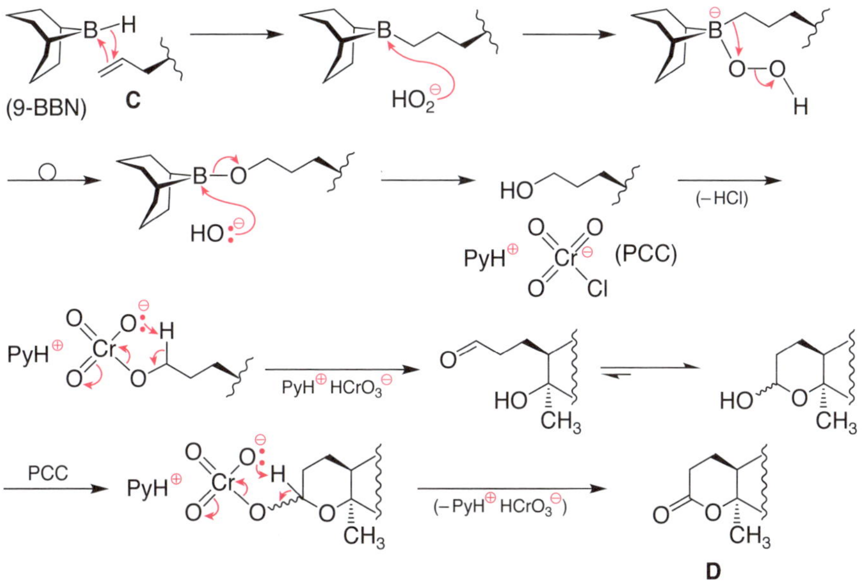

答 25.14

(1) **a**. 試薬：I_2（ヨードラクトン化反応）

　　b. 1) 試薬：9-BBN，　2) 試薬：aq. H_2O_2 および NaOH

　　c. 試薬：$Ph_3PCH_3^+ I^-$，および $LiN(SiMe_3)_2$

　　d. 1) 試薬：$^iBu_2AlH$（1 当量），　2) 試薬：$BF_3 \cdot Et_2O$ および Et_3SiH（ラクトールのメチレンへの還元反応）

　　e. 試薬：$Pd(OAc)_2$，Ph_3P，および K_2CO_3（**分子内 Heck 反応**）

　　f. 試薬：Zn および AcOH

(2) アレンのヨードラクトン化反応.

(3) ラクトンのラクトールへの還元反応，およびそのメチレンへの還元反応.

(4) 光増感剤を用いた三重項酸素 ($^3O_2$) の一重項酸素 ($^1O_2$) への変換と，1,3-ジエンとの **Diels-Alder 付加環化反応**による六員環状過酸化物の合成反応.

答 25.15

(1) **a**. 試薬：CuI および $CH_2=CHCH_2CH_2MgBr$ (**Michael 付加反応**)

b. 1) 試薬：Bu_2BOTf および $EtNPr^i_2$, 2) 試薬：アクロレイン ($CH_2=CH-CH=O$) (*O*-ホウ素エノレートのアルドール反応)

c. 1) 試薬：NaH，および CH_3I, 2) 試薬：aq. H_2O_2 および K_2CO_3, DMSO (ニトリルの第一級アミド化反応)

d. 試薬：$CH_2=CHCH_2CH_2CH_2CH=O$, 3-ethyl-4-methyl-5-(2'-hydroxyethyl)thiazolium bromide, および Et_3N (ベンゾイン縮合反応関連の Michael 付加反応で **Stetter 反応**)

e. 1) 試薬：Grubbs 触媒第二世代を用いた**閉環オレフィンメタセシス反応**, 2) 試薬：H_2 および Pd-C

f. 試薬：$CH_3CO_2NH_4$ あるいは NH_3 (**Paal-Knorr ピロール合成反応**)

(2) チアゾールのアルデヒド化反応.

(3) 室温でニトリルを第一級アミドに加水分解する.

(4) チアミン塩を用いた Michael 付加反応で，1,4-ジケトンの合成反応.

(5) 1,4-ジケトンとアンモニアからピロールの合成反応(**Paal-Knorr ピロール合成反応**).

(6) アミドの *O*-Tf 化とピロールへの求電子置換反応(**Vilsmeier-Haack 類似反応**).

答 25.16

(1) **a.** 1) 試薬：BBr_3，　2) 試薬：CH_3MgBr，　次に *p*-TsOH

　b. 1) 試薬：Tf_2O およびピリジン，　2) 試薬：propargyl alcohol, $PdCl_2$(dppf), およびピロリジン (**Sonogashira カップリング反応**)

　c. 試薬：$C_4H_9OCH=CH_2$, および $Hg(OAc)_2$

　d. 1) 試薬：$^tBuMe_2SiCl$, および imidazole，　2) 試薬：9-BBN，次に aq. H_2O_2 および aq. NaOH (**hydroboration-oxidation**)，　3) 試薬：AZADO (触媒) および $PhI(OAc)_2$ (含水系でアルコールのカルボン酸への酸化反応)，　4) 試薬：CF_3CO_2H (ラクトンへの環化反応)

　e. 試薬：$Ns-NH-CH_2CO_2CH_3$, Ph_3P, および $EtO_2C-N=N-CO_2Et$ (**Mitsunobu 反応**：C–N 結合形成反応)

　f. 1) 試薬：PhSH, および K_2CO_3，　2) 試薬：Bu_4NF，　3) 試薬：$O(CO_2Bu^t)_2$ および $NaHCO_3$，　4) 試薬：Dess-Martin Periodinane (DMP)

　g. 1) 試薬：NH_3 (第一級アミド化反応)，　2) 試薬：Burgess 試薬 (第一級アミドのニトリルへの脱水反応)，　3) 試薬：$NaBH_4$ (イミニウム塩の形成とその還元反応)

(2) Claisen 転位反応.

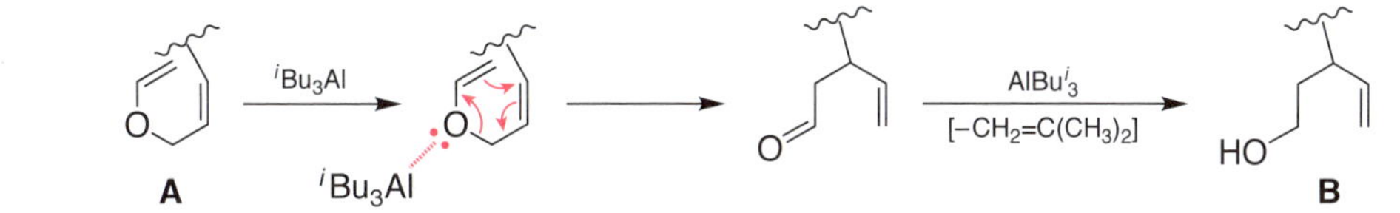

(3) hydroboration-oxidation 反応で生じた第一級アルコールのカルボン酸への酸化反応，および酸性条件化でのδ-ラクトン化反応.

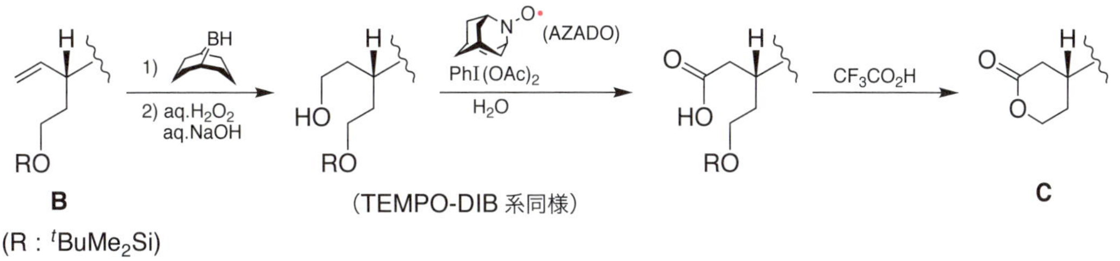

(R : ^{t}BuMe$_2$Si)

(4) アゾメチンイリド(4π)の生成と側鎖アルケン(2π)への分子内 1,3-双極子付加環化反応.

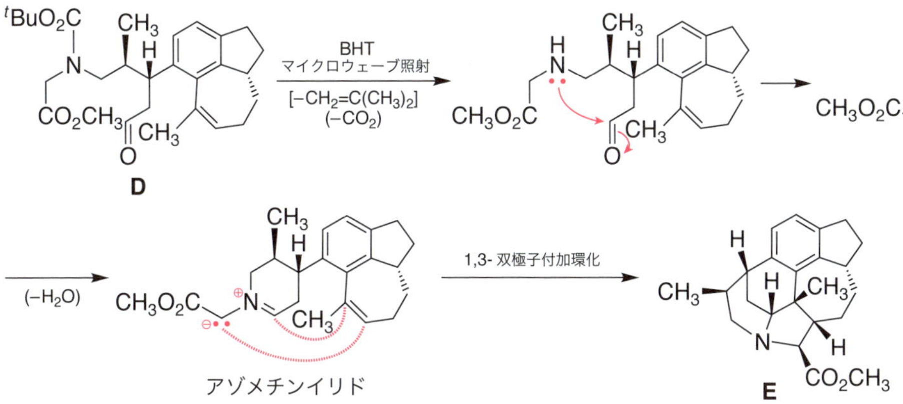

(5) エステルの第一級アミド化反応，その脱水によるニトリル化反応，およびα-アミノニトリルの可逆的イミニウム塩形成と第三級アミンへの還元反応.

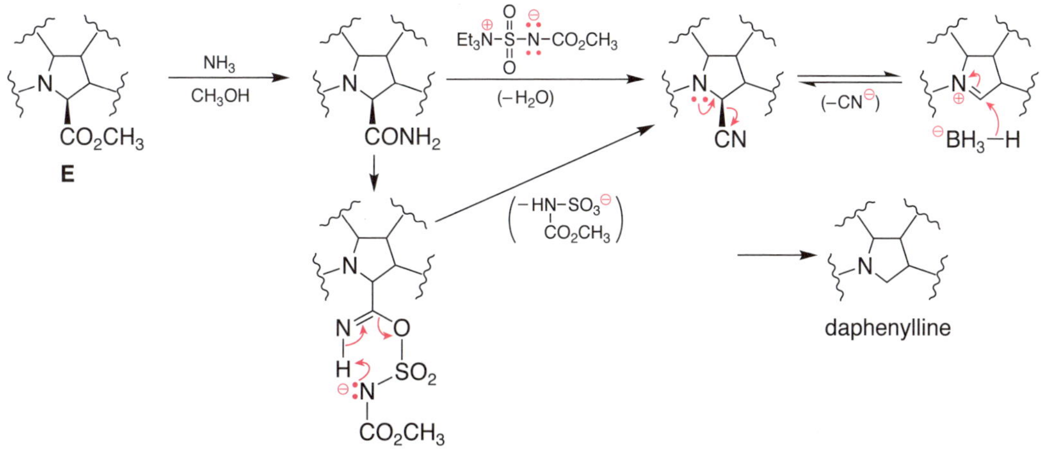

daphenylline

答 25.17

(1) **a.** 1) 試薬：aq. LiOH, 2) 試薬：EDC・HCl, (S)-α-phenylallyl alcohol, および DMAP (触媒) (EDC・HCl の代わりに DCC でもよい)

b. 試薬：KN(SiMe$_3$)$_2$, −78 ℃, 次に Me$_3$SiCl

c. 1) 試薬：CH$_3$COCl (生じた HCl でアセタール保護基除去), 2) 試薬：Ph$_3$P, EtO$_2$C−N=N−CO$_2$Et, および NsNH$_2$ (Mitsunobu 反応による C−N 結合形成反応)

d. 1) 試薬：O$_3$, −78 ℃, 次に MeSMe, 2) 試薬：K$_2$CO$_3$ および N-(t-butoxycarbonyl)-β-(2-iodoethyl) indole (C−N 結合形成)

e. 1) 試薬：PhSH および Cs$_2$CO$_3$, 2) 試薬：CF$_3$CO$_2$H

(2) Ireland-Claisen 転位反応で γ,δ-不飽和カルボン酸を生じ, 生じたカルボン酸を Me$_3$SiCHN$_2$ でメチルエステルとする.

(3) Pictet-Spengler 反応で 1,2,3,4-テトラヒドロイソキノリンの合成反応.

kopsiyunanine K

第25章

答 25.18

(1) **a** CH₂=CHCH₂Br, K₂CO₃　　**b** CH₃COCl とピリジン，あるいは (CH₃CO)₂O

(2) A: 4-ヒドロキシ-3-メトキシベンジルアルコール（CH₂OH, OCH₃, OH 置換ベンゼン）
B: 3-メトキシ-4-ヒドロキシ-5-(ジメチルアミノメチル)ベンズアルデヒド
C: 3-アリル-4-ヒドロキシ-5-メトキシベンズアルデヒド
D: 4-アセトキシ-3-メトキシ安息香酸

(3) H–CCl₃ + HO⁻ → (–H₂O) → :CCl₃⁻ → (α-脱離, –Cl⁻) → :CCl₂　ジクロロカルベン

(4) E: 4-ヒドロキシ-3-メトキシベンジリデンマロノニトリル

共役系が長くなると，（無色から）色の発現を生じる．これは，化合物が太陽光から可視領域のなかのある特定領域の光を吸収し，その残りが反射してわれわれの目に映るためである．つまり，化合物 **E** は可視領域のなかでも紫外線領域に近い可視光を吸収するため，黄色となる（例えば，アゾ染料は長い共役系を利用した有機化合物染料の象徴である）．

答 25.19

(a) F, G, H の構造式

(b) シクロヘキセン環に対し，ヨウ素は紙面の手前から二重結合へ求電子的に付加して三員環ヨードニウムイオン中間体を生じ，CO₂H のある紙面の裏側で五員環のラクトン化反応が生じる．これは二段階反応であり，トランス付加反応である．

(c) E2 反応で，ヨウ素と反対側にある紙面裏の β-位水素が引き抜かれる（*anti*-periplanar 脱離反応）．

(d) ラクトンのカルボニル炭素原子上でのアルカリ加水分解で，COOH と OH は同じ紙面の裏側になる．

(e) 電子密度の高いほうの炭素-炭素二重結合がエポキシ化される．また，*m*CPBA は，OH や COOH と水素結合するため，紙面の裏側からエポキシ化反応が生じて **I** となる．

答 25.20

(1) **A**: CH₂(COOC₂H₅)₂

(2) **4**: 2,5-ジメトキシベンジル基の付いたトリエチルトリカルボキシラート

(3) [反応機構図]

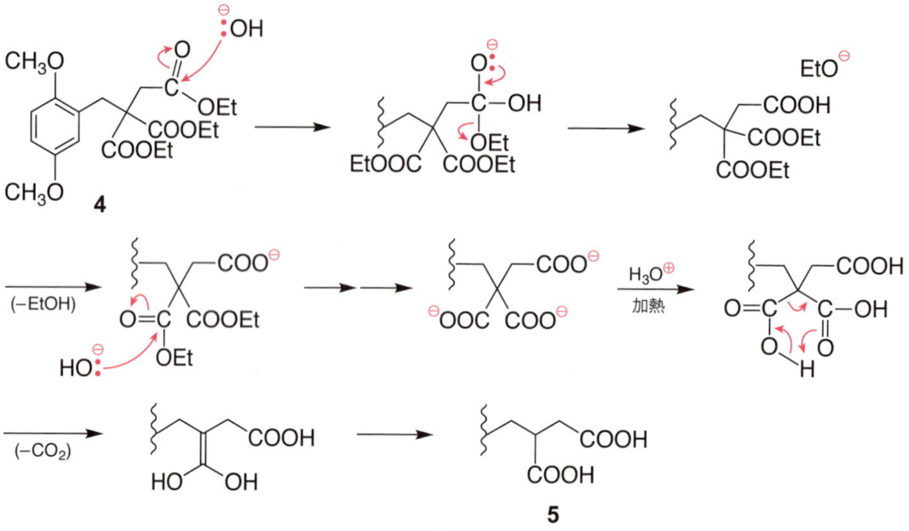

(4) [反応機構図]

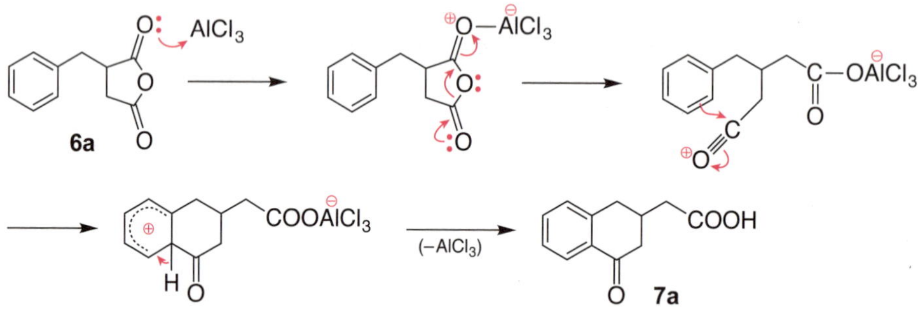

(5) 芳香環の電子密度が高く，ベンジル位がカチオン種になりやすいため還元されやすい．

(6) [化合物10の構造図]

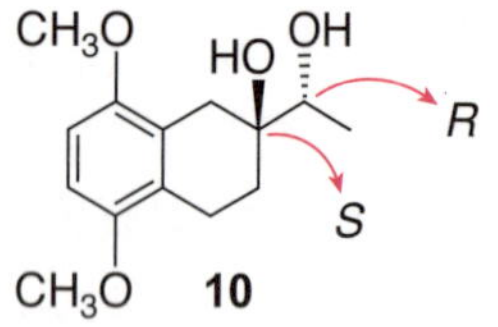

答 25.21

(1)

A: 1-(1-ブロモエチル)-4-クロロベンゼン

B: [1-(4-クロロフェニル)エチル]トリフェニルホスホニウムブロミド

C: 6-(ブロモメチル)-3-クロロフェナントレン類似構造

D: 6-カルボキシメチル-3-クロロ構造

E: 6-(クロロカルボニルメチル)-3-クロロ構造

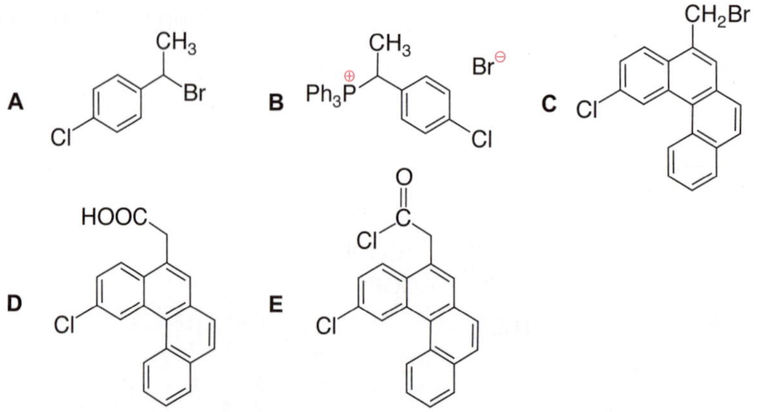

i Mg ii 1) CH₃–CH=O iii (2-naphthaldehyde) iv NaCN v AlCl₃
    2) H₃O⊕

(2) 光照射で E 体から Z 体に異性化するため，*cis* と *trans* の混合物でも問題ない．

(3)

索 引

A

α-水素	32
Ad$_E$	18, 19
anti-Markovnikov 則	18
Arndt-Eistert 反応	42, 104
Arrhenius の酸と塩基	11

B

β-ケトエステル	41
β 脱離反応	70
Baeyer-Villiger 酸化反応	105
Barton 反応	110
Barton-McCombie 反応	111
Beckmann 転位反応	105
Birch 還元反応	48, 82
Borch 反応	233
Bouveault アルデヒド合成反応	97
BPO	110
Bredt 則	193
Brønsted の酸と塩基	11
^{t}BuOH	48

C

Cannizzaro 反応	87
Chichibabin 反応	98
Chugaev 反応	70
cis-trans 異性体	2, 52
cis-アルケン	20
Claisen 縮合反応	41, 87
Claisen 転位反応	116
Claisen-Schmidt 縮合反応	87
Clemmensen 還元反応	81
^{13}C-NMR	125, 143
Cope 脱離反応	70
Cope 転位反応	116
Curtius 転位反応	105

D

Dess-Martin 酸化反応	25
DIB 酸化反応	78
Dieckmann 縮合反応	42, 87
Diels-Alder 付加環化反応	115

E

E 体	53
E,Z 表示法	53
E1 反応	69
E2 反応	69
Ei 反応	70
Eschweiler-Clarke 反応	233

F

Fischer エステル合成反応	40
Friedel-Crafts アシル化反応	47, 97
Friedel-Crafts アルキル化反応	47, 97

G

Gabrial アミン合成反応	59
Griess 反応	98
Grignard 試薬	33
Grignard 反応	33

H

Harries オゾン酸化反応	229
HBr	110
HBr 付加体	110
HBr ラジカル付加反応	110
^{1}H-NMR	125, 143
Hofmann 転位反応	104
Hofmann 分解反応	70
Horner-Wadsworth-Emmons 反応	34, 89
Hückel 則	47
Hunsdiecker 反応	42, 110
HX の求電子的付加反応	66
hydroboration-oxidation 反応	199

I

IR (赤外吸収) スペクトル	124, 143

J

Jones 酸化反応	25, 75

K

Knoevenagel 縮合反応	88
Kolbe-Schmitt 反応	97

L

Lewis の酸と塩基	12
LiAlH$_4$	80
Lindlar 触媒	82

M

Malaprade 酸化反応	229
Markovnikov 則	18
*m*CPBA	75
Meisenheimer 型反応	99
Michael 付加反応	88
Mitsunobu 反応	221
MnO$_2$ 酸化反応	76
MS (質量) スペクトル	125

N

NaBH$_4$	80
NBS	110
Newman 投影式	2
NMR	125
N-アルキルフタルイミド	59

P

PCC 酸化反応	76
Pd-BaSO$_4$ 触媒	82
Pd-C 触媒	81
Perkin 反応	88
p-TsCl	26
Pummerer 反応	244

R

R	53
R,S 表示法	53
Raney-Ni 還元反応	81
Reimer-Tiemann 反応	98
Robinson 環化反応	88

S

S	53
Sandmeyer 反応	98
Sarett 酸化反応	25, 76
Schiemann 反応	98
S$_E$Ar	47, 97

S$_N$1 反応	58
S$_N$2 反応	58
S$_N$Ar	47, 98
Sommelet-Hauser 転位反応	245
sp 混成	2, 3
sp^2 混成	2, 3
sp^3 混成	2, 3
Stobbe 縮合反応	88
Stork エナミン合成反応	34
Swern 酸化反応	25
syn-脱離反応	70

T

THF（テトラヒドロフラン）	43
trans-アルケン	20
trans-付加体	18
Trögerの塩基	216

U

Ullmann 芳香族エーテル合成反応	27

V

van der Waals 相互作用	6
Vilsmeier-Haack 反応	97

W

Wagner-Meerwein 転位反応	104
Walden 反転	58
Williamson エーテル合成反応	27, 58
Williamson チオエーテル合成反応	27, 59
Wittig 反応	34, 89
Wohl-Ziegler 反応	110
Wolff 転位反応	104
Wolff-Kishner 還元反応	81
Wurz 反応	200
Wurz-Fittig 反応	200

X

X$_2$ の求電子的付加反応	66

Z

Z 体	53
Zaitsev 則	70

あ行

アキシアル	3
アセタール	32
アセトアルデヒド	187
アセト酢酸エステル合成法	59
アセト酢酸エチル合成反応	89
アセトン	32, 186
アミン	32
アミン合成反応	59
アルカン	18
アルキルアリールエーテル	27
アルキルアリールチオエーテル	27
アルキルトシラート（R-OTs）の求核置換反応	58
アルキルベンゼンの酸化反応	74
アルキルホスホン酸エステル	34
アルキン	19
アルケン	18, 65
アルケンの 1,2-ジオールへの酸化反応	75
アルケンの酸化的二重結合切断反応	74
アルケンへの HX 付加反応	26
アルケンやアルキンの還元反応	81
アルコールの酸化反応	25, 75
アルコールのハロゲン化反応	25
アルデヒド	32
アルドール縮合反応	33
アルドール反応	33
安息香酸	74
アンタラ形	115
イス形配座	3
異性体	52
イソシアナート	104
位置異性体	52
イミノ結合	32
イミン	33
インモニウム塩	34
エーテル	58
エーテルの合成反応	27, 58
エーテルの反応	27
エカトリアル	3
エステルの縮合反応	41
エタノール	187
エタンチオール	187
エナミン	33, 34
エナンチオマー	52
エノレート	196
エポキシド	75
塩化アルキル	25
塩基	11
オキシム	32
オゾニド	74
オゾン酸化反応	74

か行

回転異性体	52
化学シフト	125
核磁気共鳴装置	125
核磁気共鳴分光法	124
重なり形	2
カップリング定数	125
カルベンの求電子的付加反応	66
カルボカチオン中間体	58, 66
カルボニル化合物の還元反応	80
カルボニル基	186
カルボン酸エステル	40
カルボン酸塩化物	40
カルボン酸とメチルケトンの合成反応	89
カルボン酸無水物	40
カルボン酸誘導体	40
還元剤	80
官能基	124
官能基異性体	52
キノイド構造	195
逆旋的	114
求電子付加反応（Ad$_E$）	18, 19
鏡像異性体（エナンチオマー）	52
共鳴効果（R 効果）	11
配座異性体	52
クメン法	105
ケタール	32
ケトン	19, 32
ケトン基のメチレンへの還元反応	81
交差アルドール縮合反応	87
構造異性体	52
骨格異性体	52

さ行

サリチル酸	97
酸	11
酸解離定数	12
三重結合	2
1,3-ジアキシアル相互作用	3
ジアステレオマー	52
ジアゾ化合物の光照射下の反応	225
ジアゾニウム塩の反応	98
ジアリールエーテル	27
ジアルキルエーテル	27
ジアルキルチオエーテル	27
ジアルデヒド	75
ジカルボン酸	75
シグマトロピー転位反応	116
[1,5]シグマトロピー転位反応	116
[3,3]シグマトロピー転位反応	116
シクロアルカン	18
シクロアルケン	18
質量分析計	125
質量分析法	124
臭化アルキル	25
水素結合	7
ステアリン酸	188
スプラ形	115

スルホ化反応	47
赤外分光光度計	124
赤外分光法	124
接触水素化反応	19, 81
双極子モーメント	6

た行

第一級アミド	40
第一級アルコール	25
第三級アルコール	25
第二級アルコール	25
脱離反応	69
単結合	2
チオエーテル	59
チオエーテル合成反応	59
テトラヒドロフラン (THF)	43
デバイ (D)	6
テレフタル酸	196
1,2-転位反応	104
電気陰性度	11
電子環状反応	114
電子求引基	11
電子供与基	11
電子対供与体	12
電子対受容体	12
同旋的	114

な行

二重結合	2
ニトリル	40
ニトリルの合成法	59
ニトロ化反応	47

2-ニトロフェノール	190
4-ニトロフェノール	190
ねじれ形	2
熱反応	115

は行

ハロゲン化アルキル	26
ハロゲン化アルキル(R-X)の求核置換反応	58
ハロゲン化反応	47
光反応	115
ヒドラゾン	32
ピナコール-ピナコロン転位反応	104
ビニルアルコール	19
ピリジン	25
ファンデルワールス(van der Waals)相互作用	6, 18
フェノールフタレイン	195
付加環化反応	115
$[2\pi + 2\pi]$付加環化反応	115
フタル酸	196
ブタン	187
舟形(ボート形)配座	3
フマル酸	190
プロトン供与体	11
プロトン受容体	11
分子間水素結合	7
分子内 Claisen 縮合反応	87
分子内水素結合	7
ペリ位環状反応	114
ベンザイン反応	99
ベンゼン環の 1,4-シクロヘキサジエン への還元反応	82
p-ベンゾキノン	195
芳香族化合物	47
芳香族求核置換反応(S_NAr)	47, 98
芳香族求電子置換反応(S_EAr)	47, 97
ホルムアルデヒド	32

ま行

マレイン酸	190
マロン酸エステル合成	59, 89
メチルエステル	40
メチルオレンジ	195

や行

誘起効果(I 効果)	11
誘起双極子-誘起双極子相互作用	6
ヨウ化アルキル	26, 27
ヨードホルム反応	26

ら行

ラジカル脱炭酸反応	110
ラジカル反応開始剤	110
ラジカル連鎖反応	18
立体異性体	52
立体特異的 $anti$-脱離反応	70
立体配座異性体	52
立体配置異性体	52
立体反発	2
リノール酸	188
リンイリド	34

■ 著者

東郷 秀雄（とうごう ひでお）

1956 年　茨城県生まれ
1978 年　茨城大学理学部卒業
1983 年　筑波大学大学院博士課程化学研究科修了（理学博士）
ローザンヌ大学および CNRS 博士研究員などを経て
2005 年より千葉大学大学院理学研究院教授．
2021 年 4 月より千葉大学名誉教授．
著書に，『新版 有機反応のしくみと考え方』『改訂 有機人名反応 そのしくみとポイント』『有機合成のためのフリーラジカル反応』『有機合成化学』（講談社），『最新の有機化学演習』（裳華房）など．

大学院をめざす人のための 有機化学演習
基本問題と院試問題で実戦トレーニング！

| 第 1 版　第 1 刷　2019 年 7 月 31 日 |
| 　　　　　第 5 刷　2025 年 1 月 20 日 |

検印廃止

JCOPY 〈出版者著作権管理機構委託出版物〉
本書の無断複写は著作権法上での例外を除き禁じられています．複写される場合は，そのつど事前に，出版者著作権管理機構（電話 03-5244-5088，FAX 03-5244-5089，e-mail: info@jcopy.or.jp）の許諾を得てください．

本書のコピー，スキャン，デジタル化などの無断複製は著作権法上での例外を除き禁じられています．本書を代行業者などの第三者に依頼してスキャンやデジタル化することは，たとえ個人や家庭内の利用でも著作権法違反です．

著　者　東　郷　秀　雄
発行者　曽　根　良　介
発行所　（株）化　学　同　人

〒600-8074 京都市下京区仏光寺通柳馬場西入ル
編 集 部　TEL075-352-3711　FAX075-352-0371
企画販売部　TEL075-352-3373　FAX075-351-8301
　　　　　　振　替　01010-7-5702
e-mail　webmaster@kagakudojin.co.jp
URL　https://www.kagakudojin.co.jp
印刷・製本　創栄図書印刷（株）

Printed in Japan ©Hideo Togo 2019
無断転載・複製を禁ず．乱丁・落丁本は送料小社負担にてお取りかえします．

ISBN978-4-7598-1984-7